中等职业教育课程改革国家规划新教材
全国中等职业教育教材审定委员会审定

计算机应用基础
（Windows XP+Office 2007）

JISUANJI YINGYONG JICHU

（Windows XP+Office 2007）

武马群　主编

人民邮电出版社
北　京

图书在版编目（CIP）数据

计算机应用基础：Windows XP+Office 2007 / 武马
群主编. -- 北京：人民邮电出版社，2011.6
中等职业教育课程改革国家规划新教材
ISBN 978-7-115-25190-9

Ⅰ. ①计… Ⅱ. ①武… Ⅲ. ①
Windows操作系统－中等专业学校－教材②办公自动化－应
用软件，Office 2007－中等专业学校－教材 Ⅳ.
①TP316.7②TP317.1

中国版本图书馆CIP数据核字（2011）第080483号

内 容 提 要

本书根据教育部 2009 年颁布的《中等职业学校计算机应用基础教学大纲》的要求编写而成。全书共分 7 章，包括计算机基础知识、操作系统 Windows XP 的使用、因特网（Internet）应用、文字处理软件 Word 2007 应用、电子表格处理软件 Excel 2007 应用、多媒体软件应用、演示文稿软件 PowerPoint 2007 应用等内容。为适应中等职业教育的需要，在相应章节后面增加了文字录入训练、个人计算机组装、办公室（家庭）网络组建、个人网络空间构建、宣传手册制作、统计报表制作、电子相册制作、DV 制作、产品介绍演示文稿制作等综合应用实例，可结合学生所学专业内容开展计算机综合应用实训，进一步提高学生的计算机综合应用技能。为配合教学工作，本书各章都附有习题。

本书可作为中等职业学校"计算机应用基础"课程的教材，也可作为其他学习计算机应用基础知识人员的参考书。

中等职业教育课程改革国家规划新教材

计算机应用基础（Windows XP+Office 2007）

◆ 主　编　武马群
　　责任编辑　刘盛平

◆ 人民邮电出版社出版发行　　北京市崇文区夕照寺街 14 号
　　邮编　100061　电子邮件　315@ptpress.com.cn
　　网址　http://www.ptpress.com.cn
　　北京鑫正大印刷有限公司印刷

◆ 开本：787×1092　1/16
　　印张：20.25　　　　　　　　2011 年 6 月第 1 版
　　字数：514 千字　　　　　　　2011 年 6 月北京第 1 次印刷

ISBN 978-7-115-25190-9

定价：28.00 元

读者服务热线：**(010)67170985**　印装质量热线：**(010)67129223**
反盗版热线：**(010)67171154**
广告经营许可证：京崇工商广字第 0021 号

中等职业教育课程改革国家规划新教材
出 版 说 明

　　为贯彻《国务院关于大力发展职业教育的决定》（国发〔2005〕35号）精神，落实《教育部关于进一步深化中等职业教育教学改革的若干意见》（教职成〔2008〕8号）关于"加强中等职业教育教材建设，保证教学资源基本质量"的要求，确保新一轮中等职业教育教学改革顺利进行，全面提高教育教学质量，保证高质量教材进课堂，教育部对中等职业学校德育课、文化基础课等必修课程和部分大类专业基础课教材进行了统一规划并组织编写，从2009年秋季学期起，国家规划新教材将陆续提供给全国中等职业学校选用。

　　国家规划新教材是根据教育部最新发布的德育课程、文化基础课程和部分大类专业基础课程的教学大纲编写，并经全国中等职业教育教材审定委员会审定通过的。新教材紧紧围绕中等职业教育的培养目标，遵循职业教育教学规律，从满足经济社会发展对高素质劳动者和技能型人才的需要出发，在课程结构、教学内容、教学方法等方面进行了新的探索与改革创新，对于提高新时期中等职业学校学生的思想道德水平、科学文化素养和职业能力，促进中等职业教育深化教学改革，提高教育教学质量将起到积极的推动作用。

　　希望各地、各中等职业学校积极推广和选用国家规划新教材，并在使用过程中，注意总结经验，及时提出修改意见和建议，使之不断完善和提高。

教育部职业教育与成人教育司

2009年5月

前　言

"计算机应用基础"课程是中职学生必修的一门公共基础课。该课程在中等职业学校人才培养计划中与语文、数学、外语等课程具有同等重要的地位，具有文化基础课的性质。

当今社会，以计算机技术为主要标志的信息技术已经渗透到人类生活、工作的各个方面，各种生产工具的信息化、智能化水平越来越高。在这样的社会背景下，对于计算机的了解程度和对信息技术的掌握水平成为一个人基本能力和素质的反映。因此，以培养高素质劳动者为主要目标的中等职业学校，必须高质量地完成"计算机应用基础"课程的教学，每一个学生必须认真学好这门课程。

根据教育部 2009 年颁布的《中等职业学校计算机应用基础教学大纲》要求，"计算机应用基础"课程的任务是：使学生掌握必备的计算机应用基础知识和基本技能，培养学生应用计算机解决工作与生活中实际问题的能力，初步具有应用计算机学习的能力，为其职业生涯发展和终身学习奠定基础；提升学生的信息素养，使学生了解并遵守相关法律法规、信息道德及信息安全准则，培养学生成为信息社会的合格公民。

"计算机应用基础"课程的教学目标如下：

· 使学生了解、掌握计算机应用基础知识，提高学生计算机基本操作、办公应用、网络应用、多媒体技术应用等方面的技能，使学生初步具有利用计算机解决学习、工作、生活中常见问题的能力；

· 使学生能够根据职业需求运用计算机，体验利用计算机技术获取信息、处理信息、分析信息、发布信息的过程，逐渐养成独立思考、主动探究的学习方法，培养严谨的科学态度和团队协作意识；

· 使学生树立知识产权意识，了解并能够遵守社会公共道德规范和相关法律法规，自觉抵制不良信息，依法进行信息技术活动。

根据上述"计算机应用基础"课程的任务和教学目标要求，本教材编写遵循以下基本原则。

1. 打基础、重实践

计算机学科的实践性和应用性都很强，除了掌握计算机的原理和有关应用知识外，对计算机的操作能力是开展计算机应用最重要的条件。中等职业教育培养生产、技术、管理和服务第一线的高素质劳动者，其特点主要体现在实际操作能力上。为突出对学生实际操作能力和应用能力的训练与培养，本书相应章节后面都配有应用实例，可结合学生所学专业内容开展计算机应用实训。

在教学安排上，实际操作与应用训练至少应占总学时的 75%，通过课堂训练与课余强化使

学生的操作能力达到：英文录入 120 字符 / 分钟、中文录入 60 字 / 分钟，能够熟练使用 Windows 操作系统，熟练使用文字处理软件、表格处理软件，熟练利用 Internet 进行网上信息搜索与信息处理等。

2. 零起点、考证书

中职教育的对象是初中毕业或相当于初中毕业的学生，在我国普及九年义务教育的情况下，中职教育也就是面向大众的职业教育。作为一门技术含量比较高的文化基础课，"计算机应用基础"课程要适应各种水平和素质的学生，就要从"零"开始讲授，即"零起点"。从零开始，以三年制中职教学计划为依据，兼顾四年制教学的需要，按照教育部颁布的大纲要求实施教学。在重点掌握计算机应用基本知识和基本技能的基础上，为学生取得计算机应用能力技能证书和职业资格证书做好准备。本书各章末配有习题以及题库训练系统，可满足学生参加全国计算机等级考试需求。本教材吸收了国际著名 IT 厂商 Microsoft 公司近年来的先进技术及教育资源，学生通过学习可以掌握先进的 IT 技术，可以选择参加微软相关认证考试。

3. 任务驱动，促进以学生为中心的课程教学改革

为了适应当前中等职业教育教学改革的要求，教材编写吸收了新的职教理念，以任务牵引教材内容的安排，形成"提出任务—完成任务—掌握相关知识和技能—课堂训练—综合技能训练—课余练习巩固"这样的教材逻辑体系，从而适应任务驱动的、"教学做一体化"的课堂教学组织要求。

2009 年教育部颁布的《中等职业学校计算机应用基础教学大纲》，将课程内容分为两个部分，即基础模块（含拓展部分）和职业模块。本书将两个模块合二为一，依据项目教学的指导思想，教师以提高学生实践能力和综合应用能力为目标选择教材综合技能训练内容组织教学。书中部分标有"*"号的内容属于选修或拓展内容。拓展内容由教师根据实际情况决定是否在课堂上讲授，也可以给有潜力的学生自学使用。

在"计算机应用基础"课程教学过程中，要充分考虑中职学生的知识基础和学习特点，在教学形式上更贴近中职学生的年龄特征，避免枯燥难懂的理论描述，力求简明。教学中"以学生为中心"，提倡教师做"启发者"与"咨询者"，提倡采用过程考核模式，培养学生的自主学习能力，调动学生学习的积极性，使教学内容与职业应用相关联，同时努力培养学生的信息素养与职业素质。

《计算机应用基础（Windows XP+Office 2007）》教材的推荐授课学时安排如下：

序 号	课 程 内 容	教 学 时 数	
		讲授与上机实习	说 明
1	计算机基础知识	10	
2	操作系统 Windows XP 的使用	12	
3	因特网（Internet）应用	12	
4	文字处理软件 Word 2007 应用	20	建议在多媒体机房组织教学，使课程内容讲授与上机实习合二为一
5	电子表格处理软件 Excel 2007 应用	20	
6	多媒体软件应用	14	
7	演示文稿软件 PowerPoint 2007 应用	8	
	机动	12	
	合计	96～108	

基础知识（对应教学大纲中的基础模块）部分的推荐教学时数为 96～108。综合技能训练（对应教学大纲中的职业模块）部分的推荐授课学时数为 32～36。在实施综合技能训练教学时，选择教材中与学生所学专业联系最紧密的 2～3 个典型应用案例进行教学，有针对性地提高学生在本专业领域中计算机的综合应用能力。

本书由武马群担任主编。全书共分 7 章，第 1 章由北京信息职业技术学院武马群编写，第 2 章由北京信息职业技术学院范美英编写，第 4 章由北京信息职业技术学院刘瑞新编写，第 3 章和第 6 章由大连计算机职业中专学校王健编写，第 5 章和第 7 章由北京信息职业技术学院贾清水编写。王慧玲、孙振业、黄健、童遵龙、张立新等参加了资料整理工作。

本书配有电子课件、习题答案、拓展案例、模拟试卷、操作视频、演示录像、动画演示、题库系统等教辅资源，可登录人民邮电出版社教学服务与资源网（www.ptpedu.com.cn）免费下载。

本书经全国中等职业教育教材审定委员会审定通过，由江苏食品职业技术学院陶书中教授、北京交通大学徐维祥教授审稿，在此表示诚挚感谢！

由于编者水平有限，书中难免存在不足之处，敬请读者指正。

编 者

2011 年 5 月

目 录

Chapter 1　**第1章　计算机基础知识** ·· 1

1.1　概述 ··· 1
1.1.1　计算机的概念 ·· 1
1.1.2　计算机的发展 ·· 2
1.1.3　计算机的应用领域 ·· 3

1.2　微型计算机的组成 ··· 5
1.2.1　计算机硬件系统 ··· 5
1.2.2　计算机软件系统 ··· 8

1.3　计算机中的数与信息编码* ·· 9
1.3.1　计算机中的数制 ··· 9
1.3.2　数制间的转换 ··· 10
1.3.3　计算机中的数 ··· 12
1.3.4　常见信息编码 ··· 13
1.3.5　数据在计算机中的处理过程 ·· 15

1.4　微型计算机的基本操作 ·· 16
1.4.1　微型计算机的配置 ··· 16
1.4.2　计算机系统各部分的连接 ··· 17
1.4.3　键盘与鼠标的使用 ··· 18

1.5　计算机的安全使用 ·· 20
1.5.1　设备和数据的安全 ··· 21
1.5.2　信息活动规范 ··· 22
1.5.3　计算机病毒的防治 ··· 23

习题 ·· 24

Chapter 2　**第2章　操作系统Windows XP的使用** ······························· 28

2.1　操作系统简介 ·· 28
2.1.1　操作系统的基本概念 ·· 28
2.1.2　Windows操作系统的特点 ·· 29
2.1.3　安装Windows XP* ··· 30

2.2　Windows XP图形用户界面操作 ·· 33
2.2.1　计算机的启动和关闭 ·· 33
2.2.2　Windows XP桌面元素及操作 ·· 35
2.2.3　Windows的基本术语 ·· 36
2.2.4　窗口的组成和操作 ··· 38

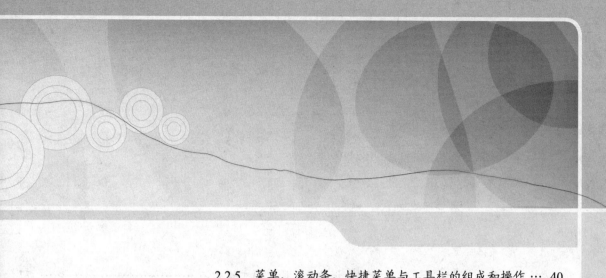

2.2.5　菜单、滚动条、快捷菜单与工具栏的组成和操作 ··· 40

2.2.6　对话框的组成和操作 ······················· 43

2.2.7　Windows帮助系统的使用* ·················· 45

2.3　应用程序的运行、切换和退出 ·················· 46

2.3.1　运行应用程序 ······························· 47

2.3.2　切换窗口 ··································· 48

2.3.3　最小化和自动排列桌面上的窗口 ············· 48

2.3.4　退出应用程序 ······························· 48

2.3.5　强制结束程序 ······························· 49

2.3.6　建立快捷方式 ······························· 49

2.4　文件管理 ································· 50

2.4.1　文件和文件夹的概念 ······················· 51

2.4.2　"资源管理器"的打开、组成和查看 ·········· 52

2.4.3　文件夹的基本操作 ························· 54

2.5　系统管理与应用 ························· 57

2.5.1　控制面板 ··································· 57

2.5.2　Windows的外观设置 ························· 58

2.5.3　更改鼠标、输入法的属性 ··················· 60

2.5.4　安装和卸载常用应用程序 ··················· 61

2.5.5　附件 ····································· 61

2.5.6　设置多用户管理及权限* ····················· 62

2.5.7　安装外部设备驱动程序* ····················· 62

2.6　系统维护与常用工具软件的使用 ··············· 64

2.6.1　安装和使用病毒防治软件 ··················· 65

2.6.2　安装和使用压缩工具软件 ··················· 66

2.6.3　数据备份 ··································· 68

2.6.4　使用软件备份和恢复操作系统* ··············· 69

2.7　中文输入法的使用 ························· 70

2.7.1　汉字的编码* ······························· 70

2.7.2　全拼中文输入法的使用 ····················· 72

综合技能训练一　文字录入训练 ··················· 73

任务一　熟悉键盘的布局 ······················· 74

任务二　键盘操作指法 ························· 74

任务三　全拼汉字录入法 ······················· 74

拓展训练一　基准键训练 ······················· 76

拓展训练二　指法综合训练 ··················· 76

拓展训练三　输入中文短文 ……………………………………… 77

综合技能训练二　个人计算机组装 ………………………… 77

任务一　开列计算机硬件清单 …………………………………… 78
任务二　组装计算机硬件 ………………………………………… 79
任务三　安装操作系统 …………………………………………… 83
任务四　用软件维护并检测计算机系统 ………………………… 84
任务五　安装和使用病毒防治软件 ……………………………… 84
任务六　安装系统备份还原工具软件，并制作系统的备份 … 84
拓展训练一　根据用途开列计算机硬件清单 …………………… 85
拓展训练二　用软件检测计算机系统 …………………………… 85

习题 ………………………………………………………………… 85

Chapter 3

第3章　因特网（Internet）应用 ………………………… 87

3.1　因特网的基本概念和功能 ………………………………… 87
3.1.1　因特网概念及服务 ………………………………………… 87
3.1.2　TCP/IP* ……………………………………………………… 88

3.2　Internet的接入 ……………………………………………… 91
3.2.1　Internet接入方式 …………………………………………… 91
3.2.2　接入Internet ………………………………………………… 91
3.2.3　无线网络* …………………………………………………… 93

3.3　网络信息浏览 ………………………………………………… 95
3.3.1　使用浏览器浏览和下载相关信息 ………………………… 95
3.3.2　使用搜索引擎检索信息* …………………………………… 97
3.3.3　配置浏览器中的常用参数* ………………………………… 98

3.4　电子邮件管理 ………………………………………………… 99
3.4.1　申请电子邮箱 ……………………………………………… 99
3.4.2　收发电子邮件 ……………………………………………… 101
3.4.3　常用电子邮件管理工具* …………………………………… 102

3.5　常用网络工具软件的使用 ………………………………… 105
3.5.1　即时通信软件应用 ………………………………………… 105
3.5.2　使用上传与下载工具 ……………………………………… 107
3.5.3　远程桌面* …………………………………………………… 109

3.6　常见网络服务与应用 ……………………………………… 110
3.6.1　网络空间的申请与使用 …………………………………… 110
3.6.2　常见的网络服务与应用 …………………………………… 113

综合技能训练三　办公室（家庭）网络组建 ················ 113
　　任务一　硬件互连 ········· 115
　　任务二　配置网络参数 ········· 116
　　任务三　启用防火墙 ········· 117
　　任务四　设置文件和打印机的共享 ········· 118
　　任务五　下载并安装共享软件 ········· 120
　　拓展训练　以用户名和密码方式访问共享文件 ········· 120

综合技能训练四　个人网络空间构建 ················ 121
　　任务一　申请个人网络空间 ········· 121
　　任务二　构建个人网络空间 ········· 122
　　任务三　分享个人网络空间 ········· 123
　　拓展训练一　网络VIP用户申请 ········· 124
　　拓展训练二　尝试在其他网站上构建个人网络空间 ········· 124

习题 ················ 124

Chapter 4　**第4章　文字处理软件Word 2007应用** ················ 126

4.1　文档的基本操作 ················ 126
　　4.1.1　Word的启动、退出和窗口操作 ········· 127
　　4.1.2　文字的输入 ········· 133
　　4.1.3　保存文档 ········· 136
　　4.1.4　文档的编辑 ········· 138

4.2　设置字体和段落格式 ················ 143
　　4.2.1　设置字体格式 ········· 144
　　4.2.2　设置段落格式 ········· 146
　　4.2.3　文档内容的修饰 ········· 152

4.3　页面设置 ················ 156
　　4.3.1　设置页面 ········· 156
　　4.3.2　页眉和页脚 ········· 158
　　4.3.3　文档分页 ········· 160
　　4.3.4　添加分栏、水印 ········· 161

4.4　打印文档 ················ 163

4.5　表格 ················ 164

4.6　图文混排 ················ 170

4.7　编辑长文档 ················ 176

综合技能训练五　宣传手册制作 ……………………………………… 180

 任务一　收集资料 …………………………………………… 182
 任务二　规划版面 …………………………………………… 182
 任务三　新建文档、设置页面 ……………………………… 182
 任务四　制作封面页 ………………………………………… 182
 任务五　制作第1张内容页 ………………………………… 183
 任务六　制作其他内容页 …………………………………… 183
 任务七　制作封底页 ………………………………………… 183
 任务八　打印预览和打印 …………………………………… 183
 拓展训练一　制作房产宣传页 ……………………………… 184
 拓展训练二　制作商企通宣传页 …………………………… 184

习题 ……………………………………………………………………… 185

Chapter 5

第5章　电子表格处理软件Excel 2007应用 ……………………… 187

 5.1　电子表格的基本操作 …………………………………… 187

  5.1.1　认识Excel 2007 ……………………………………… 187
  5.1.2　Excel 2007文件操作 ………………………………… 189
  5.1.3　工作表的基本操作 …………………………………… 191
  5.1.4　输入和修改工作表中的数据 ………………………… 193

 5.2　电子表格的格式设置 …………………………………… 198

  5.2.1　行、列和单元格基本操作 …………………………… 198
  5.2.2　单元格的格式设定 …………………………………… 201
  5.2.3　数据保护* ……………………………………………… 203
  5.2.4　使用样式 * …………………………………………… 205

 5.3　数据处理 ………………………………………………… 205

  5.3.1　公式和函数 …………………………………………… 205
  5.3.2　Excel数据管理 ……………………………………… 211

 5.4　数据分析 ………………………………………………… 213

  5.4.1　图表 …………………………………………………… 214
  5.4.2　数据透视表与透视图* ……………………………… 216

 5.5　打印输出 ………………………………………………… 218

  5.5.1　页面设置 ……………………………………………… 219
  5.5.2　预览和打印文件 ……………………………………… 220

综合技能训练六　统计报表制作 ……………………………………… 222

 任务一　根据需求进行统计报表的宏观设计 ……………… 224

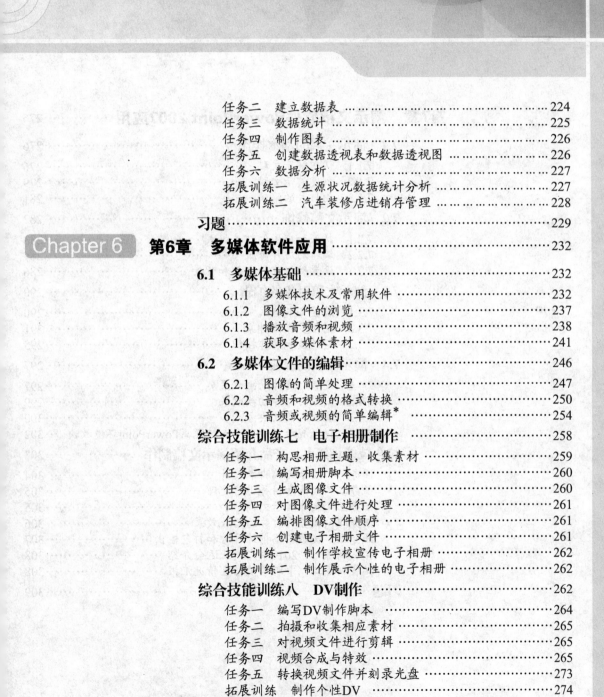

任务二　建立数据表 ………………………………… 224
任务三　数据统计 …………………………………… 225
任务四　制作图表 …………………………………… 226
任务五　创建数据透视表和数据透视图 …………… 226
任务六　数据分析 …………………………………… 227
拓展训练一　生源状况数据统计分析 ……………… 227
拓展训练二　汽车装修店进销存管理 ……………… 228

习题 ………………………………………………………… 229

Chapter 6　第6章　多媒体软件应用 …………………………… 232

6.1　多媒体基础 ……………………………………… 232

6.1.1　多媒体技术及常用软件 ……………………… 232
6.1.2　图像文件的浏览 ……………………………… 237
6.1.3　播放音频和视频 ……………………………… 238
6.1.4　获取多媒体素材 ……………………………… 241

6.2　多媒体文件的编辑 ……………………………… 246

6.2.1　图像的简单处理 ……………………………… 247
6.2.2　音频和视频的格式转换 ……………………… 250
6.2.3　音频或视频的简单编辑* ……………………… 254

综合技能训练七　电子相册制作 ………………… 258

任务一　构思相册主题，收集素材 ………………… 259
任务二　编写相册脚本 ……………………………… 260
任务三　生成图像文件 ……………………………… 260
任务四　对图像文件进行处理 ……………………… 261
任务五　编排图像文件顺序 ………………………… 261
任务六　创建电子相册文件 ………………………… 261
拓展训练一　制作学校宣传电子相册 ……………… 262
拓展训练二　制作展示个性的电子相册 …………… 262

综合技能训练八　DV制作 ……………………… 262

任务一　编写DV制作脚本 ………………………… 264
任务二　拍摄和收集相应素材 ……………………… 265
任务三　对视频文件进行剪辑 ……………………… 265
任务四　视频合成与特效 …………………………… 265
任务五　转换视频文件并刻录光盘 ………………… 273
拓展训练　制作个性DV …………………………… 274

习题 ………………………………………………………… 274

Chapter 7　**第7章　演示文稿软件PowerPoint 2007应用** ··········276

7.1　演示文稿的基本操作 ···········276

7.1.1　认识演示文稿 ···········276

7.1.2　创建演示文稿 ···········279

7.1.3　幻灯片的编辑 ···········281

7.2　演示文稿修饰 ···········282

7.2.1　插入和应用幻灯片版式 ···········283

7.2.2　编辑幻灯片母版 ···········284

7.2.3　设置幻灯片的主题和背景 ···········286

7.3　演示文稿对象的编辑 ···········290

7.3.1　设置文本格式 ···········290

7.3.2　插入多媒体对象 ···········291

7.3.3　超链接和动作按钮 ···········295

7.4　演示文稿的放映 ···········297

7.4.1　设置幻灯片动画效果 ···········297

7.4.2　设置幻灯片切换效果* ···········299

7.4.3　演示文稿放映方式 ···········300

7.4.4　打包演示文稿——支持脱离PowerPoint环境放映 ···302

综合技能训练九　产品介绍演示文稿制作 ···········303

任务一　演示文稿脚本设计 ···········304

任务二　搜集素材并进行处理 ···········305

任务三　制作演示文稿 ···········305

任务四　设置幻灯片的播放效果 ···········306

任务五　演示文稿排练计时和打包输出 ···········307

拓展训练一　2010年广州亚运会介绍 ···········308

拓展训练二　中职学校招生情况汇报 ···········308

习题 ···········309

第1章

计算机基础知识

1.1 概述

◎ 计算机的概念

◎ 计算机的发展

◎ 计算机的应用领域

1.1.1 计算机的概念

电子计算机（Digital Computer）是一种能够按照指令对各种数据和信息进行自动加工和处理的电子设备，简称计算机（Computer），俗称电脑。

1.1.2　计算机的发展

世界上公认的第一台电子计算机 ENIAC（Electronic Numerical Integrator And Computer）诞生于 1946 年。半个多世纪以来，随着电子技术的迅猛发展，电子计算机经历了四个发展阶段。

第一代（1946 年—1958 年）是电子管计算机时代。这一代计算机的逻辑元件采用电子管（见图 1-1、图 1-2），使用机器语言编程，然后又产生了汇编语言。代表机型有 ENIAC、IBM650（小型机）、IBM709（大型机）等。

第二代（1959 年—1964 年）是晶体管计算机时代。这一代计算机的逻辑元件采用晶体管（见图 1-3、图 1-4），并出现了管理程序和 COBOL、FORTRAN 等高级编程语言。代表机型有 IBM7090、IBM7094、CDC7600 等。

图 1-1　电子管计算机

图 1-2　电子管

图 1-3　晶体管计算机

第三代（1965 年—1970 年）是中小规模集成电路计算机时代。这一代计算机的逻辑元件采用中、小规模集成电路（见图 1-5、图 1-6），出现了操作系统和诊断程序，高级语言更加流行，如 BASIC、Pascal、APL 等。代表机型有 IBM360 系列、富士通 F230 系列等。

图 1-4　晶体管

图 1-5　集成电路计算机

图 1-6　中小规模集成电路

第四代（1971 年至今）是大规模集成电路计算机时代。这一代计算机的逻辑元件是大规模和超大规模集成电路，使用微处理器（Microprocessor）芯片（见图 1-7）。这一代计算机速度快、存储容量大、外部设备种类多、用户使用方便、操作系统和数据库技术进一步发展。计算机技术与网络技术、通信技术相结合，使计算机应用进入了网络时代，多媒体技术的兴起扩大了计算机的应用领域。

1971 年美国 Intel 公司首次把中央处理器（CPU）制作在一块芯片上，研制出了第一个 4 位单片微处理器 Intel 4004，它标志着微型计算机的诞生。微型计算机称为个人计算机、PC 或电脑，是各类计算机中发展最快、使用最多的一种计算机，我们日常学习、生活、工作中使用的多数是微型计算机。微型计算机又有台式机和笔记本电脑等多种形式，如图 1-8 和图 1-9 所示。

介于普通微型计算机和小型计算机之间有一类高级微型计算机称为工作站（见图 1-10），具有速度快、容量大、通信功能强的特点，适合于复杂数值计算，价格便宜，常用于图像处理、辅助设计、办公自动化等方面。

图 1-7　微处理器芯片

图 1-8　台式机

图 1-9　笔记本电脑

最小的单片机（见图 1-11）则把计算机做在了一块半导体芯片上，使它可直接嵌入到其他机器设备中进行数据处理和过程控制。

图 1-10　工作站

图 1-11　单片机

微型计算机随着集成电路技术的进步已经经历了下面五个发展阶段。

第一代（1971 年—1973 年）4 位或准 8 位微型计算机。其 CPU 的代表是 Intel 4004 和 Intel 8008。

第二代（1974 年—1977 年）8 位微型计算机。其 CPU 的代表是 Intel 8080、M6800 和 Z80。

第三代（1978 年—1980 年）16 位微型计算机。其 CPU 的代表是 Intel 8086、M68000 和 Z8000。

第四代（1981 年—1992 年）32 位微型计算机。其 CPU 的代表是 Intel 80386、Intel 80486、IAPX432、MAC2、HP32、M68020 等。

第五代（1993 年至今）64 位微型计算机。其 CPU 的代表是 Pentium（奔腾）芯片和 PowerPC 芯片以及 Alpha 芯片。

1.1.3　计算机的应用领域

计算机以其速度快、精度高、能记忆、会判断、自动化等特点，经过短短几十年的发展，它的应用已经渗透到人类社会的各个方面，计算机应用能力已经成为人们必备的基本能力之一。

总的来讲，计算机的应用领域可以归纳为五大类：科学计算、信息处理、过程控制、计算机辅助设计／辅助教学和人工智能。

1. 科学计算

科学计算（Scientific Calculation）又称为数值计算，是计算机应用最早的领域。在科学研究和工程设计中，经常会遇到各种各样的数值计算问题。例如，我国嫦娥一号卫星从地球到达月球要经过一个十分复杂的运行轨迹（见图 1-12），为设计运行轨迹要进行大量的计算工作。计算机具有速度快、精度高的特点以及它能够按指令自动运行、准确无误的运算能力，可以高效率地解决这类问题。

图 1-12　嫦娥一号卫星探月

2. 信息处理

信息处理（Information Processing）是指用计算机对信息进行收集、加工、存储、传递等工作，其目的是为有各种需求的人们提供有价值的信息，作为管理和决策的依据。例如，人口普查资料的统计、股市行情的实时管理、企业财务管理、市场信息分析、个人理财记录等都是信息处理的例子。计算机信息处理已广泛应用于企业管理、办公室自动化、信息检索等诸多领域，成为计算机应用最活跃、最广泛的领域之一。

3. 过程控制

过程控制（Process Control）是指用计算机对工业过程或生产装置的运行状况进行检测，并实施生产过程自动控制。例如，用火箭将嫦娥一号卫星送向月球的过程，就是一个典型的计算机控制过程。将计算机信息处理与过程控制有机结合起来，能够实现生产过程自动化，甚至能够出现计算机管理下的无人工厂。

4. 计算机辅助设计／辅助教学

计算机辅助设计（Computer-Aided Design，CAD）是指利用计算机来帮助设计人员进行工程设计。辅助设计系统配有专业绘图软件用来协助设计人员绘制设计图纸，模拟装配过程，甚至设计结果能够直接驱动机床加工制造。用计算机进行辅助设计，不但速度快，而且质量高，可以缩短产品开发周期，提高产品质量。

计算机辅助教学（Computer-Aided Instruction，CAI）是指利用计算机来辅助教学和学习。教师可以利用计算机创设仿真的情境，向学生提供丰富的学习资源，提高教学效果；可以开发网络化学习资源库，支持学生远程学习，并实现在计算机辅助下的师生交互，构成新型的人机交互学习系统，学习者可以自主确定学习计划和进度，既灵活又方便。

5. 人工智能

人工智能（Artificial Intelligence）是利用计算机对人的智能进行模拟，模仿人的感知能力、思维能力、行为能力等。例如，语音识别、语言翻译、逻辑推理、联想决策、行为模拟等。最具有代表性的应用是机器人，它包括机械手和智能机器人（见图 1-13）。

在我们的日常生活中，计算机应用的案例比比皆是，如每一部高级汽车中都有几十个电脑控制芯片，它们可以使汽车的各个部件很好地协调运行，让汽车随时保持最佳状态。我们看到的每一部电视剧、每一部动画片、每一本书籍都是经过计算机编辑加工完成的。可以说，人类现代的生产和生活已经离不开计算机技术并随着计算机技术的发展和应用的深化，正在促进人类向着信息化社会迈进。

图 1-13　机器人

1.2 微型计算机的组成

◎ 计算机的系统组成

◎ 运算器、控制器、存储器、输入设备、输出设备

◎ CPU、内存储器、外存储器、I/O设备、I/O接口

◎ 计算机软件系统

◎ 基本输入/输出系统（BIOS）*

一台完整的计算机应该包括硬件系统和软件系统两个部分，如图1-14所示。计算机硬件（Hardware）是指那些由电子元器件和机械装置组成的"硬"设备，如键盘、显示器、主板等，它们是计算机能够工作的物质基础。计算机软件（Software）是指那些在硬件设备上运行的各种程序、数据和有关的技术资料，如Windows操作系统、数据库管理系统等。没有软件的计算机称为"裸机"，裸机无法工作。

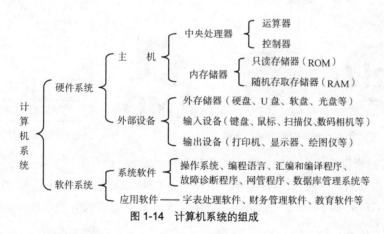

图 1-14 计算机系统的组成

1.2.1 计算机硬件系统

计算机采用冯·诺依曼体系结构，其硬件系统由五个基本部分组成，即运算器、控制器、存储器、输入设备和输出设备。运算器和控制器构成计算机的中央处理器（Central Processing Unit，CPU），中央处理器与内存储器构成计算机的主机，其他外存储器、输入设备和输出设备统称为外部设备。

1. 中央处理器

中央处理器（CPU）是一个超大规模集成电路芯片，它包含了运算器和控制器的功能，因此CPU又称为微处理器（MPU）。在计算机中CPU负责运算和控制计算机的各部件协调工作。

目前，CPU型号很多，主流产品是Intel系列、AMD系列等，如图1-15所示。CPU的主要

第1章

计算机基础知识

技术指标包括下面几个方面。

（1）字长。字（Word）是中央处理器处理数据的基本单位，字中所包含的二进制数的位数称为字长，它反映了计算机一次可以处理的二进制代码的位数。字长越长，数据处理精度越高，速度越快。通常以字长来称呼 CPU，如 Pentium 4 CPU 的字长为 32 位，称为 32 位微处理器。

（2）主频。CPU 的主频是指 CPU 的工作时钟频率，是衡量 CPU 运行速度的指标，Pentium 4 2.0GHz CPU 的主频是 2.0GHz。

（3）整数和浮点数性能。整数运算是使用计算机字长表示的整数进行运算，可运算的数据范围较小。浮点运算范围较大，主要用来进行科学计算。浮点运算能力是选择 CPU 需要考虑的重要因素之一。

（4）Cache。高速缓冲存储器（Cache）设置在 CPU 内部，可以提高计算机的速度。在相同的主频下，Cache 容量越大，CPU 性能越好。

2. 存储器

计算机的存储器分为 3 种：高速缓冲存储器（Cache）、主存储器（内存）和外存储器。在计算机中采取如图 1-16 所示的三级存储器策略来解决存储器的大容量、低成本与适应 CPU 高速度之间的矛盾。

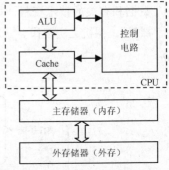

图 1-15　CPU 外形与商标　　　　　　　　图 1-16　三级存储器策略

主存储器（通常称为内存）安装在计算机系统的主板上，内存容量主要由内存条 RAM 的容量来决定。内存条如图 1-17 所示，内存条安装在主板上 CPU 的附近。内存容量从几十兆字节（MB）到几个吉字节（GB），如 64MB，128MB，256MB，512MB，1GB 等，可根据需要配置。

图 1-17　内存条

外存储器简称外存，也叫做辅助存储器。常用的有硬盘、软盘、光盘（见图 1-18、图 1-19、图 1-20）、移动存储器等。外存储器由磁性材料或光反射材料制成，具有价格低、容量大和存取速度慢的特点，用于长期存放暂时不用的程序和数据。外存储器不能直接与 CPU 或 I/O 设备进行数据交换，只能和内存交换数据。

存储容量的单位用 B（字节 Byte）、KB（千字节）、MB（兆字节）、GB（吉字节）来表示，1GB = 1 024MB，1MB = 1 024KB，1KB = 1 024B。

图 1-18　硬盘

图 1-19　软盘

图 1-20　光盘

3.5 英寸软盘容量是 1.44MB，软盘数据通过软盘驱动器进行读写。CD-ROM 光盘容量约 650MB，单面 DVD 光盘容量约 4.7GB，双面双层 DVD 容量可达 17GB。光盘驱动器是对光盘进行读写操作的一体化设备，目前流行的光驱有 DVD-ROM 和 Combo（康宝）。光盘驱动器可以同时带有刻录功能，称为光盘刻录机，记作 CD-RW 或 DVD-RW。

硬盘是计算机的基本配件，几乎所有的用户数据都要存储到硬盘存储器中，如图 1-18 所示。目前，硬盘容量已经达到 120GB 以上。

移动存储器主要有移动硬盘和 U 盘两类。移动硬盘和普通硬盘没有本质区别，经过防震处理，提供 USB 接口，实现即插即用。U 盘属于移动半导体存储设备（闪存），也采用 USB 接口，存储容量可超过 8GB，已经成为计算机使用者必备的移动存储设备。

3. 输入设备

输入设备（Input Equipment）用于向计算机输入程序和数据。它将程序和数据从人类习惯的形式转换成计算机的内部二进制代码放在内存中。常见的输入设备有键盘、鼠标、扫描仪（见图 1-21、图 1-22）、摄像头等。

4. 输出设备

图 1-21　键盘、鼠标

输出设备（Output Equipment）将计算机内的二进制代码形式的数据转换成人类习惯的文字、图形、声音等形式输送出来。常见的输出设备有显示器（见图 1-23）、打印机、绘图仪等。

（a）CRT显示器　　　　　　　　　　　　（b）LED显示器

图 1-22　扫描仪　　　　　　　　　　图 1-23　显示器

打印机是用来打印文字或图片的设备，是办公自动化必不可少的输出设备之一。常用的打印机有针式打印机、喷墨打印机和激光打印机三种，如图 1-24 所示。根据打印颜色可分为单色打印机和彩色打印机，根据打印幅面可分为窄幅打印机（A4 以下）和宽幅打印机。

除以上微型计算机系统中最常用的输入设备、输出设备之外，在多媒体应用环境下还需要摄像头、投影机等设备以及麦克风、音箱、手写板、触摸屏等更加适合人们习惯的输入设备、输出设备。这些设备的介绍参见本书第 6 章中表 6-1 和表 6-2 的内容。

（a）针式打印机　　　　　（b）喷墨打印机　　　　（c）激光打印机

图1-24　打印机

1.2.2　计算机软件系统

自从 1946 年第一台电子计算机问世以来，随着计算机速度和存储容量的不断提高，计算机软件得到了迅速发展，已经形成了庞大的计算机软件系统，它们是人类智慧的结晶。

软件是指那些在硬件设备上运行的各种程序、数据和有关的技术资料。软件系统是指各种软件的集合，软件系统可分为系统软件（System Software）和应用软件（Application Software）两大类，如图 1-14 所示。

1. 系统软件

系统软件是为了提高计算机的使用效率，对计算机的各种软件、硬件资源进行管理的一系列软件的总称。系统软件有操作系统、语言处理软件、服务程序、数据库管理系统等几大类。

（1）操作系统。操作系统（Operating System，OS）是最基本的系统软件，它由一系列程序构成，使用户可以通过简单命令让设备完成指定的任务；这些程序还可以对 CPU 的时间、存储器的空间和软件资源进行管理。

（2）语言处理软件。语言处理软件是指各种编程语言以及汇编程序、编译系统和解释系统等语言转换程序。编程语言包括机器语言、汇编语言和高级语言，用来编写计算机程序或开发应用软件。

（3）服务程序。服务程序是人们能够顺利使用计算机的帮手，是系统软件的一个重要组成部分。常用的服务程序有诊断程序、调试程序、编辑程序等。

（4）数据库管理系统。所谓数据库（Data Base），就是实现有组织地、动态地存储大量相关数据，方便多用户访问的由计算机软件、硬件资源组成的系统。为数据库的建立、操纵和维护而配置的软件称为数据库管理系统（Data Base Management System，DBMS）。例如，目前微型计算机上配备的数据库管理系统有 MS Access、FoxPro、MS SQL Server、Oracle、DB2 等。

2. 应用软件

应用软件是指为解决计算机用户的特定应用而编制的软件，它运行在系统软件之上，运用系统软件提供的手段和方法，完成我们实际要做的工作，如财务管理软件、文字处理软件、绘图软件、信息管理软件等。

3. 基本输入 / 输出系统 *

我们已经知道，完整的可以工作的计算机系统是由硬件系统和软件系统两大部分组成。但是，计算机硬件系统的生产和软件系统的生产一般是分离的，他们有不同的专业化企业来设计制造开发。我们接触的微型计算机系统，属于通用计算机类型，即各种不同需求的用户都可以通过在这些计算机的硬件系统基础上选择安装自己需要的软件来实现自己特定的使用目标。因此，就会有我们大家都熟悉的情景，新购买的计算机都要进行软件安装才能正常运行。

由于企业生产的专业分工和通用性的要求，计算机硬件生产企业出厂的计算机整机不配备软件系统，此时的计算机称为"裸机"。"裸机"不能正常运行，用户无法使用。但是，只要"裸机"具有基本的输入和输出功能，用户（或计算机销售公司）就可以将操作系统、应用软件等安装上去，使其成为一台符合用户要求的计算机系统。

从上面的说明可知，"裸机"必须具备基本输入/输出系统（Basic Input/Output System，BIOS），它是嵌入在计算机硬件系统之中抹不掉的软件，也可以说是和计算机硬件系统融为一体的最基础层面的软件。由 BIOS 开始，通过用户逐层安装 BIOS、操作系统、高级语言和数据库、应用软件等构成软件环境，如图 1-25 所示。

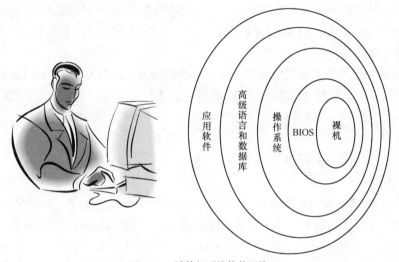

图 1-25　计算机系统软件环境

1.3　计算机中的数与信息编码 *

◎ 计算机中的数制

◎ 数制间的转换

◎ 容量的表示：B，KB，MB，GB，TB

◎ 机器数与真值

◎ BCD 码

◎ 字符的编码

◎ 数据在计算机中的处理过程

1.3.1　计算机中的数制

"数制"是指进位计数制，它是一种科学的计数方法，它以累计和进位的方式进行计数，实

现了以很少的符号表示大范围数字的目的。计算机中常用的数制有二进制、十进制和十六进制。

1. 十进制

十进制（Decimal）数用 0，1，2，…，9 十个数码表示，并按"逢十进一"、"借一当十"的规则计数。十进制的基数是 10，不同位置具有不同的位权。例如：

$$680.45 = 6 \times 10^2 + 8 \times 10^1 + 0 \times 10^0 + 4 \times 10^{-1} + 5 \times 10^{-2}$$

十进制是人们最习惯使用的数制，在计算机中一般把十进制作为输入输出的数据形式。为了把不同进制的数区分开，将十进制数表示为（N）$_{10}$。

2. 二进制

二进制（Binary）数用 0，1 两个数码表示，二进制的基数是 2，不同位置具有不同的位权。例如：

$$(1011.101)_2 = 1 \times 2^3 + 0 \times 2^2 + 1 \times 2^1 + 1 \times 2^0 + 1 \times 2^{-1} + 0 \times 2^{-2} + 1 \times 2^{-3}$$

$$= (11.625)_{10}$$

二进制数的位权展开式可以得到其表征的十进制数大小。二进制数常用（N）$_2$ 来表示，也可以记作（N）$_B$。二进制数的运算很简单，遵循"逢二进一"、"借一当二"的规则。

$1+1=0$（进 1）	$1+0=1$	$0+1=1$	$0+0=0$
$1-1=0$	$1-0=1$	$0-1=1$（借 1）	$0-0=0$
$1 \times 1=1$	$1 \times 0=0$	$0 \times 1=0$	$0 \times 0=0$

3. 十六进制

十六进制（Hexadecimal）数用 0，1，2，…，9，A，B，C，D，E，F 十六个数码表示，A 表示 10，B 表示 11…F 表示 15。十六进制的基数是 16，不同位置具有不同的位权。例如：

$$(3AB.11)_{16} = 3 \times 16^2 + A \times 16^1 + B \times 16^0 + 1 \times 16^{-1} + 1 \times 16^{-2}$$

$$= (939.0664)_{10}$$

十六进制数的位权展开式可以得到其表征的十进制数大小。十六进制数常用（N）$_{16}$ 或（N）$_H$ 来表示。十六进制数的运算，遵循"逢十六进一"、"借一当十六"的规则。

表 1-1 所示为三种数制的对照关系。

表1-1　　　　　　　　　十进制、二进制、十六进制数值对照表

十 进 制	二 进 制	十六进制	十 进 制	二 进 制	十 六 进 制
0	0000	0	8	1000	8
1	0001	1	9	1001	9
2	0010	2	10	1010	A
3	0011	3	11	1011	B
4	0100	4	12	1100	C
5	0101	5	13	1101	D
6	0110	6	14	1110	E
7	0111	7	15	1111	F

1.3.2　数制间的转换

用位权展开式可以得到二进制、十六进制向十进制的转换，本小节主要讨论十进制向二进制的转换方法、十进制向十六进制的转换方法以及二进制与十六进制的相互转换方法。

1. 十进制数转换成二进制数

将十进制数转换成二进制数时，十进制数的整数部分和小数部分分开进行。将十进制的整数转换成二进制整数，遵循"除 2 取余、逆序排列"的规则；将十进制小数转换成二进制小数，遵循"乘 2 取整、顺序排列"的规则；然后再将二进制整数和小数拼接起来，形成最终转换结果。例如：

$$(45.8125)_{10} = (101101.1101)_2$$

（1）十进制数整数转换成二进制数。

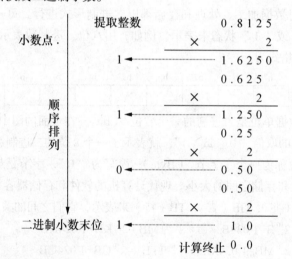

转换结果：$(45)_{10} = (101101)_2$

（2）十进制小数转换成二进制小数。

转换结果：$(0.8125)_{10} = (0.1101)_2$

因此 $(45.8125)_{10} = (101\ 101.1101)_2$。

2. 十进制数转换成十六进制数

将十进制数转换成十六进制数与转换成二进制数的方法相同，也要将十进制数的整数部分和小数部分分开进行。将十进制的整数转换成十六进制整数，遵循"除 16 取余、逆序排列"的规则；将十进制小数转换成十六进制小数，遵循"乘 16 取整、顺序排列"的规则；然后再将十六进制整数和小数拼接起来，形成最终转换结果。

3. 二进制数与十六进制数的相互转换

（1）十六进制数转换成二进制数。由于一位十六进制数正好对应四位二进制数，对应关系见表 1-1，因此将十六进制数转换成二进制数，只需将每一位十六进制数分别展开转换为二进制数即可。

例如，将十六进制数 $(3ACD.A1)_{16}$ 转换成二进制数。

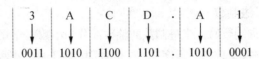

转换结果：$(3ACD.A1)_{16} = (11101011001101.10100001)_2$

（2）二进制数转换成十六进制数。将二进制数转换成十六进制数的方法，可以表述为：以二进制数小数点为中心，向两端每四位组成一组（若高位端和低位端不够四位一组，则用0补足），然后每一组对应一个十六进制数码，小数点位置对应不变。

例如，将二进制$(10101111011.0011001011)_2$转换成十六进制数。

0101	0111	1011	.	0011	0010	1100
↓	↓	↓		↓	↓	↓
5	7	B	.	3	2	C

转换结果：$(10101111011.0011001011)_2 = (57B.32C)_{16}$

1.3.3　计算机中的数

在计算机内部，对数据加工、处理和存储都以二进制形式进行。每一个二进制数都要用一连串电子器件的"0"或"1"状态来表示。例如，用八位二进制数表示一个数据，可以用b_0，$b_1 \cdots b_7$标注每一位。其格式为：

b_7	b_6	b_5	b_4	b_3	b_2	b_1	b_0

计算机中最小的数据单位是二进制的一个"位"（bit）。在上面的图中，b_0，$b_1 \cdots b_7$分别表示八个二进制位，每一位的取值"0"或"1"，就表示了一个8位的二进制数。

相邻8个二进制位称为一个"字节"（Byte），简写为"B"，字节是最基本的容量单位，可以用来表示数据的多少和存储空间的大小。现代计算机的软件和存储器容量已经相当大，容量单位常用KB（千）、MB（兆）、GB（吉）、TB（特）来表示，它们之间的关系是：

$1KB = 2^{10}B = 1\ 024B$　　　　　$1MB = 2^{10}KB = 1\ 024KB$

$1GB = 2^{10}MB = 1\ 024MB$　　　　$1TB = 2^{10}GB = 1\ 024GB$

例如，某一个文件的大小是76KB，某个存储设备的存储空间有40GB等。

1. 整数的表示

在计算机中数分为整数和浮点数。整数分有符号数和无符号数。计算机中的地址和指令通常用无符号数表示。8位无符号数的范围为00000000～11111111，即0～255。计算机中的数通常用有符号数表示，有符号数的最高位为符号位，用"0"表示正，用"1"表示负。正数和零的最高位为0，负数的最高位为1。8位有符号数的范围为11111111～01111111，即-127～+127，其格式如下。

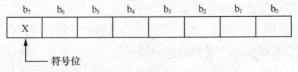

为了便于计算，计算机中的数通常使用补码的形式。最高位为符号位，其他位表示数值大小的绝对值，这种数的表示方法称为原码；最高位为符号位，正数的其他位不变，负数的其他位按

位取反，这种数的表示方法称为反码；最高位为符号位，正数的其他位不变，负数的其他位在反码的基础上再加 1（即按位取反加 1），这种数的表示方法称为补码。例如：

有符号数：　　+11　　　　　　　　−11

原　　码：　00001011　　　10001011

反　　码：　00001011　　　11110100

补　　码：　00001011　　　11110101

2．浮点数的表示

在计算机中，实数通常用浮点数来表示。浮点数采用科学计数法来表征，科学计数表示为：

十进制数：$57.625 = 10^2 \times (0.57625)$　　　　　$-0.00456 = 10^{-2} \times (-0.456)$

二进制数：$110.101 = 2^{+11} \times (0.110101)$

浮点数由阶码和尾数两部分组成，其格式为：

阶符	阶码	数符	尾数

阶码表示指数的大小（尾数中小数点左右移动的位数），阶符表示指数的正负（小数点移动的方向）；尾数表示数值的有效数字，为纯小数（即小数点位置固定在数符与尾数之间），数符表示数的正负。阶符和数符各占一位，阶码和尾数的位数因精度不同而异。

1.3.4　常见信息编码

在计算机系统中"数据"是指具体的数或二进制代码，而"信息"则是二进制代码所表达（或承载的）具体内容。在计算机中，数都以二进制的形式存在，同样各种信息包括文字、声音、图像等也均以二进制的形式存在。

1．BCD 码

计算机中的数用二进制表示，而人们习惯使用十进制数。计算机提供了一种自动进行二进制与十进制转换的功能，它要求用 BCD 码作为输入输出的桥梁，以 BCD 码输入十进制数，或以 BCD 码输出十进制数。

BCD（Binary-Coded Decimal）码就是将十进制的每一位数用多位二进制数表示的编码方式，最常用的是 8421 码，用四位二进制数表示一位十进制数。表 1-2 所示为十进制数与 BCD 码之间的 8421 码对应关系。例如：

$$(29.06)_{10} = (0010\ 1001.0000\ 0110)_{BCD}$$

表1-2　　　　　　　　　　　　十进制、BCD码对照表

十 进 制 数	BCD 码	十 进 制 数	BCD 码
0	0 0 0 0	5	0 1 0 1
1	0 0 0 1	6	0 1 1 0
2	0 0 1 0	7	0 1 1 1
3	0 0 1 1	8	1 0 0 0
4	0 1 0 0	9	1 0 0 1

2. 字符的 ASCII 码

计算机中常用的基本字符包括十进制数字符号 0 ～ 9，大小写英文字母 A ～ Z，a ～ z，各种运算符号、标点符号以及一些控制符，总数不超过 128 个，在计算机中它们都被转换成能被计算机识别的二进制编码形式。目前，在计算机中普遍采用的一种字符编码方式，就是已被国际标准化组织（ISO）采纳的 ASCII 码（American Standard Code for Information Interchange），如表 1-3 所示。

表1-3　　　　　　　　　　　　　　　ASCII代码表

低位＼高位	000	001	010	011	100	101	110	111
0000	NUL	DLE	SP	0	@	P	`	
0001	SOH	DC1	!	1	A	Q	a	
0010	STX	DC2	"	2	B	R	b	r
0011	ETX	DC3	#	3	C	S	c	s
0100	EOT	DC4	$	4	D	T	d	t
0101	ENQ	NAK	%	5	E	U	e	u
0110	ACK	SYN	&	6	F	V	f	v
0111	BEL	ETB	'	7	G	W	g	w
1000	BS	CAN	(	8	H	X	h	x
1001	HT	EM	)	9	I	Y	i	y
1010	LF	SUB	*	:	J	Z	j	z
1011	VT	ESC	+	;	K	[	k	{
1100	FF	FS	,	<	L	\	l		
1101	CR	GS	-	=	M	]	m	}
1110	SO	RS	.	>	N	^	n	~
1111	SI	US	/	?	O	_	o	DEL

其中：

NUL	空	FF	走纸控制	CAN	作废
SOH	标题开始	CR	回车	EM	纸尽
STX	正文开始	SO	移位输出	SUB	换置
ETX	正文结束	SI	移位输入	ESC	换码
EOT	结束传输	DLE	数据链换码	FS	文字分隔符
ENQ	询问	DC1	设备控制1	GS	组分隔符
ACK	承认	DC2	设备控制2	RS	纪录分隔符
BEL	报警	DC3	设备控制3	US	单元分隔符
BS	退格	DC4	设备控制4	SP	空格
HT	横向列表	NAK	否定	DEL	删除
LF	换行	SYN	空转同步		
VT	纵向列表	ETB	信息组传送结束		

在 ASCII 编码中，每个字符用 7 位二进制代码表示。例如，要确定字符 A 的 ASCII 码，可以从表中查到高位是"100"，低位是"0001"，将高位和低位拼起来就是 A 的 ASCII 码 1000001，

记作 41H。一个字节有 8 位，每个字符的 ASCII 码可存入字节的低 7 位，最高位置 0。

1.3.5　数据在计算机中的处理过程

　　数据在计算机中的处理过程，也就是计算机对二进制代码所承载的信息的处理过程，这种处理过程常见的有：建立一个 Word 文件并打印输出；建立一个电子表格并输入数据，进行统计计算处理后打印输出报表；从网上下载一首歌曲，然后播放出来供人们欣赏；等等。当然，还有很多专业性的计算机应用案例，这里不多列举。下面通过对上述 3 个案例进行简单分析来说明数据在计算机中的处理过程。

　　计算机硬件系统由输入设备、输出设备和主机构成，主机由中央处理器（CPU）和内存组成，为加强计算机功能和方便人们使用还配备了各种外存储器，如图 1-26 所示。

　　（1）建立一个 Word 文件并打印输出。这一案例的操作和数据处理过程如下。

　　① 通过 Windows 操作系统建立一个新的 Word 文件，这实际上是在内存中开辟了一块存储区，用来暂时存储文件内容，以便于用户对文件进行编辑加工。

　　② 用户通过鼠标和键盘操作输入文件内容，对文件进行编辑加工等，这实际上是对内存区中的数据进行录入和修改操作。

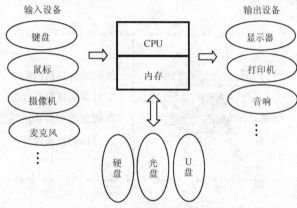

图 1-26　计算机硬件系统构成

　　③ 文件内容输入和编辑加工完成之后，进行"保存或另存为"操作以防止文件内容丢失，这实际上是将内存中的文件转移存储到硬盘中。此时若文件未关闭则内存、硬盘中同时存有文件内容，若文件关闭则文件内容只存在硬盘中。

　　④ 当发出"打印"操作命令时，计算机将内存中的文件内容送到打印机，打印成我们习惯的文件形式。此时，若文件不在内存中，需要通过鼠标点击打开文件，即将文件内容从外存调入内存。在整个过程中 CPU 不停地执行相关的软件程序，协调人、内存、外存、输入/输出设备之间的工作，使每一项指令得到准确的执行，保证任务顺利完成。

　　（2）建立一个电子表格并输入数据，进行统计计算处理后打印输出报表。这一案例的操作和数据处理过程如下。

　　① 通过 Windows 操作系统建立一个新的 Excel 文件，这实际上是在内存中开辟了一块存储区，并通过 Excel 软件将这一区域的存储单元组织成"表格"关系，以符合用户使用目的，与此同时将这种表格关系同时显示在显示器屏幕上，以便用户能够进行准确的录入和编辑加工。

　　② 用户通过鼠标和键盘操作录入表格内容，对表格进行编辑加工等，这也是对内存区中的表格进行录入和修改操作。

　　③ 当使用 Excel 的统计计算功能对表格进行处理时，我们在调用 Excel 软件中的程序对表格进行自动化加工操作。后面的操作与数据流动情况同上面第一个案例。

　　（3）从网上下载一首歌曲，然后播放出来供人们欣赏。这一案例的操作和数据处理过程如下。

　　① 通过 Windows 操作系统和 IE 浏览器，将自己的计算机与远地的网站建立起"链路"，俗

称"上网"。

②用户通过上网操作将远地网站服务器上存储的一首歌曲文件复制到自己计算机的硬盘上，俗称"下载"。

③用 Windows 操作系统中的"多媒体播放器"播放这一歌曲，这实际上是运行多媒体播放程序，该程序自动将特定的歌曲文件从硬盘中调到内存，然后对文件中的数据进行解码，将二进制代码转换成声音信号送到音响设备上，播放出歌曲。

1.4　微型计算机的基本操作

◎ 微型计算机的配置
◎ 计算机系统各部分的连接
◎ 键盘的布局和使用操作
◎ 鼠标的使用操作

1.4.1　微型计算机的配置

由于计算机系统采用总线连接、部件可选的结构方式，使得计算机系统的配置非常灵活。同一型号的多媒体计算机，在购买或组装时，选用的部件不同，选择部件性能指标不同，最后组装的整机性能和价格差别是很大的。因此，在实际中，要根据计算机应用的目的来适当地选择计算机的配置，在保证达到应用的目标的前提下，获得最佳的性能价格比。

完成多媒体计算机配置，需要进行调研来获得最新的计算机整机或配件产品，也可以登录"中关村在线"等网站进行网络查询。表 1-4 所示为几种典型计算机应用的配置方案。

表1-4　　　　　　　　　　几种典型计算机应用的配置方案

应用目标	硬件基本配置	硬件可选配置	软 件 配 置
文字编辑	CPU Intel 奔腾 /512MB 内存 /80GB 硬盘 /DVD-ROM/17 英寸显示器 / 键盘 / 鼠标	声卡、麦克风、软驱、扫描仪、手写输入装置、打印机	Windows XP 等操作系统、Office 2007 或 Office 2003, WPS 2000
信息管理	CPU AMD 频率 2000MHz/1GB DDR 内存 /120GB 硬盘 / 软驱 / 光驱 /15 英寸显示器 / 键盘 / 鼠标	光盘刻录机、扫描仪、调制解调器、打印机、网卡	Windows XP 等操作系统、SQL Server 或 Oracle 等数据库管理系统
多媒体应用	CPU Intel 奔腾双核 /1GB DDRII 内存 /160GB/DVD-RW/19 英寸液晶 / 键盘 / 光电鼠标	扫描仪、木质音箱、摄像头、数码相机、数字摄像机、1394 卡、彩喷打印机、网卡、游戏手柄	Windows XP 操作系统、Office 2003、Photoshop、Authorware、Flash、暴风影音等

1.4.2 计算机系统各部分的连接

计算机系统是由几个彼此分离的部分组成的，在使用前应将它们正确地连接起来。对于采用基本配置的计算机系统，连接较为简单，只需将键盘、鼠标、显示器与主机正确连接并接好电源线就可以了。对于配备了较多外设的计算机，连接略为复杂一些，要安装有关功能扩展卡并将设备与功能扩展卡正确连接。

1. 主机箱

主机箱（见图 1-27）是微型计算机系统中最重要的部分。在机箱中安装有计算机的电源、硬盘驱动器、光盘驱动器、软盘驱动器、计算机的主板等，在主板上装有 CPU、内存、各种需要的接口卡等。主机箱是计算机系统的外包装，所有的外部设备都要连接到主机箱上，才能形成一个完整的计算机系统。一般在主机箱的背面都有许多连接设备用的插口，用户可以选择与设备连线插头相适合的插口进行连接（见图 1-28）。

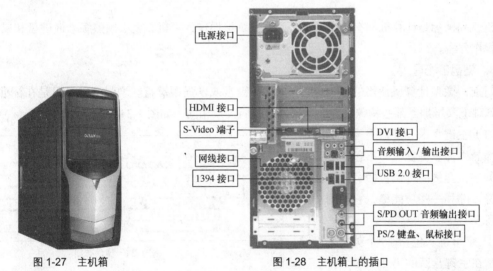

图 1-27 主机箱　　　　　　　图 1-28 主机箱上的插口

2. 显示器

进行连接时，应分别将连接线的两端接到显示卡和显示器的对应插槽内。D 型连接头具有方向性，接反了插不进去，连接时应小心对准，无误后再稍稍用劲直至将插头插紧，然后拧紧两边的两颗用于固定的螺钉。显示器的电源线可以直接插入到电源接线盒，也可以插入到主机显示器电源的输出端上。

3. 键盘和鼠标

连接时应将键盘或鼠标的连线插头对准机箱上相应的插座，轻轻推入并稍稍地转动一下，待导向片对准导向槽后再稍用力插紧。

4. 打印机

打印机通常是通过并行口连接到主机的。连接时先将小的一端连接到主机上，拧紧固定螺钉，再将另一端连至打印机上，并扣紧卡口。最后将打印机的电源线一端插入打印机电源插座，另一端插入电源接线板。

5. 音箱和耳机

音箱和耳机都是将计算机中的信息以声音形式输出的设备（见图 1-29、图 1-30）。

图 1-29　音箱

图 1-30　耳机

音箱是接在主机箱 Out 插口上的，音箱自身应带有功率放大器才能输出较大的音响。麦克风接口是当需要用麦克风录音或在网上进行实时对话时用的，连接时直接将麦克风信号线接入即可。

1.4.3　键盘与鼠标的使用

键盘和鼠标是计算机基本的输入设备，要熟练地操作计算机，就必须熟练掌握键盘和鼠标的使用操作方法。

1. 键盘的布局

目前，微型计算机使用的多为标准 101/102 键盘或增强型键盘。增强型键盘只是在标准 101 键盘基础上又增加了某些特殊功能键。三者的布局大致相同，如图 1-31 所示。

（1）主键盘区。键盘上最左侧的键位框中的部分称为主键盘区（不包括键盘的最上一排），主键盘区的键位包括字母键、数字键、特殊符号键和一些功能键，它们的使用频率非常高。

① 字母键。包括 26 个英文字母键，它们分布在主键盘区的第 2，3，4 排。这些键

图 1-31　键盘布局

上标着大写英文字母，通过转换可以有大小写两种状态，输入大写或小写英文字符。开机时默认是小写状态。

② 数字键。包括 0 ～ 9 一共 10 个键位，它们位于主键盘区的最上面一排。这些键都是双字符键（由 Shift 键切换），上挡是一些符号，下挡是数码。

③ 特殊符号键。它们分布在 21 个键上，一共有 32 个特殊符号，特殊符号键上都标有两个符号（数字不是特殊符号），由 Shift 键进行上下挡切换。

④ 主键盘功能键。是指位于主键盘区内的功能键，它们一共有 11 个，有的单独完成某种功能，有的需要与别的键配合完成某种功能（组合键），常用的主键盘功能键说明如表 1-5 所示。

表1-5　　　　　　　　　　　　　　　　　主键盘上的功能键

名　称	功　能	说　明
Caps Lock	大小写锁定键	它是一个开关键，按一次这个键可将字母锁定为大写形式，再按一次则锁定为小写形式
Shift	换挡键	按下此键不松手，再击某键，则输入该键的上挡符号；不按此键则输入下挡符号
Enter	回车键	按回车键后，键入的命令才被接受和执行。在字处理程序中，回车键起换行的作用

名 称	功 能	说 明
Ctrl	控制键	它常与其他键联合使用，起某种控制作用。如"Ctrl＋C"表示复制选中的内容等
Alt	转换键	此键常同其他键联合使用，起某种转换或控制作用。如"Alt＋F3"表示选择某种汉字输入方式
Tab	制表定位键	在字表处理软件中，常定义此键的功能为：光标移动到预定的下一个位置
Backspace	退格键	它的功能是删除光标位置左边的一个字符，并使光标左移一个字符位置

（2）功能键区。功能键区位于键盘最上一排，一共有16个键位。其中F1～F12称为自定义功能键。在不同的软件里，每一个自定义功能键都被赋予了不同的功能。其他功能键的说明如表1-6所示。

表1-6 功能键区上的特殊功能键

名 称	功 能	说 明
Esc	退出键	它通常用于取消当前的操作，退出当前程序或退回到上一级菜单
PrtSc	屏幕打印键	单用或与"Shift"键联合使用，将屏幕上显示的内容输出到打印机上
Scroll Lock	屏幕暂停键	一般用于将滚动的屏幕显示暂停，也可以在应用程序中定义其他功能
Pause Break	中断键	此键与"Ctrl"键联合使用，可以中断程序的运行

（3）编辑键区。编辑键位于主键盘区与小键盘区中间的上部，共有6个键位，它们执行的通常都是与编辑操作有关的功能。编辑键区上的编辑键说明如表1-7所示。

表1-7 编辑键区键位说明

名 称	功 能	说 明
Insert	插入／改写	这是一个开关键，用于在编辑状态下将当前编辑状态变为插入方式或改写方式
Del	删除键	单击该键，当前光标位置之后的一个字符被删除，右边的字符依次左移到光标位置
Home		在一些应用程序的编辑状态下按下该键可将光标定位于第一行第一列的位置
End		在一些应用程序的编辑状态下按该键可将光标定位于最后一行的最后一列
Page Up	向上翻页键	按一下它，可以使整个屏幕向上翻一页
Page Down	向下翻页键	按一下它，可以使整个屏幕向下翻一页

（4）小键盘区。键盘最右边的一组键位称为小键盘区。其中各键的功能均能从别的键位上获得，但用户在进行某些特别的操作时，利用小键盘，使用单手操作可以使操作速度更快，尤其是录入或编辑数字的时候更是这样。小键盘区上的重要键位说明如表1-8所示。

表1-8 小键盘区上重要键位说明

名 称	功 能	说 明
Num Lock	数字锁定键	单击该键，Num Lock指示灯亮，此时再按小键盘区的数字键则输出上符号即数字及小数点号；若再按一次这个键，Num Lock指示灯熄灭，这时再按数字键则分别起各键位下挡的功能

（5）方向键区。方向键区位于编辑键区的下方，一共有4个键位，分别是上、下、左、右键。按一下方向键，可以使光标沿某一方向移动一个坐标格。

2. 键盘操作

在熟悉了键盘布局之后，还应该掌握使用键盘时的左右手分工（见图1-32、图1-33）、正确的击键方法和良好的操作习惯，并且要进行大量的练习才能够熟练地使用键盘进行计算机应用操作。

3. 鼠标的使用

鼠标是一种手握型指向设备。在图形用户界面下鼠标是必备的输入设备，可以通过在桌面移动鼠标来改变屏幕

图1-32　键盘操作的手位

上光标的位置，快速地选中屏幕上的对象。鼠标的使用让计算机用户不再需要记忆众多的操作指令，仅需移动鼠标将光标移至相关命令的位置，轻轻按键，即可执行该命令，大大提高了计算机的使用效率。

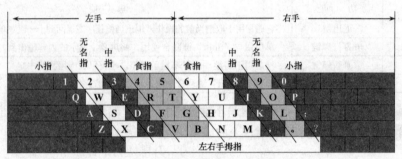

图1-33　键盘操作左右手分区图

鼠标的操作主要有单击（左击或右击）、双击和拖曳。

（1）单击。按下并放开左键（左击）或按下并放开右键（右击）。

（2）双击。连续两次迅速地按下并放开鼠标左键。

（3）拖曳。首先使光标指向某一对象，按下鼠标左键后不要松手，移动鼠标将对象放置到新的位置处再松手。

每一种操作具体执行什么功能，要视当前执行的程序而定。

1.5 计算机的安全使用

学习要点

◎ 使用计算机的人身安全

◎ 计算机设备安全

◎ 软件和数据的安全

◎ 信息活动规范

◎ 计算机病毒的特点、症状、分类与防治

计算机与我们的生活、工作的关系已经密不可分，人们需要很好地维护才能安全、有效地使用它。关于计算机的安全使用主要有人身安全、设备安全、数据安全、计算机病毒防治等几个方面。在人身安全方面，微型计算机属于在弱电状态工作的电器设备，并且机械运动装置均封闭在机箱之内，对使用计算机的人不构成威胁。但要注意：在接触电源线时，不要湿手操作，以防触电。

1.5.1 设备和数据的安全

1. 设备安全

设备安全主要是指计算机硬件的安全。对计算机硬件设备安全产生影响的主要是电源、环境与使用操作 3 个方面的因素。

（1）电源。在正常的连接下，电网电压的突变会对计算机造成损坏。如果附近有大功率、经常启停的用电设备，为保证计算机安全正常地工作，要配备一台具有净化、稳压功能的 UPS 电源。这种电源可以过滤电网上的尖峰脉冲，保持供给计算机设备稳定的 220V 交流电压，并且在停电时电源内部的蓄电池可以为用户提供保存程序和数据的操作时间。

（2）环境。

① 计算机设备要放置稳定，与周边物体距离保持在 10cm 以上，在温室状态下，使计算机处于通风良好便于散热的环境中。

② 要使计算机处在灰尘较少的空气环境中。灰尘进入计算机机箱会使计算机运行出错，磁盘读写出错甚至损坏设备。

③ 要防止潮湿。空气湿度大，或水滴进入计算机任何一个部件都会造成计算机工作错误或损坏设备。

④ 要防止阳光直射计算机屏幕。阳光照射会降低显示器的使用寿命或损坏显示性能。

⑤ 要防止震动。经常性的震动对计算机的任何一个部件都是有害的。

（3）使用操作。

① 计算机中的各种芯片，很容易被较强的电脉冲损坏。在计算机中这种破坏性的电脉冲来自显示器中的高压、电源线接触不良的打火、各部件之间接触不良、造成电流通断的冲击等。因此，在操作时要注意以下事项。

a. 先开显示器后开主机，先关主机后关显示器。

b. 在开机状态下，不要随意插拔各种接口卡和外设电缆。

c. 特别不要在开机时随意搬动各种计算机设备，这样做对计算机设备和人身安全都很不利。

② 各种操作不能强行用力。在键盘操作、插拔磁盘、插拔各种接口卡以及连接各种外部设备的电缆线时，如果适当用力还不能完成操作，一定要停下来仔细观察分析问题的原因，纠正错误，再继续操作。

③ 要选择质量较好的打印纸。如果打印机纸上有硬块杂质，会损坏打印机的打印头。

④ 软盘驱动器的指示灯亮时，切不可插拔盘片；光盘驱动器要通过按钮操作打开与闭合，不要用手推拉。否则有可能对驱动器造成损坏。

2. 数据安全

这里的数据包括了所有用户需要的程序、数据及其他以存储形式存在的信息资料。这

些数据有的是用户长期工作的成果，有的是当前处理工作的重要现场信息，一旦被破坏或丢失，可能给用户造成重大损失。因此，保证数据安全就是保证计算机应用的有效性，保证人们的生活和工作正常有序。造成数据破坏或丢失的原因有机器故障、操作失误、计算机病毒等。

（1）计算机故障。

① 最常见的情况是外存储器（软盘、硬盘或移动存储设备）工作出现故障，使数据无法读出或读出错误。因此，要注意对存储设备的保护，防止折弯、划伤或受到强磁场的影响；要防止计算机正在对磁盘（特别是硬盘）做读写时震动机器，造成磁头和盘片的损伤。

② 软件故障也是造成数据破坏的原因之一。系统软件和应用软件或多或少都存在一些缺陷，当计算机运行程序恰好经过缺陷点时，会造成数据的混乱。

（2）操作失误。

① 在操作使用计算机的过程中，误将有用的数据删除。

② 忘记将有用的数据保存起来或找不到已经保存的数据。

③ 数据文件的读写操作不完整，使存储的数据无法读出。

（3）计算机病毒感染。计算机病毒是目前最常见的破坏数据的原因。

（4）对于计算机故障和操作失误造成数据破坏或丢失的问题可以通过以下几个措施来避免或减少损失。

① 经常地做数据备份，保留最新阶段成果。

② 加强对存储盘片的保护。

③ 养成数据管理的良好习惯（包括对硬盘目录下的数据文件和软盘片的管理）。

④ 深入理解各种软件操作命令的执行过程，保证数据文件存储完整。

1.5.2 信息活动规范

1. 知识产权的概念

知识产权是一种无形财产权，是从事智力创造性活动取得成果后依法享有的权利。通常分为两部分，即"工业产权"和"版权"。工业产权又称"专利权"，是发明专利、实用新型、外观设计、商标的所有权的统称。版权（Copyright）亦称"著作权"，是指权利人对其创作的文学、科学和艺术作品所享有的独占权。这种专有权未经权利人许可或转让，他人不得行使，否则构成侵权行为（法律另有规定者除外）。

专利权通过权利人向国家专利管理部门申报，经过一定的法律程序获得。版权一般因创作而自动产生，它包括精神权利（发表权、身份权、修改权等）和经济权利（复制权、发行权、公演权、广播权、追偿权等）。前者不可转让、不可剥夺、也无时间限制；后者则可转让、可继承或者许可他人使用。版权期限各国不同，少至作者有生之年至死后25年，多至死后80年。

从法律上讲，知识产权具有3种特征：（1）地域性，即除签有国际公约或双力、多边协定外，依一国法律取得的权利只能在该国境内有效，受该国法律保护；（2）独占性或专有性，即只有权利人才能享有，他人不经权利人许可不得行使其权利；（3）时间性，各国法律对知识产权分别规定了一定期限，期满后则权利自动终止。

对于专利权，《中华人民共和国专利法》第五十七条规定，未经专利权人许可，实施其

专利，即侵犯其专利权。对于著作权（版权），《中华人民共和国著作权法》规定，未经著作权人许可，复制、发行、表演、放映、广播、汇编、通过信息网络向公众传播其作品，即侵犯其著作权。

依据我国《计算机软件保护条例》规定，中国公民、法人或者其他组织对其所开发的软件，不论是否发表，依照条例享有著作权。我们通常所说"软件盗版"即是未经软件著作权人许可而进行软件复制，是违法行为。

2. 信息活动行为规范

（1）分类管理。要自觉养成信息分类管理的好习惯，使自己的信息处理工作更加快捷、高效。

（2）友好共处。与他人共用计算机时，要注意保护他人的数据，珍惜别人的工作成果。

（3）拒绝病毒。提高预防计算机病毒的意识，维护良好的信息处理工作环境。

（4）遵纪守法。在信息活动中，要遵守国家法律法规，不做有害他人、有害社会的事情。

（5）爱护设备。文明实施各种操作，爱护信息化公共设施。

（6）注意安全。认真管理账号、密码和存有重要数据的存储器、笔记本电脑等，防止丢失。

1.5.3　计算机病毒的防治

计算机病毒（Virus）是一种人为编制的能在计算机系统中生存、繁殖和传播的程序。计算机病毒一旦侵入计算机系统，它会危害系统的资源，使计算机不能正常工作。

1. 计算机病毒的分类

按照计算机病毒的破坏情况分类，可以分为以下两类。

（1）良性病毒。这类病毒一般不会破坏计算机系统。

（2）恶性病毒。这类病毒以破坏计算机系统为目的，病毒发作时，有可能破坏计算机的软、硬件，如"熊猫烧香"病毒。

2. 计算机病毒的特点

（1）传染性。计算机病毒随着正常程序的执行而繁殖，随着数据或程序代码的传送而传播。因此，它可以迅速地在程序之间、计算机之间以及计算机网络之间传播。

（2）隐蔽性。计算机病毒程序一般很短小，在发作之前人们很难发现它的存在。

（3）触发性。计算机病毒一般都有一个触发条件，具备了触发条件后病毒便发作。

（4）潜伏性。计算机病毒可以长期隐藏在文件中，而不表现出任何症状。只有在特定的触发条件下，病毒才开始发作。

（5）破坏性。计算机病毒发作时会对计算机系统的工作状态或系统资源产生不同程度的破坏。

3. 计算机病毒的危害

（1）计算机病毒激发对计算机数据信息的直接破坏。大部分计算机病毒在激发的时候直接破坏计算机的重要信息数据，所利用的手段有格式化磁盘、改写文件分配表和目录区、删除重要文件或者用无意义的"垃圾"数据改写文件、破坏 CMOS 设置等。

（2）占用磁盘空间和对信息的破坏。寄生在磁盘上的计算机病毒总要非法占用一部分磁盘空间。引导型病毒的一般侵占方式是由计算机病毒本身占据磁盘引导扇区，而把原来的引导区转移到其他扇区，也就是引导型病毒要覆盖一个磁盘扇区。被覆盖的扇区数据永久性丢失，无

法恢复。

文件型病毒利用一些 DOS 功能进行传染，这些 DOS 功能能够检测出磁盘的未用空间，把计算机病毒的传染部分写到磁盘的未用部位去。所以在传染过程中一般不破坏磁盘上的原有数据，但非法侵占了磁盘空间。一些文件型病毒传染速度很快，在短时间内感染大量文件，每个文件都不同程度地加长了，就造成磁盘空间的严重浪费。

（3）抢占系统资源。大多数计算机病毒在动态下常驻内存，必然抢占一部分系统资源。计算机病毒所占用的基本内存长度大致与计算机病毒本身长度相当。除占用内存外，计算机病毒还抢占中断，干扰系统运行。

（4）影响计算机运行速度。计算机病毒进驻内存后不但干扰系统运行，还影响计算机速度，主要表现在下面几个方面。

① 计算机病毒为了判断传染激发条件，总要对计算机的工作状态进行监视，影响计算机速度。

② 有些计算机病毒进行了加密，CPU 每次运行计算机病毒时都要解密后再执行，影响计算机速度。

③ 计算机病毒在进行传染时同样要插入非法的额外操作，使计算机速度明显变慢。

（5）计算机病毒给用户造成严重的心理压力。计算机病毒会给人们造成巨大的心理压力，极大地影响了现代计算机的使用效率，由此带来的无形损失是难以估量的。

4. 计算机病毒的防治

计算机病毒在计算机之间传播的途径主要有两种：一种是在不同计算机之间使用移动存储介质交换信息时，隐蔽的计算机病毒伴随着有用的信息传播出去；另一种是在网络通信过程中，随着不同计算机之间的信息交换，造成计算机病毒传播。由此可见，计算机之间信息交换的方法便是计算机病毒传染的途径，这与我们生活中的"病从口入"的含义完全相同。

为保证计算机运行的安全有效，在使用计算机的过程中要特别注意对计算机病毒传染的预防，如发现计算机工作异常，要及时进行计算机病毒检测和杀毒处理。建议用户采取以下措施。

（1）要重点保护好系统盘，不要写入用户的文件。

（2）尽量不使用外来软盘，必须使用时要进行计算机病毒检测。

（3）计算机上安装对计算机病毒进行实时检测的软件，发现计算机病毒及时报告，以便用户做出正确的处理。

（4）尽量避免使用网络下载的软件，防止计算机病毒侵入。

（5）对重要的软件和数据定时备份，以便在发生计算机病毒感染而遭破坏时，可以恢复系统。

（6）定期对计算机进行检测，及时清除（杀掉）隐蔽的计算机病毒。

（7）经常更新杀毒软件。常用的计算机杀毒软件有 KILL、KV3000、金山毒霸、瑞星等。

关于计算机杀毒软件的使用方法，请参考有关资料说明。

一、填空题

1. 什么是电子计算机？

2. 计算机具有 ＿＿＿＿、＿＿＿＿、＿＿＿＿、＿＿＿＿ 等特点。

3. 计算机的应用领域有：＿＿＿、＿＿＿、＿＿＿、＿＿＿ 和 ＿＿＿。

4. 科学计算又称为 ＿＿＿＿＿＿＿＿＿＿＿＿ 。

5. CAD 是指 ＿＿＿＿＿＿＿＿＿＿＿＿＿＿＿＿＿＿ 。

6. CAI 是指 ＿＿＿＿＿＿＿＿＿＿＿＿＿＿＿＿＿＿＿ 。

7. 第一台电子计算机 ＿＿＿＿＿ 诞生于 ＿＿＿＿＿＿ 年的 ＿＿＿＿＿＿ （国家）。

8. 半个多世纪以来，电子计算机经历了 ＿＿＿＿＿＿ 个发展阶段；微型计算机从 ＿＿＿＿＿ 年问世以来经历了 ＿＿＿＿＿＿ 个发展阶段。

9. 按照计算机的分类标准，我们最常见的计算机是 ＿＿＿＿＿＿＿＿＿＿＿＿＿＿ 。

10. 一个完整的计算机系统包括 ＿＿＿＿＿＿＿ 和 ＿＿＿＿＿＿＿ 两大部分。

11. 计算机硬件是指 ＿＿＿＿＿＿＿＿＿＿＿＿＿＿＿＿＿＿＿＿＿＿＿＿＿＿＿＿ 。

12. 计算机软件是指 ＿＿＿＿＿＿＿＿＿＿＿＿＿＿＿＿＿＿＿＿＿＿＿＿＿＿＿＿ 。

13. 计算机硬件系统的五个组成部分是 ＿＿＿＿＿＿＿ 、 ＿＿＿＿＿＿＿ 、 ＿＿＿＿＿＿＿ 、 ＿＿＿＿＿＿ 和 ＿＿＿＿＿＿＿ 。

14. "裸机"是指 ＿＿＿＿＿＿＿＿＿＿＿＿＿＿＿＿＿＿＿＿＿＿＿＿＿＿＿＿＿ 。

15. 中央处理器（ ＿＿＿＿＿＿＿＿ ）由 ＿＿＿＿＿＿＿＿ 和 ＿＿＿＿＿＿＿＿ 构成。

16. 计算机的主机包括 ＿＿＿＿＿＿＿＿ 和 ＿＿＿＿＿＿＿ 两个部分。

17. 计算机的外部设备包括 ＿＿＿＿＿＿＿＿ 和 ＿＿＿＿＿＿＿ 。

18. 输入设备的作用是 ＿＿＿＿＿＿＿＿＿＿＿＿＿＿＿＿＿＿＿＿＿＿＿＿＿＿＿＿ 。

19. 输出设备的作用是 ＿＿＿＿＿＿＿＿＿＿＿＿＿＿＿＿＿＿＿＿＿＿＿＿＿＿＿＿ 。

20. 软件系统是指 ＿＿＿＿＿＿＿＿＿＿＿＿＿＿＿＿＿＿＿＿＿＿＿＿＿＿＿＿＿＿ 。

21. 系统软件包括 ＿＿＿＿＿＿＿＿＿＿＿＿＿＿＿＿＿＿＿＿＿＿＿＿＿＿＿＿＿＿ 。

22. 常用的服务程序有 ＿＿＿＿＿＿＿＿ 、 ＿＿＿＿＿＿＿ 、 ＿＿＿＿＿＿＿ 等。

*23. 遵循"逢二进一"计数规律形成的数是 ＿＿＿＿＿＿＿＿＿＿＿＿＿＿＿＿ ，它的进位基数是 ＿＿＿＿＿＿＿ 。用来表示数字的符号有 ＿＿＿＿＿＿＿＿＿＿ 。

*24. 数据和信息在计算机中都是以 ＿＿＿＿＿＿＿＿＿ 的形式存储和处理。

*25. 将一个二进制数转换成十进制数表示，只要 ＿＿＿＿＿＿＿＿＿＿＿＿＿＿＿ 。

*26. 将十进制数转换成二进制数有 ＿＿＿＿＿＿＿ 和 ＿＿＿＿＿＿＿ 再 ＿＿＿＿＿＿＿＿＿＿ 三个步骤。

*27. 十进制整数转换成二进制的要诀是 ＿＿＿＿＿＿＿＿＿＿＿＿＿＿＿＿＿＿＿＿ 。

*28. 十进制小数转换成二进制小数的要诀是 ＿＿＿＿＿＿＿＿＿＿＿＿＿＿＿＿＿＿ 。

*29. 计算机中数据的最小单位是 ＿＿＿＿＿＿＿＿＿ ，数据的基本单位是 ＿＿＿＿＿＿＿＿ 。

*30. 字是 ＿＿＿＿＿＿＿＿ 单位，字长是 ＿＿＿＿＿＿＿ 。

31. 关于计算机的安全使用主要有 ＿＿＿＿＿＿＿＿ 、 ＿＿＿＿＿＿＿ 、 ＿＿＿＿＿＿＿ 和 ＿＿＿＿＿＿＿ 四个方面。

32. 对计算机硬件设备安全产生影响的因素有 ＿＿＿＿＿＿＿＿ 、 ＿＿＿＿＿＿＿ 、 ＿＿＿＿＿＿＿ 三个方面。

33. 计算机电源最好配备 ＿＿＿＿＿＿＿＿＿＿＿＿＿＿＿＿＿＿＿＿＿＿＿＿＿＿＿ 。

34. 简单地说，计算机的工作环境要通风、 ＿＿＿＿＿＿＿ 、 ＿＿＿＿＿＿＿ 、 ＿＿＿＿＿＿＿ 等。

35. 计算机中的各种芯片很容易被 ＿＿＿＿＿＿＿＿＿＿＿＿＿＿ 损坏。

36. 电脉冲的来源有：＿＿＿＿＿＿＿＿ 、 ＿＿＿＿＿＿＿ 、 ＿＿＿＿＿＿＿ 、 ＿＿＿＿＿＿＿ 。

37. 造成数据破坏或丢失的原因有：_____、_____、_____。

38. 计算机病毒是_____。

39. 计算机病毒的特点是：_____、_____、_____、_____、_____。

40. 计算机病毒的危害有_____

_____

_____。

41. 计算机病毒的分类：_____、_____。

42. 计算机病毒传播的途径：1. _____；2. _____

_____。

43. 如果必须要使用外来软盘，事先要_____。

44. 定期对计算机系统进行病毒检测，可以_____。

二、选择题

1. 第一代电子计算机称为_____计算机，采用的主要逻辑元件是_____。

第二代电子计算机称为_____计算机，采用的主要逻辑元件是_____。

第三代电子计算机称为_____计算机，采用的主要逻辑元件是_____。

第四代电子计算机称为_____计算机，采用的主要逻辑元件是_____。

    A. 晶体管   B. 中小规模集成电路   C. 电子管   D. 超大规模集成电路

2. 第一代微型计算机是_____位微型机，典型 CPU 是_____、_____。

第二代微型计算机是_____位微型机，典型 CPU 是_____、_____。

第三代微型计算机是_____位微型机，典型 CPU 是_____、_____。

第四代微型计算机是_____位微型机，典型 CPU 是_____、_____。

第五代微型计算机是_____位微型机，典型 CPU 是_____、_____。

    A. 4   B. 8   C. 16   D. 32   E. 64

    F. Intel 4004   G. Intel 8008   H. Intel 8080   I. Z80   J. Intel 8086

    K. Z8000   L. Intel 80386   M. Intel 80486   N. Pentium   O. Alpha

3. 计算机的存储器由_____两大类构成，主存储器由_____构成。

    A. 内存储器和软盘   B. 内存储器和外存储器

    C. ROM 和 PROM   D. ROM 和 RAM

4. 外存储器由_____构成。

    A. 主存储器和软盘   B. 软盘和 PROM

    C. ROM 和 RAM   D. 软盘、硬盘、光盘

三、计算题

1. 将下列二进制数转换成十进制数。

    （1）$(1010110.1011)_2$ （2）$(101111.001)_2$

    （3）$(10000000)_2$ （4）$(01111111)_2$

    （5）$(0.1)_2$ （6）$(0.1111111)_2$

2. 将下列十进制数转换成二进制数和十六进制数。

（1）（327.625）$_{10}$　　　　　　　（2）（32.5）$_{10}$

（3）（256）$_{10}$　　　　　　　　　（4）（1024）$_{10}$

（5）（127）$_{10}$　　　　　　　　　（6）（0.9876）$_{10}$

3. 容量换算：

3MB = _____ KB= _____ B

10GB = _____ MB= _____ KB= _____ B

1 572 864B = _____ KB= _____ MB

4. 写出下列字符的 ASCII 码。

5：_____　　　　6：_____　　　　7：_____

@：_____　　　　?：_____　　　　$：_____

K：_____　　　　W：_____　　　　d：_____

四、简答题

1. 实践证明游戏盘多数都带有计算机病毒，为什么？

2. 简述你目前掌握的一种杀毒软件的使用方法。

五、观察题

在教师指导下熟悉计算机外围设备与主机的连接关系。

六、操作题

1. 对照键盘了解各个键的位置和作用，并学会通过键盘输入英文和数字。

2. 掌握鼠标的使用方法，并学会通过鼠标单击方法打开和关闭文件。

第2章

操作系统Windows XP的使用

计算机由硬件系统和软件系统两部分组成，操作系统是配置在计算机硬件上的第一层软件，其他所有的软件都必须运行在操作系统之中，操作系统是所有计算机都必须配置的软件。

2.1 操作系统简介

学习要点

◎ 操作系统的基本概念，操作系统在计算机系统运行中的作用
◎ Windows XP操作系统的特点和功能
◎ 常用操作系统的类型*
◎ 安装Windows XP操作系统*

本节将介绍操作系统的基本概念及相关知识，Windows XP 操作系统的特点和功能。

2.1.1 操作系统的基本概念

1. 操作系统的基本概念

操作系统（Operating System，OS）是控制和管理计算机硬件与软件资源的基本系统软件，操作系统包括 5 个方面的管理功能：进程与处理机管理、作业管理、存储管理、设备管理和文件管理。

总的来说，操作系统是控制其他程序运行，管理系统资源并为用户提供操作界面的系统软件的集合。

不同计算机安装的操作系统可以从简单到复杂，可以从手机的嵌入式系统到超级计算机的大型操作系统。目前计算机上常见的操作系统有 Windows、Linux、Mac OS X10、Chrome OS、DOS、OS/2、UNIX、Netware 等。

2. 操作系统的作用

操作系统的主要作用是资源管理、程序控制、人机交互等。

（1）资源管理。计算机系统的资源可分为设备资源和信息资源两大类。设备资源指的是组成计算机的硬件设备，如中央处理器、主存储器、磁盘存储器、打印机、显示器、键盘、鼠标等。信息资源指的是存放于计算机内的各种数据，如文件、程序库、知识库、系统软件、应用软件等。

（2）程序控制。一个用户程序的执行，自始至终是在操作系统控制下进行的。一个用户将他要解决的问题，用某一种程序设计语言编写了一个程序后，就将该程序连同对它执行的要求输入到计算机内，操作系统就根据要求控制这个用户程序的执行直到结束。

（3）人机交互。人机交互功能主要靠可输入输出的外部设备和相应的软件来完成。可供人机交互使用的设备主要有键盘、显示器、鼠标、各种模式识别设备等。与这些设备相应的软件就是操作系统提供人机交互功能的部分。

3. 操作系统的类型 *

根据操作系统在用户界面的使用环境和功能特征的不同，操作系统一般可分为 3 种基本类型，即批处理系统、分时系统和实时系统。随着计算机体系结构的发展，又出现了许多种操作系统，它们是嵌入式操作系统、个人计算机操作系统、网络操作系统和分布式操作系统。

2.1.2 Windows 操作系统的特点

Windows 是 Microsoft 公司的基于图形界面的计算机操作系统，用户对计算机的操作是通过对"窗口"、"图标"、"菜单"等图形画面和符号的操作来实现的。

在 Windows 下，大多数工作都是以"窗口"的形式来工作的，每进行一项工作，就在桌面上打开一个窗口；关闭了窗口，对应的工作也就结束了。用户可以使用键盘、鼠标操作来完成选择、运行等工作，使用非常方便。

Windows 之所以取得成功，主要在于它具有以下优点。

（1）易学易用。直观、高效的面向对象的图形用户界面使用户能够采用"选择对象、操作对象"方式进行工作。这种操作方式模拟了现实世界的行为，易于理解、学习和使用。

（2）用户界面统一、友好、漂亮。Windows 应用程序大多符合 IBM 公司提出的统一标准，所有的程序拥有相同的或相似的基本外观，包括窗口、菜单、工具条等。

（3）丰富的与设备无关的图形操作。Windows 的图形设备接口提供了丰富的图形操作函数，可以绘制出诸如线、圆、框等几何图形，并支持各种输出设备。

（4）多任务。Windows 是一个多任务的操作环境，它允许用户同时运行多个应用程序，或在一个程序中同时做几件事情。

2.1.3 安装 Windows XP*

实例 2.1 Windows XP 的安装

 情境描述

办公室新配备了一台计算机，现在需要为该计算机安装 Windows XP 操作系统。

 任务操作

1. Windows XP 的安装

安装 Windows XP 需要几个过程，包括 BIOS 参数设置，对硬盘分区、格式化，然后安装 Windows XP，安装设备驱动程序（如主板、显卡、声卡、网卡等），接着还要安装其他应用程序（如防病毒程序、防火墙程序、常用工具软件等）。

（1）设置 BIOS 启动项。在安装 Windows XP 之前首先要在 BIOS 中将光驱设置为第一启动项。进入 BIOS 的方法一般是在开机自检通过后按 Del 键或者 F2 键。进入 BIOS 以后，找到 "Boot" 项，然后在列表中将第一启动项设置为 "CD-ROM"。

（2）安装 Windows XP。

① 把 Windows XP 安装光盘放入光驱，按计算机电源开关重新启动计算机。重启计算机后显示如图 2-1 所示的提示，这时按任意键从光盘启动系统。

② 从光驱启动系统后，安装程序提示 "Setup is inspecting your computer's hardware configuration..."（安装程序正在检查计算机硬件配置），几分钟后出现 "欢迎使用安装程序" 界面，如图 2-2 所示。按 Enter 键继续，然后显示 "Windows XP 许可协议" 界面，如图 2-3 所示。

图 2-1　屏幕提示 "请按任意键从光盘启动"

③ 按 F8 键同意，随后显示硬盘中尚未划分的空间（见图 2-4）或现有分区。如果按 Enter 键，则自动创建分区并且开始安装。如果按 C 键，则显示创建硬盘分区界面，如果要创建多个磁盘分区，则输入磁盘分区的大小，如图 2-5 所示。

图 2-2　"欢迎使用安装程序" 界面　　图 2-3　"Windows XP 许可协议" 界面

图 2-4　显示硬盘分区

④ 按 Enter 键后，显示创建好的分区，如图 2-6 所示。重复操作可创建多个分区。

⑤ 分区创建完成后，用上下光标键把光带移到安装 Windows XP 的分区，按 Enter 键后，显示磁盘文件系统类型界面，如图 2-7 所示。可使用 FAT（FAT32）或 NTFS 文件系统来对磁盘进行格式化，建议使用 NTFS 文件系统。

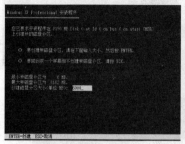
图 2-5　创建分区

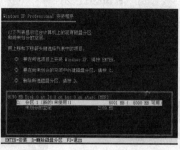
图 2-6　显示创建的分区

图 2-7　磁盘文件系统类型

⑥ 在这里使用光标键来选择，选择好后按 Enter 键即开始格式化，如图 2-8 所示。

⑦ 格式化完成后，安装程序开始从光盘中向硬盘复制安装文件，如图 2-9 所示。

⑧ 复制完成后会自动重新启动，这一次启动会看到熟悉的 Windows XP 启动界面，不过离 Windows XP 安装成功还有一段时间。启动后，显示如图 2-10 所示。接下来的安装过程很简单，在安装界面左侧显示了安装的几个步骤，其实整个安装过程基本上是自动进行的，需要人工干预的地方不多。

图 2-8　格式化硬盘分区

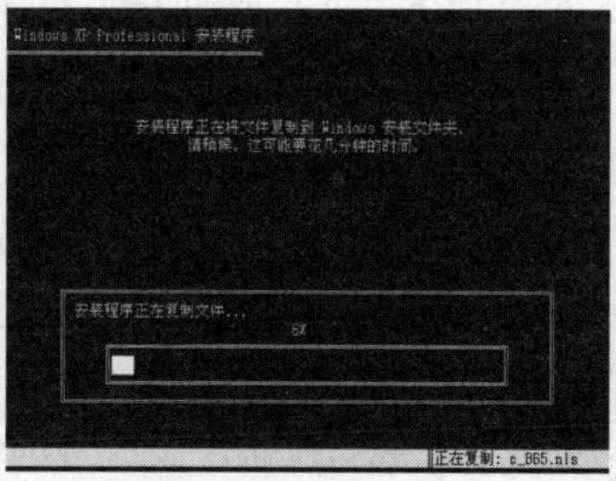

图 2-9　复制文件

图 2-10　准备安装

⑨ 接下来显示"区域和语言选项"对话框，可使用默认设置，单击"下一步"按钮即可。然后显示"自定义软件"对话框，要求填入姓名和单位，可随意填写。

⑩ 接着显示输入密钥对话框，要求填入一个 25 位的产品密钥，如图 2-11 所示，这个密钥一般会附带在软件的光盘或说明书中，如实填写即可。

⑪ 单击"下一步"按钮，显示"计算机名和系统管理员密码"对话框，如图 2-12 所示。要求填入计算机名和系统管理员密码，为了安全一定要设定计算机名和管理员密码。

⑫ 单击"下一步"按钮，显示"日期和时间设置"对话框，可直接单击"下一步"按钮。

⑬ 以上工作完成后还要对网络进行设置，不管计算机是否在局域网中，均可使用默认的设置，如图 2-13 所示，单击"下一步"按钮即可。如果是局域网中的用户，可在安装完成后再设置网络。

⑭ 接着显示"工作组或计算机域"对话框，如图 2-14 所示，直接单击"下一步"按钮。

⑮ 然后安装程序会自动进行其他的设置和文件复制，如图 2-15 所示，其间可能会有几次短暂的黑屏，这是正常现象。

图 2-11　输入产品密钥　　　图 2-12　输入用户名和密码　　　图 2-13　设置网络

图 2-14　设置工作组或计算机域　　　　　图 2-15　继续安装

⑯ 安装完成后系统会自动重新启动。第一次运行 Windows XP 时，会显示"感谢您购买 Microsoft Windows XP"对话框。单击"下一步"按钮后，显示"帮助保护您的电脑"对话框，选中"现在通过启用自己更新帮助保护我的电脑"单选钮。单击"下一步"按钮，显示"正在检查您的 Internet 连接"对话框。这时，单击"跳过"按钮，显示"现在与 Microsoft 注册吗？"对话框，选中"否，现在不注册"单选按钮，单击"下一步"按钮。

⑰ 显示"谁会使用这台计算机？"对话框，如图 2-16 所示。至少要设置一个用户账户，输入用户名称就行了，中文英文均可。单击"下一步"按钮。

⑱ 显示"谢谢！"对话框，单击"完成"按钮，显示 Windows XP 的桌面，如图 2-17 所示，至此安装完成。

图 2-16　输入用户名称　　　　　图 2-17　Windows XP 的桌面

2. 安装设备驱动程序

有些设备不能被 Windows XP 识别，或者 Windows XP 中的驱动程序性能比较落后，所以在安装完成 Windows XP 后就要马上安装设备启动程序，主要包括主板驱动程序、显卡驱动程序、声卡驱动程序、打印机驱动程序、摄像头驱动程序、硬盘驱动程序等。

2.2 Windows XP 图形用户界面操作

本节介绍 Windows XP 图形用户界面的操作。

2.2.1 计算机的启动和关闭

启动和关闭计算机是用户最基本的操作。Windows 的启动和关闭计算机操作很简单，但对系统来说却是非常重要的。

实例 2.2 启动和关闭计算机

 情境描述

对于一台刚安装好 Windows XP 操作系统的计算机，需要通过启动和关闭计算机来检查操作系统是否安装正确。

 任务操作

1. 启动计算机和 Windows XP

计算机的启动有冷启动、重新启动和复位启动 3 种方法，可以在不同情况下选择操作。

（1）冷启动。冷启动又称加电启动，是指计算机在断电情况下加电开机启动。启动过程如下。

① 加电。先打开显示器电源，接着打开主机电源。如果显示器电源接在主机电源上，则直接打开主机电源。

② 自检。首先对计算机硬件做全面检查，即检查主机和外设的状态，并将检查情况在显示器上显示，这个过程称为自检。

 提示 　　在自检过程中，若发现某设备状态不正常，则通过显示器或机内喇叭给出提示。若有严重故障，必须排除后，方可进行下一步启动操作。

③ 引导操作系统。自检通过后，则自动引导操作系统（如 Windows XP）。

对于只安装一套Windows XP操作系统的计算机，打开计算机电源后，计算机经过自检后就自动启动Windows XP，并会根据用户的多少及是否设置了登录密码，出现不同的界面。

- 如果只设置一个用户并且没有设置登录密码，将直接显示 Windows XP 的桌面，如图 2-18 所示。
- 如果只设置一个用户，并且设置了登录密码，将首先显示输入密码窗口，在密码框中输入正确的登录密码，然后按 Enter 键或者单击密码框后的 ➡确定按钮，稍后显示 Windows 的桌面，如图 2-18 所示。

只有合法用户才能进入 Windows 工作环境，这是 Windows 提供的一项安全保护措施。

- 如果设置有多个用户，将首先选择用户，单击用户图标，将显示输入密码窗口，输入正确密码并确定后，显示 Windows 的桌面，如图 2-18 所示。

图 2-18　Windows 桌面

（2）重新启动。重新启动是指在计算机已经开启的情况下，因死机、改动设置等，而重新引导操作系统的方法。由于重新启动是在开机状态下进行的，所以不再进行硬件自检。重新启动的方法是在 Windows 中选择"重新启动"，则计算机会重新引导操作系统。

（3）复位启动。复位启动是指在计算机已经开启的情况下，通过按下主机箱面板上的复位按钮或长按机箱面板上的开关按钮，重新启动计算机。

一般是在计算机的运行状态出现异常（如键盘控制错误），而重新启动无效时才使用。启动过程与冷启动基本相同，只是不需要重新打开电源开关，而是直接按一下主机面板上的复位按钮 Reset。复位启动会丢失计算机中未保存的工作，所以复位启动是在无法用正常重新启动时偶尔使用。

2. 关闭计算机

在需要关闭计算机时，应该按正确的方式关闭，不能简单地切断电源，这一点很重要，这是因为，操作系统在内存中有部分信息存在，为了使下一次开机能正常运行，操作系统对整个运行环境都要做善后处理，非正常关机可能会造成有用的信息丢失。

在 Windows 操作系统下，须按一定的操作步骤关闭计算机。关闭计算机的步骤如下。

（1）分别关闭所有正在运行的应用程序，如 Word、Photoshop 等。

（2）单击"开始"按钮，单击"关闭计算机"项，如图 2-19 所示。

（3）在显示的"关闭计算机"对话框中，单击"关闭"按钮◯，即可结束 Windows 并自动关闭主机电源，然后再手动关闭显示器。为了使计算机彻底断开电源，还要关闭电源插座上的开关，或者把主机和显示器的电源插头从插座上拔出来。

图 2-19　关闭计算机

 如果要快速关闭计算机，要先结束应用程序，回到桌面，然后按一下机箱面板上的开关按钮，Windows 将自动退出，并切断电源。其作用与通过 Windows 关机菜单相同。

 如果通过 Windows 关机菜单和按一下机箱面板上的开关按钮，都无法关机，可按下机箱面板上的开关按钮不放，等待十几秒，计算机将强制关机。其后果在下次启动时，Windows 将花费更长时间来自检。

2.2.2　Windows XP 桌面元素及操作

Windows XP 的桌面元素有桌面、桌面图标、"开始"菜单和任务栏等。

（1）桌面。桌面是登录到 Windows 之后看到的主屏幕区域，打开程序或文件夹时，它们便会出现在桌面上。还可以将一些项目（如文件和文件夹）放在桌面上，并且随意排列它们。

（2）桌面图标。图标是代表文件、文件夹、程序和其他项目的小图片。首次启动 Windows 时，将在桌面上至少看到一个图标"回收站"。图标为用户提供了打开程序、文档、设备等操作的简便方法，所以图标也称为应用程序桌面快捷方式图标。

 用户可以通过双击桌面图标启动或打开它所代表的项目，打开相应的窗口。

① "我的电脑" 🖳。我的电脑用于查看存储器资源，同时也是一个访问文件系统的入口，可以对计算机中的全部硬件资源和软件资源进行管理。

 双击桌面上的"我的电脑"图标，将显示"我的电脑"窗口，在窗口中显示硬盘、光盘驱动器、移动存储器。双击驱动器图标，窗口中将显示驱动器上包含的文件夹和文件名。

② "回收站" 🗑。回收站是保存被临时删除文件的桌面图标。

 当删除文件或文件夹时，系统并不立即将其删除，而是将其放入回收站。因为如果希望使用已删除的文件，则可以将其恢复。如果确定无需再次使用已删除的项目，则可以清空回收站，以释放磁盘空间。

③ Internet Explorer 🌐。浏览器用来浏览网页。双击该图标，将打开浏览器窗口。

④ "网上邻居" 💻。网上邻居是为局域网内的用户设置的，用它可以与其他在同一局域网

内的计算机用户通信，如学校内部的校园网。

（3）"开始"菜单。"开始"菜单是计算机程序、文件夹和设置的主要入口。"开始"菜单中包含了 Windows 的大部分功能。若要打开"开始"菜单，单击屏幕左下角的"开始"按钮 或者按键盘上的 Windows 徽标键，即出现"开始"菜单，如图 2-20 所示。

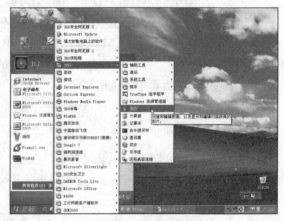

图 2-20 "开始"菜单

（4）任务栏。任务栏是包含"开始"按钮和用于所有已打开程序的按钮的桌面区域。默认情况下，任务栏位于桌面的底部。与桌面不同的是，桌面可以被窗口覆盖，而任务栏几乎始终可见。它有下面 4 个主要部分。

① "开始"按钮 。用于打开"开始"菜单。

② "快速启动"工具栏。紧邻"开始"按钮的右侧 ，单击其中的图标可快速启动程序。默认情况下，"快速启动"工具栏中包含两个特殊按钮，IE 浏览器和显示桌面。如果"快速启动"工具栏中的图标多于 3 个，将显示更多按钮，单击将显示隐藏的图标。

③ 中间大部分区域。任务栏中间大部分区域显示已打开的程序和文档，并可以在它们之间快速切换。当用户打开程序、文档或窗口后，在"任务栏"上就会出现一个相应的按钮。

提示　如果要切换窗口，只需单击代表该窗口的按钮。如果要关闭某窗口，右键单击该按钮，在弹出的快捷菜单中单击"关闭"命令，如图 2-21 所示。在关闭一个窗口后，其按钮也将从"任务栏"上消失。

图 2-21 Windows XP 的任务栏

④ 通知区域。位于任务栏右端，包括时钟以及一些告知特定程序和计算机设置状态的图标 。这些图标表示计算机上某程序的状态或提供访问特定设置的途径。

2.2.3　Windows 的基本术语

1. 程序

程序是完成特定功能的计算机软件，在计算机上做的几乎每一件事都需要使用程序。例如，如果想要绘图，则需要使用绘图程序。若要写信，需使用字处理程序，如 Word。若要浏览 Internet，需使用称为 Web 浏览器的程序。

提示　通过"开始"菜单可以访问计算机上的程序。

2. 文件

计算机文件是存储在存储介质中的指令或数据的有名称的集合，计算机文件分为可执行文件和数据文件。可执行文件包含了控制计算机执行特定任务的指令，是编译后的计算机程序，这些文件的扩展名包括 .exe、.com、.dll 等；数据文件存储应用程序生成或可读取的数据，数据文件不可以执行，供程序处理。

 提示 Windows中使用图标表示文件，通过查看文件图标，即可看出文件的种类。

3. 文档

文档是程序建立的，按照不同文件格式和内容，以文件名的形式存储在磁盘上的一个或一组文件。文档一般指应用程序建立的数据文件，如 Word 文档、Excel 文档、图片、声音等。

4. 文件夹

Windows 中的文件夹是用于存储程序、文档、快捷方式和其他子文件夹的容器。分为标准文件夹和特殊文件夹两种。

（1）标准文件夹。当打开一个标准文件夹时，它是以窗口的形式呈现在桌面上，最小化时，则收缩为一个图标。文件夹是标准的窗口，用来作为其他对象（如子文件、文件夹）的容器，以图标的方式来显示其中的内容，如图 2-22 所示。

（2）特殊文件夹。Windows 还支持一种特殊的文件夹，它们不对应于磁盘上的某个文件夹，这种文件夹实际上是程序，如控制面板、拨号网络、打印机等。不能在这些文件夹中存储文件，但是，可以通过资源管理器来查看和管理其中的内容，如图 2-23 所示。

图 2-22 标准文件夹

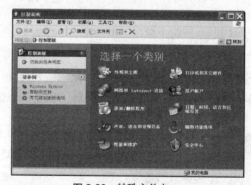

图 2-23 特殊文件夹

5. 盘符

驱动器（包括软盘驱动器、硬盘驱动器、光盘驱动器、U 盘、移动硬盘等）都会分配相应的盘符（A: ～ Z:），用以标识不同的驱动器。通常软盘驱动器用字母 A: 和 B: 标识。硬盘驱动器用字母 C: 标识，如果划分多个逻辑分区或安装多个硬盘驱动器，则依次标识为 D:、E:、F: 等。光盘驱动器、U 盘或移动硬盘的盘符排在硬盘之后。

6. 选定

选定一个项目就是对该项目做一个指示或标记（一般是单击），选定并不产生具体的操作。

7. 组合键

需要同时按下两个或多个按键的操作方式，在书写上，键名之间用"+"连接，如 Ctrl+S 表示先按下 Ctrl 键不放，接着按 S 字母键，然后同时松开。

2.2.4 窗口的组成和操作

当用户启动应用程序或打开文档时，桌面上就会出现已定义的工作区，这个工作区称为窗口，每个应用程序都有一个窗口。在窗口中可以只显示信息，也可以进行人机交互。窗口是可移动、可调整大小和外观的工作区。Windows 的操作主要是在系统提供的不同窗口中进行的，窗口分为程序窗口和文件夹窗口两大类。

1. 程序窗口

（1）程序窗口的组成和操作。程序窗口表示一个正在运行的程序，在标题栏中显示程序名。虽然每个窗口的内容各不相同，但所有窗口都共享一些通用的东西。下面以图 2-24 所示的"写字板"程序窗口为例，介绍窗口的组成和操作方法。

图 2-24 "写字板"窗口

① 标题栏。每个窗口的顶部都有一个标题栏，显示文档和程序的名称（如果在文件夹中工作，则显示文件夹的名称）。

② "最小化"按钮█、"最大化"按钮█、"恢复"按钮█和"关闭"按钮█。分别可以隐藏窗口、放大窗口使其填充整个屏幕、恢复到以前窗口大小、关闭窗口。

　　单击"最大化"按钮█，窗口将扩展至整个屏幕。此时"最大化"按钮█变为有两个重叠方框的"恢复"按钮█，单击"恢复"按钮█，窗口恢复成为最大化以前的大小。

　　单击"最小化"按钮█，窗口缩小为任务栏中的一个按钮。窗口"最小化"之后，程序仍会继续运行，并且代表该窗口的按钮将保留在任务栏上。

　　每个窗口的右上角都有一个"关闭"按钮█，单击该按钮可以关闭窗口或退出程序。

③ 菜单栏。包含程序中可单击进行选择的项目，每个菜单均包含一系列命令。大多数程序都有"文件"菜单、"编辑"菜单和"帮助"菜单。

④ 滚动条。当窗口中的内容不能全部同时显示时，窗口底部或右边会出现水平或垂直滚动条，在每个滚动条上有一个滑块，滑块的大小是所显示内容与整个内容之比，其大小是变化的。

　　拖动滑块可快速移动窗口中的内容。两端各有两个箭头 ◀、▶或 ▲、▼，单击可移动窗口中的内容。

⑤ 边框和边角。窗口边框和边角用以标识窗口的边界，可以用鼠标指针拖动这些边框和角以更改窗口的大小。

⑥ 工具栏。工具栏是一组按钮，通常位于菜单栏下面，一般显示为一个长条，工具栏中的"工具"是一些按钮，它们代表下拉菜单中的一些命令，单击这些按钮可执行相应的命令，其效果与通过菜单完全一样，但却简化了操作。

 如果忘记了某个工具按钮的作用，只需把鼠标指针指向该按钮停留一秒，按钮下面就会出现该按钮的名称或作用。

⑦ 状态栏。状态栏出现在窗口的底端，显示当前系统或程序的某些状态。

⑧ 控制菜单钮。控制菜单钮位于窗口的左上角，凡是左上角有图标的窗口，都是一个控制菜单。

 单击该图标可打开控制菜单，所有窗口的控制菜单几乎都一样，如图2-25所示。双击控制菜单钮即可关闭该窗口。

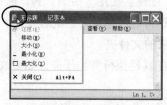

图 2-25　控制菜单

（2）移动窗口。若要移动窗口，用鼠标指针 ![](指向其标题栏，然后将窗口拖动到希望的位置。

（3）更改窗口的大小。若要使窗口填满整个屏幕，单击其"最大化"按钮■或双击该窗口的标题栏。

若要将最大化的窗口还原到以前大小，请单击其"还原"按钮■（此按钮出现在"最大化"按钮的位置上），或者双击窗口的标题栏。

若要调整窗口的大小（使其变小或变大），指向窗口的任意边框或角。当鼠标指针变成双箭头时（见图2-26），拖动边框或角可以缩小或放大窗口。已最大化的窗口无法调整大小。虽然多数窗口可被最大化和调整大小，但也有一些固定大小的窗口。

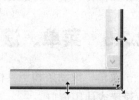

图 2-26　拖动窗口的边框

（4）隐藏窗口。隐藏窗口称为"最小化"窗口。如果要使窗口临时消失而不将其关闭，则可以将其最小化。若要最小化窗口，单击其"最小化"按钮■。窗口会从桌面中消失，只在任务栏上显示为按钮。

若要使最小化的窗口重新显示在桌面上，单击其任务栏按钮。窗口会按最小化前的样子显示。

（5）关闭窗口。关闭窗口会将其从桌面和任务栏中删除，也就是结束了该程序的运行。若要关闭窗口，单击其"关闭"按钮■。

 如果关闭文档，而未保存对其所做的更改，则会显示一条消息，确认是否保存更改。

2. 文件夹窗口的组成

如果在桌面上打开文件夹，会显示文件夹窗口。除了显示文件夹中的内容外，文件夹窗口还包含各个部分，旨在帮助用户浏览 Windows 或更加方便地使用文件和文件夹。图 2-27 所示为一个典型的文件夹及其所有组成部分。

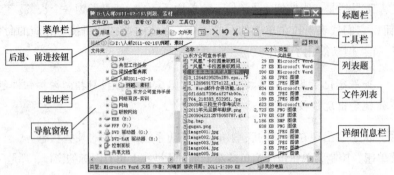

图 2-27　文件夹窗口的组成

（1）地址栏。使用地址栏导航到不同的文件夹，无须关闭当前文件夹窗口。

（2）"后退"和"前进"按钮。使用"后退"和"前进"按钮导航到已经打开的其他文件夹，无须关闭当前窗口。这些按钮可与"地址"栏配合使用。例如，使用地址栏更改文件夹后，可以使用"后退"按钮返回到原来的文件夹。

（3）工具栏。可以使用工具栏执行常见任务，如更改文件和文件夹的外观，工具栏的按钮可更改为仅显示有用的命令。

（4）文件列表。此为显示当前文件夹内容的位置。

（5）列标题。使用列标题可以更改文件列表中文件的整理方式。可以排序、分组或堆叠当前视图中的文件。

（6）详细信息栏。详细信息栏显示与所选文件关联的最常见属性。文件属性是关于文件的信息，如作者、上一次更改文件的日期以及可能已添加到文件的所有描述性标记。

2.2.5　菜单、滚动条、快捷菜单与工具栏的组成和操作

菜单、滚动条和工具栏是使用鼠标或键盘操作的控件对象。这些控件可让用户选择命令、更改设置或使用窗口。

1. 菜单

大多数程序包含几十个甚至几百个使程序运行的命令（操作），很多这些命令被组织在菜单中，用户通过执行这些菜单命令完成需要的任务。程序通常都有一个菜单栏，菜单栏中有菜单名，如"文件"、"编辑"、"帮助"等，每个菜单名对应一个有一组菜单命令组成的下拉菜单。用户可以打开菜单、选择菜单命令和关闭菜单。为了使屏幕整齐，会隐藏这些菜单，只有在标题栏下的菜单栏中单击菜单标题之后才会显示菜单。图 2-28 所示为在"画图"程序中，单击菜单栏中的"查看"显示出"查看"菜单。

（1）下拉菜单的操作方法。

① 打开菜单的方法。

用鼠标打开下拉菜单的方法：用鼠标单击菜单栏中的菜单名。

用键盘打开下拉菜单的方法：按 Alt+"菜单名后带下划线的字母"，如按 Alt+F 打开"文件"下拉菜单或先按 Alt 或 F10 键，此时菜单栏上的第一个菜单名被选中，按左右箭头键选定需要的菜单名，按 Enter 或上下箭头键打开下拉菜单。

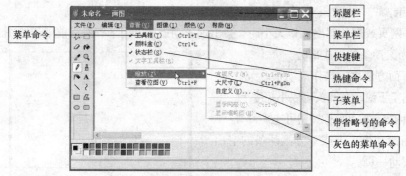

图 2-28　菜单栏和菜单

　提示

菜单打开后，沿着菜单栏移动鼠标指针，上面的菜单会自动打开，而无需再次单击菜单栏。

② 选择菜单命令。

用鼠标选择菜单命令：用鼠标单击下拉菜单中的菜单命令。

用键盘选择菜单命令：使用下拉菜单中菜单命令后的字母键，如在"文件"下拉菜单中按字母 S 表示选择"保存"菜单命令。或者，在下拉菜单中用上下箭头键移动光带到所选菜单命令上，按 Enter 键。或者，用菜单命令的快捷键，有些菜单命令后标有组合键，如"编辑"下拉菜单中"全选"菜单命令后的 Ctrl+A，按这种组合键可以在不打开菜单的情况下直接执行该命令，因此称这种组合键称为菜单命令的快捷键。

③ 关闭菜单的方法。

用鼠标关闭菜单的方法：鼠标单击被打开下拉菜单以外的区域。

用键盘关闭菜单的方法：按 Alt 键或 F10 键。

（2）下拉菜单中各命令项的说明。

① 灰色的菜单命令。下拉菜单中灰色暗淡的菜单命令表示该菜单命令在当前状态下不可执行（如剪贴板为空时，"粘贴"命令无法执行），此时无法选择该命令。

② 带省略号的菜单命令。若在菜单命令后跟一个省略号"…"，表示选择该命令后，将出现一个对话框，需要用户进一步提供信息或某些设置，然后才能执行。

③ 快捷键。有些菜单命令后带有 Ctrl+"字母"的组合键，这就是该菜单命令的快捷键，如 Ctrl+V。用户可以不打开菜单，在编辑状态直接按快捷键来执行该菜单命令。

④ 热键。每条命令后都有一个用括号括起来的带下划线的字母，称为热键，如"粘贴（P）"。在打开下拉菜单后，用户可以在键盘上按热键来选择命令。

⑤ 名字前带有 ✔ 标记的菜单命令。菜单名前的对号 ✔ 表示该命令当前正在使用。如图 2-28 所示，表示在该窗口中出现状态栏。再次选择该命令后，标记消失，该命令不再起作用。

⑥ 菜单名后带 ▶ 记号。表示该菜单不是命令，而是会打开其他菜单。如图 2-28 所示，指向"缩放"打开一个子菜单，指向子菜单中的"自定义"将打开另一个子菜单。

　注意

并不是所有的菜单控件的外观都一样，有些菜单不显示在菜单栏上，例如，工具栏上的菜单，这时在单词或图片旁边有一个箭头 ▼、▶时，则可能会有菜单，如图2-29所示。

图 2-29　菜单控件的外观示例

2．滚动条

当文档、网页或图片超出窗口大小时，会出现滚动条，可用于查看当前处于视图之外的信息。图 2-30 所示为滚动条的组成部分。

可采用下面方法之一操作滚动条。

（1）单击上下滚动条箭头可以小幅度上、下滚动显示窗口内容。按下鼠标按钮可连续滚动。

（2）单击滚动框上方或下方滚动条的空白区域可上下滚动一页。

（3）上、下左右拖动滚动块可在该方向上滚动窗口。

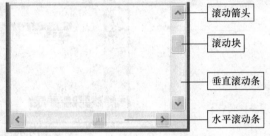

图 2-30　水平滚动条和垂直滚动条

（4）如果鼠标带有滚轮，可以用来滚动浏览文档和网页。若要向下滚动，向后（朝向自己）滚动滚轮。若要向上滚动，向前（远离自己）滚动滚轮。

3．快捷菜单

快捷菜单是鼠标右击对象而显示的菜单，快捷菜单中包含了对该对象的常用操作命令。根据对象的不同，快捷菜单中的菜单命令也可能不同。所以，当用户希望对某个对象进行操作，而又忘记该操作命令所在的菜单时，可试试快捷菜单。

（1）打开快捷菜单。用鼠标右击对象，或者选定对象后，按键盘上的快捷菜单键▤（或组合键 Shift+F10）。

（2）关闭快捷菜单。单击快捷菜单以外的区域或者按 Alt 键或 F10 键。

4．工具栏

在程序窗口中大都带有工具栏，工具栏是为操作方便而把菜单中的常用命令以按钮的形式集中放置在工具栏上，所以工具栏上的按钮在菜单中都有相应的命令。如果想知道某个按钮的名称，可把鼠标指针指向该按钮，稍等片刻将显示该按钮的功能名称。

命令按钮的外观各有不同，有时很难确定到底是不是命令按钮。例如，命令按钮会经常显示为没有任何文本或矩形边框的小图标。图 2-31 所示为常见命令按钮的外观。

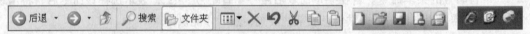

图 2-31　常见命令按钮的外观

确定是否为命令按钮的最简单方法是将鼠标指针放在按钮上面，如果按钮"点亮"并且带有矩形框架，则它是命令按钮。大多数按钮还会在指针指向时显示一些有关功能的提示文本，如图 2-32 所示。

如果指向某个按钮时，该按钮变为两个部分，则这个按钮是一个分割按钮，如图 2-33 所示。单击该按钮的主要部分会执行一个命令，而单击箭头则会打开一个有更多选项的菜单。

图 2-32　指向某个按钮通常会显示相关提示文本

图 2-33　分割按钮

2.2.6　对话框的组成和操作

　　对话框是包含用于完成任务的选项的小型窗口。对话框是特殊类型的窗口，可以提出问题，选择选项来执行任务或者提供信息。当程序或 Windows 需要用户进行响应以继续时，会出现对话框向用户提问，用户通过回答问题来完成输入或选择。Windows 也使用对话框显示附加信息和警告或解释没有完成操作的原因。

　　有下面几种情况可能启动对话框：单击有省略号"…"的菜单项；按有些快捷组合键，如Ctrl+P；选择帮助；执行程序时，系统出现的操作提示和警告。

　　与常规窗口不同，虽然它们都有标题栏，但对话框没有菜单栏，多数对话框无法最大化、最小化或调整大小，但是它们可以被移动。对话框有多种形式，外观相差很大。

1．命令按钮

　　对话框中的命令按钮一般为上面有文字的矩形按钮，按下命令按钮将执行一个命令（执行某操作），如图 2-34 所示。若要关闭对话框，必须根据命令按钮上的文字提示，单击相应的命令按钮，然后关闭对话框并返回到程序。

图 2-34　命令按钮对话框

　　如果命令按钮呈淡灰色，表示该按钮不能用；如果命令按钮后跟省略号"…"，表示执行它将打开一个新对话框。一般对话框中都有"确定"和"取消"命令按钮。单击"取消"按钮放弃所设定的选项并关闭对话框，与对话框右上角的"关闭"按钮 ✖ 作用相同；单击"确定"按钮，则在对话框中设定的内容生效，并关闭对话框。

2．文本框

　　文本框是需要用户输入内容的方框。将光标移到文本框中时，光标将变为"I"。单击文本框内，文本框内出现一个闪烁垂直线"|"，称为光标，表示当前键入文本的位置，如图 2-35 所示。如果要在文本框中移动插入位置，可以单击新的位置或按键盘上的←、→键移动光标。

图 2-35　带有文本框的对话框

　　如果在文本框中没有看到光标，则表示该文本框无法输入内容。首先单击该框，使光标出现在该文本框中，然后键入。对于要求输入密码的文本框，在键入密码时会隐藏密码，以防其他人看到。

3．选项卡

　　把相关功能的对话框合在一起形成一个多功能对话框，每项功能的对话框称为一个选项卡，选项卡是对话框中叠放的页，如图 2-36 所示。一次只能查看一个选项卡。当前选定的选项卡将显示在其他选项卡的前面。若要切换到其他选项卡，单击该选项卡顶部的标签。

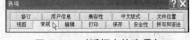

图 2-36　对话框中的选项卡

4．选项按钮

选项按钮可让用户在两个或多个选项中选择一个选项，每次只能选中一项，也称单选钮。选项按钮经常出现在对话框中，被选中项的左边显示一个圆点 ◉，未选中项显示为 ○，如图 2-37 所示。若要选择一个选项，单击其中一个按钮即可。

5．复选框

复选框可让用户选择一个或多个独立选项，每次可任意选中几项或全选或全不选。复选框外形为一个小正方形，☑表示选中，☐表示未选中，如图 2-37 所示。单击空的方框可选择该选项，正方形中将出现复选标记，表示已选中该选项。若要禁用选项，单击该选项可清除（删除）复选标记。当前无法选择或清除的选项以灰色显示。

6．下拉列表

下拉列表类似于菜单，用鼠标单击其右端的箭头，便可以打开供选择的选项清单，供用户选择某一项目，如图 2-38 所示。下拉列表关闭后只显示当前选中的选项。若要打开下拉列表，单击该列表。若要从列表中选择选项，单击该选项。若不选择，单击其他位置。

图 2-37　带有选项钮的对话框

 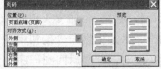
图 2-38　下拉列表显示为关闭（左），下拉列表显示为打开（右）

7．列表框

列表框显示可以从中选择的选项列表。与下拉列表不同的是，无须打开列表就可以看到某些或所有选项，如图 2-39 所示左图。列表框和文本框有时可配合使用，如图 2-38 所示右图，即从显示的列表框中单击选项信息来填充上方的文本框，双击则选取并确定；也可直接在文本框中输入文本信息。

8．数值框

数值框用于调整或输入数值，如图 2-40 所示。当要改变数字时，单击其右端的上、下按钮增大或减小值，也可在框中输入数值。

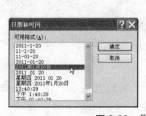
图 2-39　带有列表框的对话框

图 2-40　带有数字框的对话框

若要从列表中选择选项，单击该选项。如果看不到想要的选项，则使用滚动条上下滚动列表。如果列表框上面有文本框，则也可以键入选项的名称或值。

9．滑块

滑块可直观地沿着值范围调整设置，如图 2-41 所示。调整时，用鼠标拖动滑标左、右或上、下移动，将滑块拖动到想要的值。

10．链接

有些对话框中没有命令按钮，只有链接，如图 2-42 所示，其实这是链接形式的命令按钮。

淡灰色的链接表示当前不可用。

图 2-41 带有滑块的对话框

图 2-42 带有选项钮的对话框

11．帮助按钮

有的对话框右上角关闭按钮的左侧有一个帮助按钮 ，如图 2-41 所示。单击 按钮将显示出来有关该对话框的帮助窗口。

2.2.7　Windows 帮助系统的使用 *

1．启动 Windows 帮助系统

（1）通过"开始"菜单的"帮助和支持"启动帮助。选择"开始→帮助和支持"命令，将打开 Windows XP 帮助系统，如图 2-43 所示。用户可以使用"搜索"、"索引"功能在这里查找所需要的内容，如果用户是连入 Internet 的，可以通过列表中的内容获得 Microsoft 公司的在线支持，用户可以和其他的中文版 Windows XP 使用者进行信息交流或者向 Microsoft 新闻组中的专家求助，也可以启动远程协助向在线的朋友或者专业人士寻求解决问题的方法。

图 2-43 帮助和支持中心

注意　如果安装的是精简版的 Windows XP，将不安装"帮助与支持中心"。在"开始"菜单中找不到"帮助和支持中心"，而且单击应用程序菜单栏中的"帮助"中的"帮助与支持中心"也没有反应。

（2）通过应用程序窗口中的"帮助"菜单启动帮助。

提示　在进入应用程序（如 Windows 资源管理器）后，可通过其窗口中的"帮助"菜单打开"帮助和支持中心"。

（3）利用对话框右上角的 按钮或工具栏上的"帮助"按钮 。

2．在帮助系统中查看本机信息

单击"支持"按钮进入支持页，在"相关主题"里找到"我的电脑信息"，在页面右栏有许多选项，单击"查看我的系统硬件和软件的状态"后，有一个收集信息的过程，"帮助和支持中心"

实际上是调用了系统的其他程序来读取本机的相关信息，然后，在该页显示了相关信息。

通过类似方法，还可以查看关于此计算机的一般系统信息、此机上安装的硬件信息、计算机上安装的 Microsoft 软件列表、正在运行的服务、应用的组策略设置、错误日志、Windows 组件信息等。

"帮助和支持中心"把操作系统几乎所有的信息以及取得这些信息的程序集成到了一起，用户可以直接在"帮助和支持中心"完成所有工作。

3. 启动系统配置相关程序

在主页面中，单击"支持"按钮进入支持页，在"相关主题"中单击"系统配置使用程序"启动该程序进行相应的配置。这里还对这个程序做了解释，有利于用户正确地理解这个程序和其他类似程序的作用。

与此类似，可以在这个集成环境里启动的程序有详细系统信息（Msinfo32.exe）、远程协助、策略远程结果集工具、系统还原、磁盘清理、磁盘碎片整理、备份等。另外，还有很多工具如果不在"帮助和支持中心"，则很难找到，比如策略远程结果集工具。

总之，"帮助和支持中心"是 Windows XP 的一个几乎所有系统任务的集成管理中心和强大的帮助中心。因此，用户要有一种意识，就是一遇到问题，首先要找的是"帮助和支持中心"。当习惯用"帮助和支持中心"后，还要掌握一些使用它的技巧，比如，用"收藏夹"可以方便很多，选择好关键字能够得到最完全的内容等。

2.3 应用程序的运行、切换和退出

◎ 应用程序的运行方法

◎ 应用程序（窗口）之间的切换方法

◎ 窗口的最小化的方法

◎ 应用程序的退出方法

◎ 建立快捷方式的方法

本节将介绍应用程序的运行、切换、最小化、退出和建立快捷方式。

实例2.3 应用程序的运行、切换、最小化、退出和建立快捷方式

 情境描述

利用计算机可以同一时间做许多事情，现在就让计算机上的画图、计算器、纸牌等应用程序

一起工作，体验一下边玩边工作的感觉。

（1）选择"开始→所有程序→附件→画图"命令，桌面上弹出"画图"窗口，同时在任务栏上出现"画图"任务按钮。

（2）用同样方法，运行计算器和纸牌。

（3）单击"快速启动"工具栏中的"显示桌面"按钮，所有窗口最小化，显示桌面。

（4）在任务栏上单击"纸牌"按钮，单击窗口标题栏最右边的关闭窗口按钮。

（5）在任务栏上右键单击"计算器"按钮，单击快捷菜单中的"关闭"。

（6）关闭"画图"窗口。

（7）建立"画图"的桌面快捷方式，选择"开始→所有程序→附件"命令，右键单击"画图"，在快捷菜单中选择"发送到→桌面快捷方式"命令，则桌面上出现该程序的桌面快捷方式图标。

（8）在桌面上双击"画图"的快捷方式，运行画图程序。

2.3.1　运行应用程序

运行应用程序的方法有以下几种。

1. 使用"开始"菜单中的"所有程序"运行

通过安装程序安装的应用程序，其应用程序名称都会出现在"所有程序"中。所以，本方法是运行应用程序最常用的方式，操作步骤如下。

（1）单击"开始"按钮 ，单击"所有程序"，再指向菜单中相应的选项（如"附件"）进入下一级子菜单。

（2）单击要运行的程序名（如"记事本"）。

（3）桌面上显示该应用程序窗口，同时在任务栏上出现代表该应用程序的任务按钮。

2. 利用桌面、"快速启动"工具栏上的应用程序快捷图标运行

常用应用程序的图标可以放在桌面、"快速启动"工具栏上，双击或单击该图标，即可启动该程序运行。

3. 从"Windows 资源管理器"中运行

在"Windows 资源管理器"中，找到包含该程序的文件夹，双击该程序名或图标。

4. 利用"开始"菜单中的"运行"命令运行

如果知道程序的名称和所在的文件夹路径，在利用"开始"菜单中的"运行"命令来运行程序。操作步骤如下。

（1）选择"开始→运行"命令，弹出"运行"对话框，如图 2-44 所示。

（2）在"打开"框中输入程序的路径和名称，按"确定"按钮。也可以单击"运行"对话框中的"浏览"按钮，在弹出的"浏览"对话框中查找要运行的程序。

图 2-44　"运行"对话框

2.3.2 切换窗口

Windows 是多任务的操作系统，可同时运行多个应用程序，但在多个应用程序中，只有一个处于前台，称为激活状态，即显示在所有其他窗口前面的窗口，称为"活动"窗口，即当前正在工作的窗口。其他处于后台，称为非激活状态。可以用多种方法切换应用程序窗口，使需要的应用程序处于前台。切换窗口并不关闭正在使用的窗口，而只把窗口改为非激活。

1. 使用任务栏切换窗口

启动程序后，每个程序都在任务栏上具有相应的按钮。若要切换到其他应用程序窗口，只需单击其任务栏按钮，此窗口就显示到最前面。

2. 单击应用程序窗口

如果需要切换的应用程序窗口在桌面上可以见到，则只需用鼠标单击该窗口的任意地方，此应用程序就被激活，该程序窗口成为活动窗口，显示在最上面。

3. 使用 Alt+Tab 键切换窗口

要切换一个应用程序，按下 Alt+Tab 组合键不放，将出现一个对话框，会看到各个应用程序图标显示在对话框中，仍然按下 Alt 键不放，反复按 Tab 键，把方框移到所需要的应用程序图标上，然后放开 Alt 和 Tab 键，此应用程序则被激活。

4. 用 Alt+Esc 组合键切换

反复按 Alt+Esc 键，桌面上的应用程序窗口将依次激活，直到指定的应用程序。

2.3.3 最小化和自动排列桌面上的窗口

1. 最小化所有窗口

如果桌面上有许多打开的窗口，要最小化所有窗口或者显示桌面，可单击任务栏上"快速启动"工具栏中的"显示桌面"按钮。这时将最小化所有打开的窗口和对话框，然后显示桌面。

2. 自动排列桌面上的窗口

除了可以在桌面上按用户喜欢的任何方式排列窗口外，还可以按以下 3 种方式之一自动排列窗口："层叠窗口"、"横向平铺窗口"或"纵向平铺窗口"。操作步骤如下：右键单击任务栏的空白区域，显示

图 2-45 任务栏的快捷菜单

任务栏快捷菜单，如图 2-45 所示，然后按需要单击"层叠窗口"、"横向平铺窗口"或"纵向平铺窗口"。

2.3.4 退出应用程序

当某应用程序不再需要运行时，可将其从内存中释放，可用下列方法之一正常退出、关闭或结束当前应用程序的运行。

（1）单击窗口标题栏最右边的关闭窗口按钮。

（2）按快捷键 Alt+F4。

（3）单击"文件"菜单中的"退出"。

（4）双击窗口的控制菜单图标。

2.3.5　强制结束程序

有时由于非正常原因，会造成某些应用程序进入"不响应"状态。此时程序表现为不接受鼠标或键盘指令，计算机速度明显变慢，窗口无法关闭等，这时可以强制结束应用程序。

　强制结束程序将丢失没有保存的数据。

强制结束任务的操作步骤如下。

（1）按 Ctrl+Alt+Delete 组合键，在弹出的"Windows 任务管理器"窗口选择"应用程序"选项卡，如图 2-46 所示。

（2）在"应用程序"选项卡中，先单击希望结束的程序名，然后单击"结束任务"按钮。

（3）最后单击"Windows 任务管理器"窗口的关闭按钮 ⊠。

图 2-46　"Windows 任务管理器"窗口

2.3.6　建立快捷方式

用快捷方式运行程序可以节省许多时间。在 Windows 中可以利用许多已有的快捷方式，也可以创建自己的快捷方式。

实例 2.4　建立桌面快捷方式

　情境描述

经常使用 Word，就需要在桌面上建立 Word 的快捷方式。

　任务操作

1．从"开始"菜单发送快捷方式

下面介绍在桌面上建立 Word 的快捷方式。选择"开始→所有程序→ Microsoft Office"命令，右键单击"Microsoft Office Word 2003"，在快捷菜单中选择"发送到→桌面快捷方式"命令，如图 2-47 所示，桌面上出现该程序的桌面快捷方式图标。

2．从程序项中直接拖放到桌面上

先按下 Ctrl 键不松开，将选中的程序拖放到桌面上。

　如果从菜单中直接用拖动方式创建快捷方式，将把该项从菜单中移出（删除）。

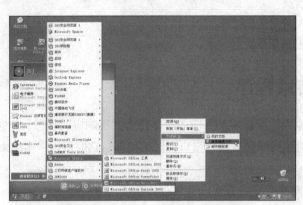

图 2-47 从"开始"菜单发送快捷方式

3. 从桌面快捷菜单中创建快捷方式

（1）右键单击桌面，在快捷菜单中选择"新建→快捷方式"命令，如图 2-48 所示，在弹出的"创建快捷方式"向导对话框中，单击"浏览"按钮。

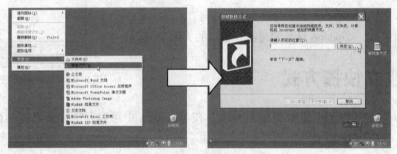

图 2-48 "创建快捷方式"向导

（2）在弹出的"浏览"对话框中，双击要创建快捷方式的项目，返回"创建快捷方式"向导对话框，单击"下一步"按钮。

（3）在最后一步向导对话框中，单击"完成"按钮，创建的快捷方式将出现在桌面上。

2.4 文件管理

◎ 文件和文件夹的概念与作用，熟练进行文件和文件夹的基本操作
◎ 使用资源管理器对文件等资源进行管理
◎ 常见文件类型及其关联程序[*]

本节将介绍应用程序的运行、切换、最小化、退出和建立快捷方式。

实例 2.5　使用"资源管理器"管理文件和文件夹

 情境描述

办公室的电脑桌面上保存有许多程序和文档，C: 盘、D: 盘等磁盘上也没有分类地保存着许多不同类型的文件，查找起来非常不容易。现在将文件分类保存到不同的文件夹中。

 任务操作

（1）由于经常使用"资源管理器"，可以在桌面建立它的快捷方式。选择"开始→所有程序→附件"命令，右键单击"Windows 资源管理器"，然后在弹出的快捷菜单中选择"发送到→桌面快捷方式"命令。这时桌面上将出现"Windows 资源管理器"快捷方式图标，双击它启动资源管理器，显示资源管理器窗口。

（2）在 D: 盘根文件夹上分别创建"办公文件"文件夹、"常用文件"文件夹、"自用文件"文件夹。

（3）复制一些文件或文件夹到上面文件夹中。

2.4.1　文件和文件夹的概念

1. 文件与文件名

文件是指记录在存储介质（如磁盘、光盘、U 盘）上的一组相关信息的集合，文件是 Windows 中最基本的存储单位。为了识别文件，每个文件都有自己的名称，称为文件名。计算机按照文件名存取。文件名由主文件名和扩展名两部分组成，中间用小数点隔开，其中有些扩展名可以省略。

主文件名表示文件的名称，一般通过它可大概知道文件的内容或含义。Windows 规定：主文件名可以是英文字符、汉字、数字、以及一些符号等组成，文件名最多可以包含 255 个字符（包括盘符和路径）。文件名中允许使用：空格、加号（＋）、逗号（，）、分号（；）、左方括号（[）、右方括号（]）和等号（＝），但文件名不能含有 \ / : * ? " < > | 字符。

 在 Windows 系统下，文件名不区分英文字母的大小写，一般一个汉字占两个英文字符的长度。

扩展名用于区分文件的类型。Windows 系统对某些文件的扩展名有特殊的规定，不同的文件类型其扩展名不一样，表 2-1 所示为一些常用的扩展名。

表2-1　　　　　　　　　　　　　　文件常用扩展名

扩 展 名	含 义	扩 展 名	含 义	扩 展 名	含 义
.bmp	位图文件	.drv	设备驱动程序	.ico	图标文件
.com	命令文件	.exe	可执行文件	.sys	系统文件
.dat	数据文件	.fon	字体文件	.txt	文本文件
.dll	动态链接文件	.hlp	帮助文件	.doc	Word 文档文件

2. 文件夹和文件夹树

为了便于组织和管理大量的磁盘文件，解决文件重名问题，Windows 使用了多级存储结构——树形结构文件系统，树形结构文件系统是用文件夹来实现的。

由一个根文件夹和若干层子文件夹组成的树状结构，称为文件夹树，它像一棵倒置的树。Windows 的根文件夹是桌面，下一级是我的文档、我的电脑、网上邻居、回收站等，如图 2-49 所示。我的电脑下一级是本地磁盘、光盘等外存储设备。

用户可以建立多个文件夹，把文件放到不同的文件夹中。文件夹也有自己的名字，取名的方法与文件相似，只是不用扩展名区分文件夹的类型。每一个文件夹中可以再建立文件夹，称为子文件夹。每一个文件夹中允许同时存在若干个子文件夹和若干文件，不同文件夹中允许存在相同文件名的文件，任何一个文件夹的上一级文件夹称为它的父文件夹。

图 2-49　文件夹树

3. 路径

在对文件进行操作时，要同时指出该文件所在的磁盘和位置。为了确定文件在树状结构中的位置，需要按照文件夹的层次顺序沿着一系列的子文件夹找到指定的文件。这种确定文件在文件夹结构中位置的一组连续的、由路径分隔符"\"分隔的文件夹名叫路径。通俗地说，就是指引系统找到指定文件所要走的路线。描述文件或文件夹的路径有两种方法：绝对路径和相对路径。

所谓绝对路径，就是从目标文件所在磁盘的根文件夹开始，到目标文件所在文件夹为止的路径上所有的子文件夹名（各文件夹名之间用"\"分隔），绝对路径总是以"\"作为路径的开始符号。由于绝对路径表示了文件在文件夹树上的绝对位置，所以文件夹树上的所有文件的位置都可以用绝对路径表示。例如，a.txt 存储在 C: 盘的 Downloads 文件夹的 Temp 子文件夹中，则访问 a.txt 文件的绝对路径是：C:\Downloads\Temp\a.txt。

所谓相对路径，就是从当前文件夹开始，到目标文件所在文件夹的路径上所有的子文件夹名（各文件夹名之间用"\"分隔）。一个目标文件的相对路径会随着当前文件夹的不同而不同。例如，如果当前文件夹是 WINDOWS，则访问文件 a.txt 的相对路径是：..\Downloads\Temp\a.txt，这里的".."代表父文件夹。

4. 通配符

当查找文件、文件夹时，可以使用通配符代替一个或多个真正的字符。

"*"星号表示 0 个或多个字符。例如，ab*.txt 表示以 ab 开头的所有 .txt 文件。

"?"问号表示一个任意字符。例如，ab???.txt 表示以 ab 开头的后跟 3 个任意字符的 .txt 文件，文件中有几个"?"就表示几个字符。

5. 对象

在 Windows 中，对象是指管理的资源，如驱动器、文件、文件夹、打印机、系统文件夹（我的文档、我的电脑、网上邻居、控制面板、回收站）等。

2.4.2　"资源管理器"的打开、组成和查看

"资源管理器"是 Windows 专门用来管理软、硬件资源的应用程序。它的特点是，把软件和硬件

都统一用文件或文件夹的图标表示，把文件或文件夹都统一看作对象，用统一的方法进行管理和操作。

1. 打开"资源管理器"

打开"资源管理器"的方法有下面 3 种。

（1）鼠标右键单击"开始"按钮 ，在快捷菜单中单击"资源管理器"。

（2）按键盘上的"Windows 徽标键 " + "E"。

（3）选择"开始→所有程序→附件→ Windows 资源管理器"命令。

上面 3 种方法都能打开"资源管理器"，但显示的初始文件夹不同，第 1 种方式显示"开始"菜单文件夹，第 2 种方法显示"我的电脑"文件夹（见图 2-50），第 3 种方法显示"我的文档"文件夹。前面介绍的文件夹窗口也就是"资源管理器"。

2. "资源管理器"窗口的组成

"资源管理器"窗口一般分为左右两个部分（称为窗格）。

（1）左窗格。资源管理器的左窗格用于显示树形结构的文件夹列表，左窗格中"桌面"为最高单元，"桌面"下有"我的文档"、"我的电脑"、"网上邻居"、"回收站"等。

 如果左侧文件夹图标显示为加号 ⊞，表示该文件夹中的子文件夹处于折叠状态，不可见，单击 ⊞（或双击文件夹名）可展开文件夹，同时变为减号 ⊟；如果文件夹图标左侧显示为减号 ⊟，表明该文件夹中的子文件夹已展开，单击它可折叠文件夹；如果文件夹图标左侧没有加号或减号图标，则表示该文件夹是最后一层，无子文件夹。

（2）右窗格。在左窗格中单击文件夹名，右窗格中将列出该文件夹的内容。在右窗格中双击文件夹图标将显示其中的文件和文件夹，双击某文件图标可以启动对应的程序或打开文档。

 如果希望左、右某个窗格占据更大的面积，可以将鼠标指针移到两个窗格之间的分隔线上，当鼠标指针变成双向箭头 ↔ 时，拖动鼠标就可调整两个窗格的大小。

在窗口最下边的状态栏中显示对象个数或文件占用磁盘空间等信息。

3. 查看文件和文件夹

Windows 把所有软、硬件资源都当作文件或文件夹，用统一的模式来管理。要使用磁盘等软件、硬件资源，就要在"资源管理器"窗口查看和操作。在资源管理器窗口中列出了当前电脑中各个磁盘的图标，如图 2-50 所示。查看文件和文件夹内容常用以下两种方法。

（1）在右面窗格中，双击要打开的磁盘图标或文件夹，右面窗格将切换为显示该磁盘或文件夹中的文件和子文件夹列表。

（2）在左面窗格中，单击树状结构中要打开的文件夹，右面窗格将显示选中对象中的文件和文件夹列表。同时状态栏上显示出选中文件夹中的对象数量。

图 2-50 "资源管理器"窗口

4. 改变文件和文件夹的显示方式

（1）改变视图显示模式。打开文件夹查看文件时，可能显示为较大（或较小）图标，或者允许查看关于每个文件的不同种类信息的排列方式。要执行这些更改操作，使用"查看"菜单或工具栏中的"视图"按钮 ▦▾，其菜单项有 5 种显示方式：缩略图、平铺、图标、列表和详细信息，如图 2-51 所示。

（2）文件的排序。在资源管理器器右面窗格的"详细信息"显示方式下，文件和文件夹列表的标题栏上提供了名称、大小、类型、修改日期等信息，单击标题栏上的列名可使窗格中的文件和文件夹按不用方式排序，如图2-52所示。

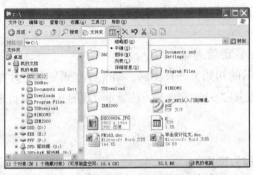 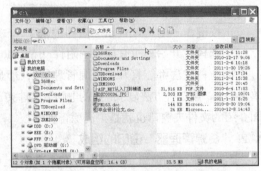

图2-51　更改文件夹中文件的显示方式　　　图2-52　更改文件夹中文件的显示方式

2.4.3　文件夹的基本操作

文件夹的基本操作主要包括新建文件夹、删除文件夹等操作。

1. 新建文件夹

在"资源管理器"中，常用下面两种方法新建文件夹。

（1）在右窗格中，在文件和文件夹之外的空白区域，右键单击，显示快捷菜单，如图2-53所示左图。

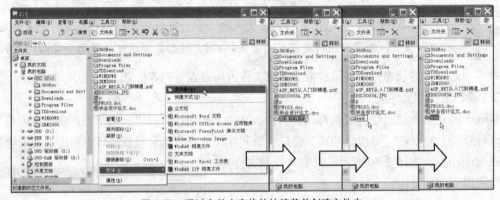

图2-53　通过文件夹窗格的快捷菜单创建文件夹

（2）单击快捷菜单中的"新建"，指向其子菜单，单击"文件夹"，将新建一个文件夹，默认文件夹名为"新建文件夹"。

如果要更改文件夹名，直接输入新的文件夹名（例如aaa）；如果不修改，可按Enter键或鼠标单击其他空白区域。

2. 选定文件或文件夹

在对文件或文件夹操作之前，首先要选定文件或文件夹，一次可选定一个或多个对象，选定的文件或文件夹突出显示。常用以下几种选定方法。

（1）选定一个文件。单击要选定的文件或文件夹。

（2）框选文件或文件夹。在右侧的文件夹窗口中，按下鼠标左键拖动，将出现一个框，框住要选定的文件和文件夹，然后释放鼠标按钮。

（3）选定多个连续文件或文件夹。先单击选定第 1 个对象，按下 Shift 键不放，然后单击最后一个要选定的项。

（4）选定多个不连续文件或文件夹。单击选定第 1 个对象，按下 Ctrl 键不放，然后分别单击各个要选定的项。

（5）选定文件夹中的所有文件或文件夹。从"编辑"菜单中单击"全部选定"或者按 Ctrl+A。

（6）撤销选定。撤销一项选定，先按下 Ctrl 键，然后单击要取消的项目。若要撤销所有选定，则单击窗口中其他区域。

3．更改文件夹名

更改文件夹名的方法为：右击要更改名称的文件夹，在弹出的快捷菜单中单击"重命名"。输入新的文件夹名称。

4．删除文件夹

删除文件夹可用以下 4 种方法。

（1）右击要删除的文件夹，在弹出的快捷菜单中单击"删除"。

（2）单击选定该文件夹，按键盘上的 Delete 键。

（3）把要删除的文件夹拖到桌面上的"回收站"中。

（4）在资源管理器的"文件"菜单中单击"删除"。

执行上述操作后，弹出"确认文件夹删除"对话框。若单击"是"按钮，则将文件夹删除，并送入回收站暂存；若单击"否"按钮，则取消删除。

5．移动文件或文件夹

移动就是把一个文件夹中的文件和文件夹移到另一个文件夹中，原文件夹中的内容不再存在，都转移到新文件夹中。移动文件常用下面 3 种方法。

（1）用鼠标拖动。先选定要移动的文件和文件夹，用鼠标将选定的文件和文件夹拖动到目标文件夹上，此时目标文件夹突出显示，然后松开鼠标左键。

 在同一磁盘驱动器的各个文件夹之间拖动对象时，Windows默认为是移动对象。在不同磁盘驱动器之间拖动对象时，Windows默认为是复制对象。为了在不同的磁盘驱动器之间移动对象，可以先按下Shift键不放，再利用鼠标拖动。

（2）用快捷键（或快捷菜单）。选定要移动的文件或文件夹，按 Ctrl+X 键（或右键单击显示快捷菜单，单击"剪切"）执行剪切，切换到目标驱动器或文件夹，按 Ctrl+V 键（或右键单击显示快捷菜单，单击"粘贴"）执行粘贴。

（3）用菜单命令。选定要移动的文件或文件夹，单击"编辑"菜单中的"移动到文件夹"，显示"移动项目"对话框，浏览到目标驱动器或文件夹，单击"移动"按钮，如图 2-54 所示。

6．复制文件或文件夹

复制就是把一个文件夹中的文件复制一份到另一个文件夹中，原文件夹中的内容仍然存在，新文件夹中的内容与原文件夹中的内容完全相同。常用的文件或文件夹复制方法有下面几种。

图 2-54　移动文件或文件夹

（1）用鼠标拖动。选定要复制的文件或文件夹，按下 Ctrl 键，再用鼠标将选定的文件拖动到目标文件夹上，此时目标文件夹突出显示，然后松开鼠标键和 Ctrl 键。

（2）用快捷键（或快捷菜单）。选定要复制的文件或文件夹，按 Ctrl+C 键（或右键单击显示快捷菜单，单击"复制"）执行复制，浏览到目标驱动器或文件夹，按 Ctrl+V 键（或右键单击显示快捷菜单，单击"粘贴"）执行粘贴。

（3）用菜单命令。选定要复制的文件或文件夹，单击"编辑"菜单中的"复制到文件夹"，在弹出的"复制项目"对话框中浏览到目标驱动器或文件夹，单击"复制"按钮，如图 2-55 所示。

（4）用"发送到"。如果要把选定的文件或文件夹复制到 U 盘等移动存储器中，最简便的方法是右键单击选定的文件或文件夹，显示快捷菜单，单击"发送到"子菜单中的移动存储器，如图 2-56 所示。

7. 撤销复制、移动和删除的操作

在执行过复制、移动和删除操作后，如果要撤销刚才的操作，

图 2-55 复制文件或文件夹

可单击"编辑"菜单中的"撤销复制"或"撤销移动"命令或者按快捷键 Ctrl+Z。

8. 显示隐藏的文件和文件夹

Windows 不显示系统文件和隐藏属性的文件，如果要对这类文件操作，就要先设置资源管理器，使之能显示所有属性的文件。在"资源管理器"中，单击"工具"菜单中的"文件夹选项"，弹出"文件夹选项"对话框。单击"查看"选项卡，选中"显示所有文件和文件夹"项。如果想查看所有文件的扩展名，取消"隐藏已知文件类型的扩展名"前的对号，如图 2-57 所示，然后单击"确定"按钮。

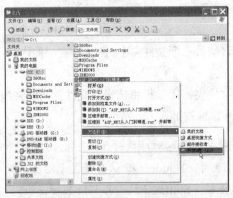

图 2-56 通过用"发送到"复制文件和文件夹　　　　图 2-57 "文件夹选项"对话框

9. 常见文件类型及其关联程序 *

（1）常见的文件类型。常见的文件类型有可执行程序（.exe、.com 等）、数据文件（.txt、.dat、.doc、.xls、.ppt、.pdf 等）和其他文件（.dll、.asp、.aspx、.java、.c、.cpp 等）。

（2）文件关联程序。文件类型同时也决定着打开此文件所用的程序（如 .doc 文件是由 Word 创建的），只要在该文件上双击就自动运行默认的程序来打开该文件。

　注意　　　　一般情况下，安装应用程序时会自动关联程序，但是有时会出现关联错误或者找不到关联程序，这时可以在选中文件的同时，单击鼠标右键，在快捷菜单中选择"打开方式"项，再选择相应程序来打开文件，如图 2-58 所示。也可以选中"始终使用选择的程序打开这种文件"选项，将此类文件与某个程序关联起来，下次就可以直接在文件上双击打开文件了。

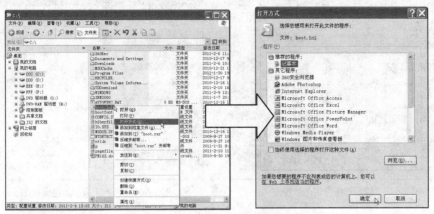

图 2-58 "打开方式"对话框

2.5 系统管理与应用

◎ 控制面板的功能，会使用控制面板配置系统，如显示属性、鼠标、输入法的设置等

◎ 安装和卸载常用应用程序

◎ 为计算机设置多用户管理及权限，使一台计算机能够为不同人员使用[*]

◎ 安装打印机等外部设备驱动程序[*]

系统管理主要用于设置系统的默认设置，如显示属性、鼠标的按钮、输入法、安装的程序、用户权限、打印机驱动程序等。

2.5.1 控制面板

Microsoft 公司把对 Windows 的外观设置、硬件和软件的安装和配置、安全性等功能的程序集中安排到称为"控制面板"的虚拟文件夹中，以方便用户使用。

Windows 安装后会立即自动检测计算机系统中的各个设备，然后自动将整个系统调整到最佳使用状态。如果用户想更改系统默认设置，可以通过"控制面板"来完成。

启动"控制面板"最常用的方法是：选择"开始→控制面板"命令。"控制面板"窗口默认显示为分类视图，如图 2-59 所示。在左边窗格中单击"切换到经典视图"，将切换到经典视图，如图 2-60 所示。经典视图提供早期版本 Windows 的外观和行为，此视图提供更多的空间来显示文件。若要切换回分类视图，单击左面窗格中的"切换到分类视图"，如图 2-60 所示。

图 2-59 "控制面板"的分类视图

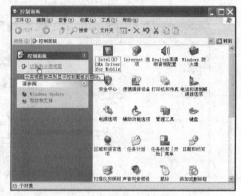

图 2-60 "控制面板"的经典视图

2.5.2 Windows 的外观设置

实例 2.6 改变 Winodws 的外观

 情境描述

为了使自己计算机的桌面上显示与别人不一样，现在为计算机的外观进行设置。

 任务操作

1. 启动"显示属性"对话框

可以用下面 3 种方法启动"显示属性"对话框。

（1）在控制面板的分类视图窗口中，单击"外观和主题"，在弹出的"外观和主题"窗口中，单击一个任务链接。

（2）在控制面板的经典视图窗口中，双击"显示"。

（3）最常用的方法是：右键单击桌面，从快捷菜单中选择"属性"命令。

2. 更改 Windows 的主题

在"显示 属性"对话框的"主题"选项卡中，单击"主题"下拉列表框，如图 2-61 所示，选择不同的主题名（如 Windows 经典），可以使 Windows 按不同的风格显示。

3. 更改桌面背景

切换到"显示 属性"对话框的"桌面"选项卡，在"背景"列表框中单击希望作为桌面背景的图片（见图 2-62）或者单击"浏览"按钮，找到需要的图片并双击。在"位置"下拉列表框中，选取图片是居中、平铺或拉伸显示。最后单击"确定"或"应用"按钮即完成桌面背景的设置。

 提示　　如果希望在桌面上显示"我的文档"、"我的电脑"、"网上邻居"图标，则单击"自定义桌面"按钮，显示"桌面项目"对话框的"常规"选项卡。选中相应的复选框，单击"确定"按钮。

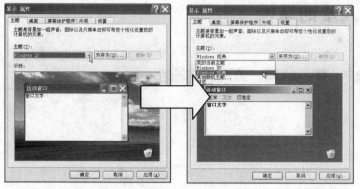

图 2-61 "显示 属性"对话框的"主题"选项卡   图 2-62 "显示 属性"对话框的"桌面"
                                                    选项卡

4. 设置屏幕保护

如果较长时间内不作任何操作，屏幕上显示的内容没有任何变化，会使显示器局部持续显示强光而对屏幕造成损坏，使用屏幕保护程序可以避免这类情况发生。屏幕保护程序是在一个设定的时间内，当屏幕没有发生任何改变时，计算机自动启动一段程序来使屏幕变黑或不断变化。当用户需要使用时，只需单击鼠标或者按任意键就可以使屏幕恢复正常使用。设置屏幕保护的方法是：切换到"显示 属性"对话框的"屏幕保护程序"选项卡，如图 2-63 所示。从"屏幕保护程序"下拉列表框中选择一种屏幕保护程序，在"等待"框中键入或选择用户停止击键进入屏幕保护的时间，接着选中"在恢复时使用密码保护"复选框。如果需要设置电源管理，可单击"电源"按钮来设置。最后单击"确定"或"应用"按钮。

图 2-63 "桌面保护程序"选项卡

5. 更改外观

在"显示属性"对话框的"外观"选项卡，如图 2-64 所示，通过选择相应选项可以更改显示的外观。

6. 更改设置

切换到"显示 属性"对话框的"设置"选项卡，如图 2-65 所示，在"屏幕分辨率"中拖动滑块选择分辨率，单击"颜色质量"右边的下拉列表框箭头，选择"中（16 位）"、"高（24 位）"或"最强（32 位）"，然后单击"应用"或"确定"按钮。

图 2-64 "外观"选项卡   图 2-65 "设置"选项卡

2.5.3 更改鼠标、输入法的属性

实例2.7 更改鼠标、输入法的属性

 情境描述

市场上销售的鼠标有左手鼠标和右手鼠标之分，想试试怎样把现在用的鼠标改为左手习惯。另外，为了输入方便，将常常使用的汉字输入法设置为默认输入法。

任务操作

1. 设置鼠标的属性

在控制面板的经典视图窗口中，双击"鼠标"图标，在弹出的"鼠标 属性"对话框中切换到"鼠标键"选项卡，如图2-66所示。对于鼠标，一般默认右手习惯，左键是主键。如果要使用左手操作，把右手设置为主键，则选中"切换主要和次要的按钮"复选框。

2. 设置输入法的属性

添加输入法的方法为：单击桌面上输入法工具栏右下角的箭头 ，显示下拉菜单，单击"设置"，显示"文字服务和输入语言"对话框，如图2-67所示。单击"添加"按钮，显示"添加输入语言"对话框，如图2-67所示，可以添加内置的输入法。如果安装Windows XP中没有的输入法，需要用输入法自带的安装程序。

调整默认输入语言，可通过如下方法：在"文字服务和输入语言"对话框中，从"默认输入语言"下拉框中选择默认的输入语言。

图2-66 "鼠标 属性"对话框

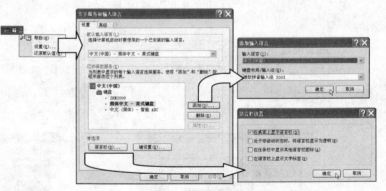

图2-67 设置输入法

如果要删除输入法语言栏中的输入法，在"文字服务和输入语言"对话框中，从"已安装的服务"列表框中选择语言名称，单击"删除"按钮，可删除该输入语言。

如果要在桌面上显示输入法语言栏，单击"语言栏"按钮，显示"语言栏设置"对话框，选中"在桌面上显示语言栏"复选框。单击"键设置"按钮，显示"高级键设置"对话框，可设置转换输入法的热键。

也可以在控制面板中双击"区域和语言选项",在"语言"选项卡中单击"详细信息"按钮,将显示"文字服务和输入语言"对话框。

2.5.4　安装和卸载常用应用程序

实例 2.8　安装和卸载常用应用程序

 情境描述

QQ 拼音输入法使用起来非常方便,现在需要把它安装到系统中。另外,为了节省系统占用,需要把暂时不用的 Photoshop 卸载。

 任务操作

1. 安装常用应用程序

多数应用程序都提供了安装程序(通常是 Setup.exe、Install.exe 或其他 .exe 文件),在资源管理器中双击安装程序,一般出现安装向导,只需按提示操作就能完成安装。

例如,下载的 QQ 拼音输入法程序名是"QQ 拼音输入法 _4.1.1063.400.exe",在资源管理器中双击该程序名运行安装程序,显示安装向导,按照提示即可完成安装。

2. 更改或删除程序

正常安装的程序,通常在开始菜单的"所有程序"的该程序组中有一个删除程序,通常称为"卸载×××",执行卸载程序将删除安装到系统中的该程序,并作清理系统环境等操作。所以,不能在"资源管理器"中直接删除其文件和文件夹。但是,有些应用程序在"程序"中的该程序组中没有提供卸载程序,这时就要用到本功能了。

卸载应用程序的操作如下:在"控制面板"中,双击"添加 / 删除程序",弹出"添加或删除程序"窗口,如图 2-68 所示。选中要卸载的程序(如 Photoshop)后,单击"更改 / 删除"按钮,然后按照提示操作就可以更改或删除程序。

图 2-68　"添加 / 删除程序"窗口

2.5.5　附件

在 Windows XP 的"附件"中自带一些小程序(如"计算器"、"画图"、"记事本"等)。由于它们不是 Windows XP 运行必须的部分,故称为"附件"。选择"开始→所有程序→附件"命令,然后选择要运行的程序名,可启动这些程序。

2.5.6　设置多用户管理及权限 *

Windows 支持多用户，即允许多个用户使用一台计算机，每个用户只拥有对自己建立的文件或共享文件的读写权限，而对于其他用户的文件资料无权访问。

实例 2.9　设置多用户管理及权限

情境描述

与其他人使用公用的计算机，其桌面设置等项目常常互相干扰，为了互相不应用，现在通过设置多用户管理及权限来实现。

任务操作

可以通过如下的步骤在一台计算机上设置多个账户。

（1）在控制面板窗口中，单击"用户账户"，显示"用户账户"窗口，如图 2-69 所示。

（2）如果要创建新账户，单击"创建一个新账户"，在弹出的"用户账户"窗口中，输入新的账户名，单击"下一步"按钮，如果使该用户获得最大权限，单击"计算机管理员"，否则单击"受限"。单击"创建账户"按钮，则创建的新账户出现在窗口中。

（3）如果要更改账户属性，单击"更改账户"，显示"用户账户"窗口，选择要更改的账户，显示更改账户属性窗口，如图 2-70 所示。可以更改用户名、创建或更改密码、更改图片、更改账户类型、删除账户等属性。

图 2-69　"用户账户"窗口

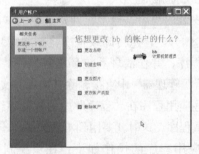

图 2-70　更改账户属性窗口

2.5.7　安装外部设备驱动程序 *

对于打印机、扫描仪、摄像头等外部设备，一般要安装设备驱动程序后才能使用，其安装方法相同。

实例 2.10　安装打印机驱动程序

情境描述

最近办公室新购了一台打印机，现在为新配置打印机安装驱动程序使之能正常工作。

任务操作

安装新硬件一般包括两个步骤：第 1 步要先将所要添加的硬件与自己的计算机进行连接，第 2 步就是进行硬件驱动程序的安装。下面以安装打印机驱动程序为例，介绍外部设备驱动程序的安装方法。对于新型打印机，可以执行打印机驱动程序光盘中的 Setup.exe 程序来安装，有些打印机驱动程序中没有 Setup.exe，只有 .inf 文件，则要通过下面方法安装打印机驱动程序。

（1）选择"开始→打印机和传真"命令，弹出"打印机和传真"窗口，如图 2-71 所示。

（2）在"打印机和传真"窗口左侧单击"添加打印机"，启动"添加打印机"向导，如图 2-72 所示。单击"下一步"按钮。

图 2-71 "打印机和传真"窗口

图 2-72 "欢迎使用添加打印机向导"对话框

（3）在弹出的如图 2-73 所示的"本地或网络打印机"设置对话框中选择"连接到此计算机的本地打印机"单选项。单击"下一步"按钮。

（4）在弹出的如图 2-74 所示的"选择打印机端口"对话框中选择打印机端口，这里选择 LPT1。单击"下一步"按钮。

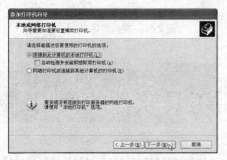

图 2-73 "本地或网络打印机"对话框

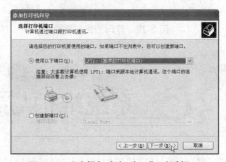

图 2-74 "选择打印机端口"对话框

（5）在弹出的如图 2-75 所示的"安装打印机软件"对话框中，先在左侧框中选中"厂商"，然后在右侧的"打印机"框中选中型号。如果所需安装的打印机型号不在列表中，则单击"从磁盘安装"按钮定位驱动程序文件的目录，双击对应打印机的 .inf 文件，如图 2-76 所示。

（6）返回添加打印机向导的选择打印机型号对话框，如图 2-77 所示。单击"下一步"按钮。

（7）在弹出的如图 2-78 所示的"命名打印机"对话框中，不用更改名称，直接单击"下一步"按钮。

（8）在弹出的如图 2-79 所示的"打印测试页"对话框中可打印一页，看看是否安装正常。继续单击"下一步"，显示安装完成对话框，如图 2-80 所示。至此，打印机安装完成，这时将在"打印机和传真"窗口中添加一项新安装的打印机。

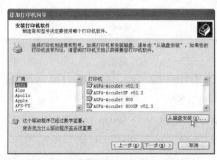

图 2-75 "安装打印机软件"对话框

图 2-76 选择打印机的 .inf 文件

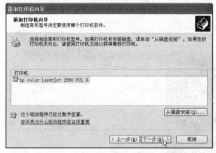

图 2-77 选择打印机型号对话框

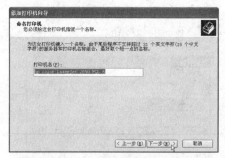

图 2-78 "命名打印机"对话框

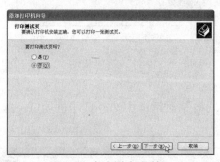

图 2-79 打印测试对话框

图 2-80 完成对话框

2.6 系统维护与常用工具软件的使用

◎ 安装和使用病毒防治软件

◎ 安装和使用压缩工具软件

◎ 数据备份的重要性，会进行数据备份

◎ 使用软件备份和恢复操作系统*

除了使用 Windows XP 自带的程序对系统进行维护外，还能使用其他公司和个人的程序对系统进行维护。

2.6.1 安装和使用病毒防治软件

杀毒软件也称反病毒软件或安全防护软件,是一类对计算机病毒、木马、恶意软件等一切已知的对计算机有危害的程序代码进行清除的程序工具。常用的杀毒软件有 360、卡巴斯基、瑞星、金山、诺顿、ESET NOD32、BitDefende、熊猫等,下面以 360 杀毒软件为例介绍。

实例 2.11 安装和使用病毒防治软件

 情境描述

随着工作任务的增多,计算机中存放的数据和文件越来越多,为了防止系统和文件受到病毒侵袭,需要在计算机中安装 360 杀毒软件,并用 360 杀毒软件查杀病毒。

 任务操作

1. 安装 360 杀毒软件

360 杀毒软件是国内第一款永久免费的杀毒软件,无需激活码即可使用,查杀能力强,省资源,能为计算机提供全面保护。安装 360 查毒软件的步骤如下。

下载得到的 360 杀毒软件安装程序是一个 .exe 可执行文件,在资源管理器中双击它运行安装程序,显示安装向导对话框,如图 2-81 所示。按照安装向导的提示操作,直到完成安装。安装程序将自动运行 360 杀毒软件,并开始扫描,此时还出现"360 云查杀计划"对话框,如图 2-82 所示,单击"确定"按钮。

图 2-81 安装向导欢迎对话框

图 2-82 扫描进度对话框

2. 启动 360 杀毒软件

360 杀毒软件安装后,可以通过以下方式快速启动。

(1)单击 Windows 状态栏右端通知区域中的 360 杀毒软件图标。

(2)在 Windows 桌面上,双击 360 杀毒软件快捷方式图标。

(3)选择"开始→所有程序→ 360 杀毒→ 360 杀毒"命令。

启动完成后的 360 杀毒软件窗口,如图 2-83 所示。

3. 升级病毒库

每天都有新病毒出现，因此必须确保病毒库是最新的。在 360 杀毒窗口的"产品升级"选项卡（见图 2-84）中，单击 检查更新 按钮将链接到 360 网站更新病毒库。360 杀毒软件默认自动升级，如果要更改升级方式，可单击 修改 按钮。

图 2-83 "病毒查杀"选项卡　　　　　　　图 2-84 "产品升级"选项卡

4. 查杀计算机病毒

在"病毒查杀"选项卡中，单击"快速扫描"、"全盘扫描"或"指定位置扫描"，将开始扫描查杀。其中"快速扫描"只扫描系统文件夹和文件，"全盘扫描"扫描全部盘中的文件夹和文件，"指定位置扫描"只扫描指定位置的文件夹和文件。

扫描过程如图 2-82 所示，可以选中"自动处理扫描出的病毒威胁"复选框，让 360 杀毒软件自动处理。

单击 360 杀毒软件右上角附近的 设置 ，可设置相关选项。

360 杀毒软件还提供了"实时保护"、"工具大全"等功能，可在相关选项卡中设置使用。

2.6.2　安装和使用压缩工具软件

在对文件进行备份和通过网络发送时，为了减少文件的大小，可使用压缩软件进行打包。根据所使用的压缩算法的不同，压缩文件也被区分为不同的格式，相应的也有多种压缩解压缩软件，如 WinRAR、WinZip、7-Zip、WinAce 等。本节介绍的 WinRAR 就是一种常用的压缩和解压缩工具软件。

实例 2.12　安装和使用压缩工具软件

 情境描述

随着工作任务的增多，计算机中相应文件占用的磁盘空间也越来越大，可是磁盘空间是有限的，现在将计算机中一些不太常用的文件先压缩起来以便节省一些磁盘空间。

 任务操作

1. 安装软件

从网络上下载 WinRAR.exe 可执行文件，在资源管理器中双击该执行文件后，弹出安装向导对话框，如图 2-85 所示。单击"安装"按钮，安装后显示关联文件、界面和外壳整合设置对话框，单击"确定"按钮，显示完成对话框，单击"完成"按钮，显示 WinRAR 程序组窗口，可关闭该窗口。

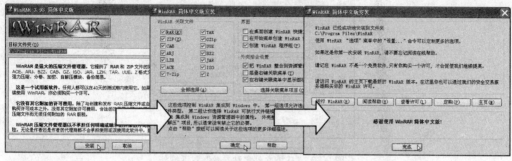

图 2-85　安装 WinRAR

2. 快速压缩文件

如果对压缩包不需要做特别的设置，可以使用 WinRAR 提供的快速压缩方法。方法如下。

在资源管理器窗口中，首先在需要压缩的文件和文件夹上右键单击，在弹出的快捷菜单中单击"添加到'***.rar'"命令，如图 2-86 所示。压缩后在该文件夹中出现一个名为"***.rar"的文件，这个文件就是压缩文件。

3. 快速解压文件

在 Windows 资源管理器中，选择要解压缩的文件，然后右键单击，在弹出的快捷菜单中选择"释放到这里"命令，如图 2-87 所示。如果是在当前目录中创建一个与该文件同名的文件夹，并把压缩文件解压到其中，单击"解压到'文件名'"。

图 2-86　在资源管理器中快速压缩

图 2-87　在资源管理器中快速释放

4. 使用 WinRAR 制作压缩包

运行 WinRAR 程序，显示 WinRAR 窗口，如图 2-88 所示。单击工具栏的驱动器列表更改当前的驱动器，选择要压缩的文件和文件夹，例如"传奇－李健.mp3"。在 WinRAR 窗口顶部单击"添加"按钮，然后"压缩文件名和参数"对话框，如图 2-89 所示，输入目标压缩文件名或直接接受默认名，接着选择新建压缩文件的格式（RAR 或 ZIP）、压缩级别、分卷大小和其他压缩参数。单击"确定"

图 2-88　WinRAR 窗口

按钮开始压缩，最后关闭 WinRAR 窗口。

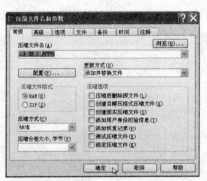

图 2-89　"压缩文件名和参数"对话框

2.6.3　数据备份

大量的数据（如技术资料、个人文档、数码照片等）存储在计算机和网络中，能否保证数据的安全就变得越来越重要。造成数据丢失的原因很多，最常见的有硬件故障、软件故障、误操作、病毒入侵、灾难性事件等。很多人都不注意备份硬盘上的数据，以致在发生问题（比如中毒、硬盘损坏）后丢失大量的重要文件。因此，数据备份是日常必不可少的操作。

备份包括系统备份和数据备份。

（1）系统备份。将操作系统文件备份生成文件保存下来，当系统出现问题时，可以将这个备份文件恢复到备份时的状态。

（2）数据备份。对重要数据资料（如文档、数据库、记录、进度等）备份下来，生成一个备份文件放在安全的存储空间内，当发生数据破坏或丢失时，可将原备份文件恢复到备份时状态。

　在备份数据时，最常用的是备份自己的资料（自己编写的文档、设计的程序、聊天记录、数码照片等），而对于可以下载的程序、资料等内容不需要备份。备份介质有硬盘、移动硬盘、光盘、U 盘、网络硬盘、邮箱等。良好的备份习惯能把损失降到很低，选择性地定期备份，将备份的内容标明时间、分类，方便管理和使用。

实例 2.13　数 据 备 份

　情境描述

装好杀毒软件后，计算机使用起来就安全多了，为了防止文件或数据丢失或毁坏，为此需要将一些重要的文档备份起来。

　任务操作

备份数据的方法有多种，可以使用 Windows 资源管理器、专用的备份软件、Windows 自

带的备份程序（在"附件"的"系统工具"中）等。对于多数用户，最简单实用的方法是在 Windows 资源管理器中，把需要备份的文件和文件夹压缩打包，改名加上备份时的日期，复制到其他存储介质上。例如，要备份"D:\教学资料"文件夹中的所有文件，先使用 WinRAR 压缩，改名为"教学资料 2011-2-18.rar"，然后复制到移动硬盘上。

2.6.4　使用软件备份和恢复操作系统 *

用于备份操作系统的软件有多种，其中最常用的是 GHOST，"一键 GHOST"是一款简化 GHOST 使用的版本，可以对当前系统盘的所有内容进行备份，并且可以在需要的时候将系统恢复到当初备份时的状态。

实例 2.14　使用软件备份和恢复操作系统

 **情境描述**

重新安装 Windows XP 将耗费较长时间和精力，现在就为计算机安装"一键 GHOST"软件备份和恢复操作系统。

 **任务操作**

1. 安装"一键 GHOST"软件

下载得到的"一键 GHOST 硬盘版 .exe"安装文件是一个 .exe 可执行文件，在资源管理器中双击它运行安装程序，弹出安装向导对话框，如图 2-90 所示。在随后出现的对话框中单击"下一步"按钮，直到最后单击"完成"按钮。

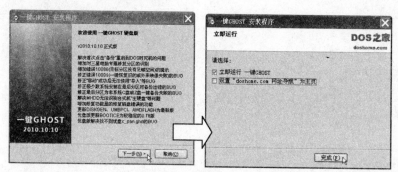

图 2-90　"一键 GHOST 硬盘版 .exe"安装向导对话框

2. 运行"一键 GHOST"软件

① 重新启动系统，自动生成双重启动菜单，选择"一键 GHOST v2010.10.10"，如图 2-91 所示。将分别显示 GRUB4DOS 菜单、MS-DOS 一级菜单、MS-DOS 二级菜单，如图 2-92 所示，一般不用选择，系统会自动选择。

② 根据不同情况（C 盘映像是否存在）会从主窗口自动进入不同的警告窗口。如果不存在 GHO 文件，则出现"一键备份系统"对话框，如图 2-93 所示。如果存在 GHO 文件，则出现"一

键恢复系统"对话框，如图 2-94 所示。

图 2-91　启动系统

图 2-92　GRUB4DOS 菜单、MS-DOS 一级菜单、MS-DOS 二级菜单

③ 按 K 键，程序自动启动 GHOST，显示 Ghost 窗口，如图 2-95 所示，并将系统 C 盘备份到其他硬盘分区中或者恢复系统。备份前要保证有足够空间，并且不要更改 GHO 文件名。

图 2-93　"一键备份系统"对话框　　图 2-94　"一键恢复系统"对话框　　图 2-95　Ghost 窗口

2.7　中文输入法的使用

◎ 汉字编码方法*
◎ 全拼中文输入法的使用，常用的中文输入法

第 1 章介绍了键盘键位，学会了正确的键盘输入指法，会正确使用键盘录入英文字符。在 Windows XP 中提供了多种汉字输入法，本节介绍中文输入的方法。

2.7.1　汉字的编码 *

计算机在处理汉字信息时也要将其转化为二进制代码，这就需要对汉字进行编码。汉字编码包括汉字信息交换码、汉字输入码、汉字内码、汉字字形码、汉字地址码等。

1. 汉字信息交换码

汉字信息交换码用于在汉字处理系统之间或者与通信系统进行交换的汉字编码，是为系统、设备之间交换信息时采用统一的形式而制定的，简称交换码或国标码。例如，计算机与手机之间汉字信息的交换，就需要统一的汉字编码。

2. 汉字输入码

汉字输入码是为了将汉字通过键盘输入计算机而设计的代码，输入码也称外码。汉字输入编码方案很多，其表示形式大多用字母、数字或符号。目前使用广泛的有全拼、简拼、双拼、五笔字型、自然码等，综合起来可分为流水码、音码、形码和音形码等，如全拼属于音码，五笔字型则属于形码输入法，区位码属于流水码。不管采用哪一种输入编码，汉字在计算机中的内码、交换码都是一样的，由该种输入方法的程序自动完成输入码到内码的转换。

3. 汉字内码

汉字内码是指在计算机中表示一个汉字的编码，是供计算机系统内部进行存储、加工处理、传输统一使用的代码，又称为汉字内部码或汉字内码。正是由于机内码的存在，输入汉字时就允许用户根据自己的习惯使用不同的汉字输入码，如拼音、五笔、自然、区位等，进入系统后再统一转换成机内码存储。国标码也属于一种机器内部编码，其主要用途是将不同的系统使用的不同编码统一转换成国标码，使不同系统之间的汉字信息进行相互交换。

4. 汉字字形码

汉字字型码也叫字模或汉字输出码。在计算机内部，只对汉字内码进行处理，不涉及汉字本身的形象——字形。若汉字处理的结果直接供人阅读，则必须把汉字内码还原成汉字字形。一个字符集的所有字符的形状描述信息集合在一起称为该字符集的字形信息库，简称字库。输出不同的字体（如宋、仿、楷、黑等）有不同的字库。汉字内码与汉字字形一一对应，每输出一个汉字，都必须根据内码到字库中找出该汉字的字形描述信息，再送显示或打印。描述汉字字形的方法主要有下面两种。

（1）点阵字型。点阵字形由排成方阵（如 16×16、24×24、$48 \times 48 \cdots$）的一组二进制数字表示一个字符，1 表示对应位置是黑点，0 表示对应位置是空白。16×16 点阵字形常用于屏幕显示，打印输出常用 24×24、40×40、48×48 等甚至 96×96。点阵的数目越多，显示的汉字效果越好，且需要的存储容量也越大。图 2-96 所示为 "中" 字的 16×16 点阵字形示意图。

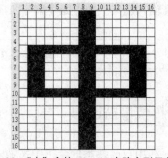

（2）轮廓字形。轮廓字形用一组直线和曲线来勾画字符（如汉字、字母、符号、数字等）的笔画轮廓，记下构成字符的每一条直线和曲线的数学描述（端点和控制点的坐标）。轮廓字符描述的精度高，字形可任意缩放而不变形，也可按需要任意变化。轮廓字形在输出之前必须通过复杂的处理转换成点阵形式。Windows True Type 字库就是典型的轮廓字符表示法。

图 2-96　"中" 字的 16×16 点阵字形示意图

5. 汉字地址码

汉字地址码是指汉字库中存储汉字字型信息的逻辑地址码。它与汉字内码有着简单的对应关系，以简化内码到地址码的转换。

6. 汉字字符集简介

目前，汉字字符集有如下几种。

（1）GB 2312—1980 汉字编码。1981 年 5 月 1 日公布了《信息交换用汉字字符集·基本集》（GB 2312—80），它是一个简化汉字的编码。

（2）Unicode 和 CJK 编码。Unicode（Universal Coded Character Set, UCS）是一种用于使网页和软件界面中的文本具有全球可读性的编码格式，该标准取名为 ISO 10646。在 UCS 中，每个字符用 4 个字节表示，可以安排 13 亿个字符编码，足以容纳世界上的各种文字。

它为世界各国和各地区使用的每个字符提供了一个唯一的编码。其中的 CJK 编码称为中日韩统一汉字编码字符集。

Unicode 编码标准得到了 Microsoft、Oracle、IBM、惠普、康柏等国外巨头的支持和推崇，已经成为开发商普遍使用的编码格式。

（3）GBK 编码。GBK 是又一个汉字编码标准（GB 即国标，K 是扩展），于 1995 年 12 月 1 日颁布。GBK 向下与 GB 2312—1980 编码兼容，向上支持 ISO 10646.1，包括简、繁体汉字等符号。

（4）GB 18030—2000 编码。2000 年 3 月 17 日，我国颁布了最新国家标准 GB 18030—2000《信息技术信息交换用汉字编码字符集基本集的扩充》，是我国计算机系统必须遵循的基础性标准之一。

GB 18030—2000 编码标准是在 GB 2312—1980 和 GBK 编码标准的基础上扩展而成的。支持全部中、日、韩（CJK）统一汉字字符和全部 CJK 扩充的字符，也解决了中国内地使用的 GB 码与中国港台地区使用的 BIG-5 码之间转换的问题。

Windows XP 及 Office XP 以后版本都已经支持 ISO10646 和 GB 18030—2000。

（5）BIG-5 编码。BIG-5 编码是普遍在中国港台地区使用的一种繁体字编码方案，俗称大五码。

2.7.2 全拼中文输入法的使用

Windows XP 提供了 Microsoft 拼音输入法，可以采用全拼、双拼输入汉字，还可以安装其他输入法（如自然码、搜狗拼音、Google 拼音、五笔字型等输入法）。对于广大电脑用户，最好采用拼音输入法，只要会拼音，就能很方便的输入汉字，可以整句录入，而且采用智能词库，大大提高输入速率。缺点是生僻字、不常用字输入要选字。

--- 实例 2.15　使用全拼中文输入法输入汉字 ---

 情境描述

利用自己熟悉的全拼中文输入法输入汉字。

 任务操作

1．选用输入法

用鼠标单击输入法工具栏上的选择输入法按钮 ，显示当前系统已装入的"输入法"菜单，如图 2-97 所示，单击要选用的输入法。

在 Windows 工作环境中，默认情况下可以使用组合键 Ctrl+Space（空格键）进行中英文输入状态的切换，使用 Ctrl+Shift 键在不同的输入法之间切换。

2. 拼音输入法的使用

如果对汉语拼音熟练，可以使用全拼输入法。按规范的汉语拼音输入，输入过程与书写汉语拼音的过程完全一致。在输入的过程中，可以按词输入，词与词之间用空格或者标点隔开。如果不会输词，可以一直写下去，超过系统允许的字符个数时，系统将响铃警告。在输入词组时，要注意隔音符号的使用。例如，需要输入"我是一名学生"，可以输入"woshiyimingxuesheng"，如图 2-98 所示。按空格键，则显示在输入文本中。

图 2-97　选择输入法

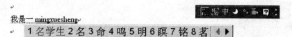

图 2-98　输入拼音

如果提示的内容与希望的不同，可按 Backspace 键返回，并按提示依次选择希望的文字。如果提示的同音字较多，而且第一屏没有希望的文字，可按键盘上得"+"、"−"键向后或向前"翻页"查找，找到后按对应的数字键完成输入（在第 1 位的文字，可按 Space 键完成输入）。

使用这种方法完成输入后，当再次使用同样的编码时，系统会自动显示该词，体现了"智能"输入法的特点。

3. 大、小写切换

在输入汉字时，应将键盘处于小写状态，并且确保输入法状态框处于中文输入状态。在大写状态下不能输入汉字，利用 CapsLock 键可以切换大、小写状态。单击输入法工具栏上的"中"或"英"按钮可以切换中文、英文。

4. 中文或英文标点

要输入中文标点，输入法工具栏必须处于中文标点输入状态，即逗号和句号应是 （空心）。

5. 全角和半角

英文字母、数字字符和键盘上出现的其他非控制字符有全角和半角之分。全角字符就是一个汉字。当处于半角状态时，该按钮为月亮状 ，单击该按钮，则变为正圆状 ，这时即为全角输入状态。

综合技能训练一　文字录入训练

文字录入主要包括英文录入和汉字录入。不管是英文输入还是汉字输入，都要掌握键盘指法，熟练操作，以提高录入速度。

任务描述

计算机应用中，文字录入是一项基本技能，为此要熟练操作键盘，实现英文、汉字的快速录入。

 技能目标

- 熟练掌握键盘录入的指法。
- 熟练掌握全拼汉字录入法。
- 通过文字录入训练，逐步提高文字录入速度。

 环境要求

- 硬件：奔腾、速龙以上 CPU，1GB 以上内存，10GB 以上硬盘，14 英寸以上显示器，USB 接口，打印机等。
- 软件：Windows XP 中文版操作系统。

 任务分析

文字录入训练如下。

① 熟悉键盘的布局。

② 键盘操作指法和英文输入。

③ 全拼汉字录入法和汉字录入。

任务一　熟悉键盘的布局

键盘的布局知识参见第 1 章 1.4.4 节中的内容。

任务二　键盘操作指法

键盘的操作指法等相关知识可参见第 1 章 1.4.3 节中的内容。

任务三　全拼汉字录入法

"智能 ABC"输入法是一种易学易用的汉字输入法，只要会拼音或了解汉字的书写顺序就能进行汉字输入，因此拥有极为庞大的用户群。

1."智能 ABC"输入法的状态条

选用了智能 ABC 输入法后，将在屏幕左下角出现由若干个按钮组成的"智能 ABC"输入法的状态条，如图 2-99 所示。

输入法状态条表示当前的输入状态，可通过单击上面的按钮来切换状态，其含义如下。

中英文切换按钮：用来表示当前是否进行中文输入。单击该按钮一次，该按钮变为 ，表示当前可以进行英文输入。再单击该按钮一次，该按钮变为 ，表示当前可以进行中文输入。

标准 / 双打切换按钮：用来表示当前是以标准（拼音）方式输入，还是以双打方式输入。

全角 / 半角切换按钮：用于输入全角 / 半角字符。单击该按钮一次即进入全角字符输入状态，全角字符即按汉字的显示形式，再单击该按钮回到半角字符状态。

中英文标点切换按钮：表示当前输入的是中文标点还是英文标点。

软键盘按钮：单击该按钮打开软键盘，可以通过软键盘输入许多键盘上没有的符号，给用户提供了方便。右键单击软键盘，打开快捷菜单，可以在菜单上选择不同的软键盘，不同的软键盘提供了不同的键盘符号。

图 2-100 所示为智能 ABC 输入法状态条的不同设置。

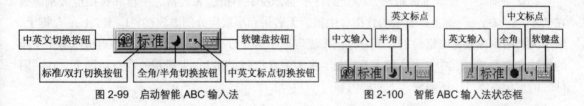

图 2-99　启动智能 ABC 输入法　　　　　　图 2-100　智能 ABC 输入法状态框

在使用智能 ABC 输入汉字时，可采用全拼、简拼、混拼输入、笔形输入和双打输入。

2. 全拼输入

如果对汉语拼音比较熟练，可以使用全拼输入法。按规范的汉语拼音输入，输入过程和书写汉语拼音的过程完全一致。在输入的过程中，可以按词输入，词与词之间用空格或者标点隔开。如果不会输词，可以一直写下去，超过系统允许的字符个数时，系统将响铃警告。在输入词组时，要注意隔音符号的使用。

例如，需要输入"我是一名可爱的女生"，可以输入"woshiyimingkeaidenvsheng"，按空格键在提示框中出现"我是一名可爱的女生"，再次按空格键，则显示在输入文本中。

如果屏幕提示的内容与希望的不同，可按 Backspace 键返回，并按屏幕提示依次选择希望的文字。如果屏幕提示的同音字较多，而且第一屏没有希望的文字，可按"+"、"-"号键向后或向前"翻页"查找，找到后按对应的数字键完成输入（在第 1 位的文字，可按〈Space〉键完成输入）。

使用这种方法完成输入后，当再次使用同样的编码时，系统会自动显示该词，体现了"智能"输入法的特点。

3. 用简拼、混拼法输入汉字

（1）简拼输入。

输入词组"计算机"，简拼为"jsj"。"笔记本"的简拼为"bjb"。

输入词组"北京"的简拼为"bj"。

（2）混拼输入。

输入词组"以前"，编码为"yiq"。输入词组"奥运会"，编码为"aoyh"。

第2章

操作系统 Windows XP 的使用

评价交流

学生自我评价表

实 训 内 容	完 成 情 况	难点、问题	总　　结
熟悉键盘的布局			
键盘操作指法			
全拼汉字录入法			

拓展训练一　基准键训练

　　指法训练时注意基本键指法，即开始打字前，左手小指、无名指、中指和食指应分别虚放在"A、S、D、F"键上，右手的食指、中指、无名指和小指应分别虚放在"J、K、L、；"键上，两个大拇指则虚放在空格键上。练习时，按规定把手指分布在基准键上，有规律地练习每个手指的指法和键盘感。其中 F 和 J 键上有突起，将两手食指固定其上，大拇指放在空格键上。在"附件"的"记事本"中练习输入下面的内容：

fff　fff　fff　jjj　jjj　jjj　ddd　ddd　ddd　kkk　kkk　kkk　sss　sss　sss　lll

lll　lll　aaa　aaa　aaa　;;;　;;;　;;;　sdf　sad　dsa　dsa　jlk　jlk　klj　lk　ass

add　all　all　dad　das　sdf　ask　ask　fall　sak　dlk　lad　lad　lss　las　sls

lsl　sls　ad　sad　fla　fasd　kjlk　l;kds　asda　sdfd　klj;　kljj　aksd　al;sf

aasd　lj;s　asfd　;lkj　jkl;　asfd　;lkj　skdl　a;sl　afdk　lasd　jl;a　asd;k　;sdf

拓展训练二　指法综合训练

　　按照正确指法，在"附件"的"记事本"中输入下面的英文短文，以巩固指法。该短文可反复练习，以提高输入速度和准确率。

Fox and cock

　　One morning a fox saw a cock.He thought,"This is my breakfast."

　　He came up to the cock and said,"I know you can sing very well.Can you sing for me?"The cock was glad. He closes his eyes and began to sing.The fox saw that and caught him in his mouth and carried him away.

　　The people in the field saw the fox.They shouted："Look,look!The fox is carrying the cock away."

　　The cock said to the fox,"Mr Fox,do you understand?The people say you are carrying their cock away.Tell them it is yours.Not theirs."

　　The fox opened his mouth and said,"The cock is mine,not yours."Just then the cock ran away from the fox and fled into the tree.

拓展训练三　输入中文短文

在"附件"的"记事本"中请输入下面的短文。

以感恩的心面对失败

　　史蒂文斯曾经是一名在软件公司干了 8 年的程序员，正当他工作得心应手时，公司却倒闭了，他不得不为生计重新找工作。这时，Microsoft 公司招聘程序员，待遇相当不错，史蒂文斯信心十足地去应聘。凭着过硬的专业知识，他轻松过了笔试关，对两天后的面试，史蒂文斯也充满信心。然而，面试时考官的问题却是关于软件未来发展方向方面的，这点他从来没有考虑过，故遭淘汰。

　　史蒂文斯觉得 Microsoft 公司对软件产业的理解，令他耳目一新，深受启发，于是他给公司写了一封感谢信。"贵公司花费人力、物力，为我提供笔试、面试机会，虽然落聘，但通过应聘使我大长见识，获益匪浅。感谢你们为之付出的劳动，谢谢！"这封信后来被送到总裁比尔·盖茨手中。3 个月后，Microsoft 公司出现职位空缺，史蒂文斯收到了录用通知书。十几年后，凭着出色业绩，史蒂文斯成了 Microsoft 公司的副总裁。

　　面试失败后，仍不要放弃，求职者还有起死回生的机会。如对招聘公司的辛勤劳动给予感谢，合情合理，还能反映出与众不同的作风，容易给用人单位留下深刻印象。当公司一旦出现职位空缺，或许首先想到的就是你。

综合技能训练二　个人计算机组装

通过自己动手组装计算机，熟悉计算机硬 / 软件系统。

 任务描述

王美丽同学为了更好地学习计算机知识，准备自己组装一台计算机。怎样才能购买和组装一台适合自己的计算机呢？

 技能目标

- 熟悉当前计算机市场的主流机型，能合理配置适合自己工作的机型。
- 熟悉计算机的组装步骤和方法，具有初步的调试和故障诊断知识。
- 熟悉 BIOS 设置、Windows XP 的安装、硬件驱动程序的安装和常用软件的安装。

 环境要求

- 工作台：装机过程使用的工作台。
- 用于组装计算机的相关配件：包括 CPU、CPU 风扇、主板、硬盘、光驱、显卡、机箱电源、键盘鼠标、显示器、各种数据线和电源线等。

- 组装工具：十字口螺钉旋具。
- 软件：Windows XP 安装光盘、主板、显示卡、声卡等驱动程序光盘、测试软件、查杀计算机病毒软件和系统备份还原软件。

 **任务分析**

① 了解选择计算机部件的原则，根据用途开列计算机硬件清单。

② 组装计算机硬件。

③ 安装操作系统。

④ 会用软件维护并检测计算机系统。

⑤ 在计算机中安装和使用病毒防治软件。

⑥ 为计算机安装系统备份还原工具软件，并制作系统的备份。

任务一　开列计算机硬件清单

1. 选择计算机部件的原则

一般根据用途来选计算机部件的配置，大致可分为如下 3 大类。

（1）上网、写论文等应用。此类应用是对计算机的性能要求并不高，只要计算机能够流畅运行就完全可以胜任这样的用途，因此在配置选择方面，以低价、好用为主，保证能够在接下来的两三年内都能够流畅的运行就可以了。此类应用的计算机配置价格较低，3 000 元左右就能满足需要。

（2）软件开发、平面设计等应用。软件开发、平面设计等应用主要是需要 CPU、显卡的性能，所以 CPU 性能要强，内存要大，显卡要支持显卡加速。此类应用的计算机配置适中，价格在 5 000 元左右。

（3）高性能游戏应用。大型逼真的游戏对于微机硬件配置的要求较高，游戏平台更注重整体的平衡性，而且越来越多的游戏将依赖多核心处理器。此类应用的计算机配置最高，价格在 8 000 元左右。

2. 根据用途开列计算机硬件清单

对于学生，其应用主要在学习上网、写论文，软件开发、平面设计等应用，下面就以这两项应用为例，开列两份硬件配置清单。

上网、写论文等应用配置		价格（元）	软件开发、平面设计等应用		价格（元）
CPU	AMD X2 250	385	CPU	Intel i5 750	1 375
主板	微星 880GM-E41	599	主板	映泰 TH55B HD	599
显卡	集成	—	显卡	影驰 GT430 虎将版	499
内存	金士顿 DDR3 2GB	150	内存	金士顿 DDR3 2GB×2	300
硬盘	希捷 500GB 单碟	260	硬盘	希捷 1TB	380
光驱	先锋 DVD-231D	139	刻录机	LG GH24NS50	190
显示器	AOC e2043F	799	显示器	AOC iF23	1 199
键鼠	罗技 MK200	99	键鼠	雷柏 N3900	88
电源	多彩 DLP-385A	125	电源	航嘉冷静王 Win7 版	258
机箱	动力火车绝尘侠 X3	180	机箱	技展彩钢 9 号	178
合计		2 736	合计		5 066

任务二　组装计算机硬件

1. 安装 CPU 和 CPU 风扇

在主板处理器插座上插入所需的 CPU，并安装 CPU 散热风扇，安装步骤如下。

（1）将主板上 CPU 插座旁边的手柄轻微向外掰开，同时抬起手柄，此时 CPU 插座会向旁边发生轻微侧移，这表明 CPU 可以插入了，如图 2-101 所示。

（2）将 CPU 从包装盒中取后，观 CPU 的四个角中，有一个角的表面上有三角标志，而在主板的 CPU 插座上面也有对应的三角标志，如图 2-102 所示。

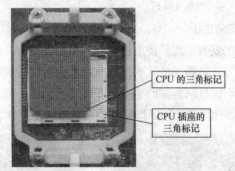

图 2-101　抬起手柄　　　　　图 2-102　CPU 与 CPU 插座的三角标志

（3）将 CPU 针脚向下，按照三角标记的方向将 CPU 放入到 CPU 插座中，如图 2-103 所示。

（4）用手指将 CPU 轻轻按平到 CPU 插座上，并下压手柄固定 CPU，如图 2-104 所示。

（5）取出散热膏（硅脂），将其均匀的涂抹到 CPU 表面上，薄薄一层即可。

（6）取出 CPU 风扇，然后将风扇对齐放到 CPU 支架上，使之与涂抹散热膏的 CPU 紧密接触，如图 2-105 所示。

图 2-103　将 CPU 插入主板插座　　　图 2-104　下压手柄固定 CPU　　　图 2-105　安装 CPU 散热器

（7）接下来，将散热器两边的金属扣挂在支架对应的卡口内，如图 2-106 所示。

（8）在确定金属扣已经挂在支架上时，再将 CPU 风扇的手柄用力下压，使散热块与 CPU 紧密结合，如图 2-107 所示。

（9）CPU 风扇固定完成后，将风扇电源线插头连接到主板 CPU 风扇的电源插座上，如图 2-108 所示。待电源线插好后，CPU 散热器的安装就完成了。

2. 安装内存条

在主板上安装内存条的操作步骤如下。

（1）在内存条插槽两端分别有一个卡子，并且在内存插槽中间还有一个隔断。用双手把内存条插槽两端的卡子向两侧掰开，如图 2-109 所示。

（2）将内存条中间的凹槽对准内存插槽上的隔断，平行地将内存条放入内存条插槽内，并轻轻地用力按下内存条，如图 2-110 所示。听到"咔"的一声响后，内存插槽两端的卡子恢复到原位，说明内存条安装到位。

图 2-106　将散热器两边的金属扣挂在风扇支架上

图 2-107　扣压散热器手柄

图 2-108　将风扇电源插头连接至主板电源插座

3. 安装主板

主板的安装主要是将主板安装到机箱底板上，具体操作步骤如下。

（1）打开机箱并将其平稳的放在桌面上，找到机箱内安装主板类型的螺丝孔。

（2）取出机箱提供的主板垫脚螺母（铜柱）和塑料钉，拧到这些螺丝孔中，如图 2-111 所示。固定主板所使用的垫脚螺母和其他的螺丝钉不一样，一般是呈黄色的铜柱。

图 2-109　将卡子向两端掰

图 2-110　安装内存条

图 2-111　安装主板垫脚螺母

（3）将机箱上的 I/O 接口的密封片撬掉，并安装由主板提供的 I/O 接口挡板。

（4）将主板一侧倾斜，并用手托住将其放置到机箱内部，如图 2-112 所示。

（5）放置后，观察主板上的螺丝孔是否与刚从拧上的垫脚螺母（铜柱）对齐。待检查主板放置无误后，使用螺丝钉将主板固定到机箱上，如图 2-113 所示。

（6）主板安装到机箱后，将机箱立起来，检查机箱内是否有多余的螺丝钉或其他小杂物。

4. 安装显卡

安装 PCI-E 接口显卡的安装步骤如下。

（1）在主板上将 PCI-E 插槽的卡子向外掰开。然后使用尖嘴钳将机箱背部对应位置上的挡板卸下。

（2）将显卡金手指的那一端对准 PCI-E 插槽，并将显卡输入端对准挡板，将显卡向下按，如图 2-114 所示。

图 2-112　放置主板

图 2-113　拧紧主板螺丝

图 2-114　安装显卡

（3）显卡插入插槽中后，显卡有外接接口的一端正好搭在机箱的板卡安装位上，挑选螺钉固定显卡，如图 2-115 所示。

5. 安装光驱和硬盘

安装光驱和硬盘的步骤如下。

（1）将机箱上面，光驱位置的前挡板去掉。然后将光驱正面向前，接口端向机箱内，从机箱前面缺口中滑入机箱内部，如图 2-116 所示。

图 2-115　固定显卡

（2）调整光驱的位置，使光驱螺丝孔对准托架上的螺丝孔。然后，分别在机箱两侧拧上螺丝，以固定光驱，如图 2-117 所示。

（3）光驱安装结束后，再安装硬盘。用手托住硬盘，标签面朝上将硬盘对准 3.5 英寸固定架的插槽，轻轻地将硬盘往里推，直到硬盘的四个螺丝孔与机箱上的螺丝孔位置合适为止，如图 2-118 所示。

图 2-116　安装光驱　　　　　图 2-117　固定光驱　　　　　图 2-118　安装硬盘

（4）在配送的螺丝钉中，选择合适的螺丝钉将其拧紧在硬盘的螺丝孔内，如图 2-119 所示。

6. 连接内部电源线

（1）主板供电线路的连接。用手捏住 24 孔电源插头，对准主板的供电接口，缓缓的用力向下压，如图 2-120 所示，听到"咔"的一声时，表明插头已经插好。

（2）CPU 供电线路的连接。CPU 供电接口的连接方法也很简单，在机箱电源线中找到此连线，将其插在对应的插座中，如图 2-121 所示。

图 2-119　固定硬盘　　　　图 2-120　连接主板电源线　　　　图 2-121　连接 CPU 供电线路

（3）连接光驱和硬盘的供电接口。

① 在机箱电源线中找一根 D 型的电源线，对准光驱的电源接口插槽连接，如图 2-122 所示。由于电源线插头为梯形，光驱电源接口插槽也是梯形，如果方向错误，则无法插入。

② 在机箱电源线中找一根 D 型的电源线，对准硬盘的电源接口插槽连接，如图 2-123 所示。

7. 连接内部数据线

（1）连接光驱数据线。

① 取出 IDE 数据线，将数据线黑色接头与光驱 IDE 接口相连。此处，IDE 接口也有防误插设计，插反或插错都是插不进去的，如图 2-124 所示。

② 将数据线的蓝色接口端对准主板上的 IDE 插槽，然后用手适当的用力按下去，如图 2-125 所示。由于在数据线接口的一侧有个凸出的塑料块，而在主板 IDE 插槽一侧有一个缺口，所以方向错误是插不进插槽的。

图 2-122　连接光驱电源线　　　图 2-123　连接硬盘电源线　　　图 2-124　连接光驱数据线

（2）连接 SATA 硬盘数据线。

① 取出 SATA 硬盘数据连接线，将 SATA 数据线的一段连接至硬盘的数据线接口中。此接口做了防误插设计，方向错误是插不进去的，如图 2-126 所示。

② 将 SATA 数据线的另一端连接至主板的 SATA 接口中，如图 2-127 所示。

图 2-125　将数据线连接至主板　　图 2-126　连接硬盘 SATA 数据线　　图 2-127　将硬盘 SATA 数据线连接至主板

8. 连接前置面板

在机箱中的信号系统线和控制线包括前置 USB 接口线、电源开关线、电源指示灯线、硬盘指示灯线和扬声器线。图 2-128 所示的就是本例中前置面板的所有接头，包括 POWER SW、POWER LED、RESET、SPEAKER、HDD LED、SPK/MIC 等。要将这些连线正确插接到主板对应的插针上，机箱的前置面板才能正常使用。另外，不同品牌的主板在设计这些插针的位置时都有所不同。用户在插接时，一定要参照主板说明书来操作，图 2-129 所示的就是正确插接后的样子。

9. 连接外部设备

不同品牌的主板背部 I/O 设备接口会有所不同，本例中主板背部接口如图 2-130 所示，这里提供了 PS/2 鼠标键盘、同轴音频、USB、打印机、显示器、音频输出等接口。

　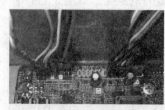　

图 2-128　前置面板的接头　　图 2-129　正确插接前置面板接头　　图 2-130　机箱背部的接口

（1）连接鼠标键盘。一般情况下，普通的 PS/2 接口中鼠标为绿色接口，键盘为紫色接口。在连接鼠标键盘时，把插头上面的箭头对准机箱后面键盘插座的凹洞，轻轻用力即可插上。假如用户使用的是 USB 接口的键盘鼠标，只需将其插入机箱背部的 USB 接口即可。

（2）连接显示器。液晶显示器已经成为市场的主流，而液晶显示器都提供 DVI 接口的插头，如图 2-131 所示。用户将该插头插入显卡背部相同接口类型的插座，再将旁边的两个螺丝慢慢拧紧即可。

（3）连接音频设备。机箱背部的音频输入 / 输出接口旁边都有耳机、麦克风等标识，用户只需将音箱、话筒等外接插口插入对应的插孔即可。

10. 开机测试和收尾工作

开机测试前，用户应该将所有的设备安装完成，然后接上电源，检查是否异常，其操作步骤如下。

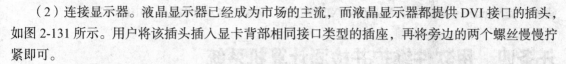

（1）将电源线的一端连接到交流电插座上，另一端插入到机箱电源的插口中。

图 2-131　DVI 插头

（2）再重新检查所有连接的地方，有无错误和遗漏。

（3）按下机箱的 POWER 电源开关，可以看到电源指示灯亮起，硬盘指示灯闪烁，显示器显示开机画面，并进行自检，到此硬件组装就成功了。

　　假如开机加电测试时，没有任何警告音，也没有一点反应，则应该再重新检查各个硬件的插接是否紧密，数据线和电源线是否连接到位，供电电源是否有问题，显示器信号线是否连接正常等。

（4）待计算机通过开机测试后，切断所有电源。使用捆扎带对机箱内部所有连线分类整理，并进行固定。整理连接线时应注意，尽量不要让连线触碰到散热片、CPU 风扇和显卡风扇。

（5）所有工作完成后，将机箱挡板安装到机箱上，拧紧螺丝钉即可。至此，一台完整的计算机就组装完成了，如图 2-132 和图 2-133 所示。

图 2-132　计算机正面

图 2-133　计算机背面

任务三　安装操作系统

计算机硬件组装完成并自检成功后，在安装 Windows 前可以设置相关的 BIOS 配置。目前 BIOS 的功能越来越强，越来越智能，需要用户自己设置的项目越来越少，许多项目 BIOS 可以自动配置。在安装 Windows 前，只需设置一项，在 Advanced BIOS Features（高级 BIOS 设置）中，将 "First Boot Device" 选项设置为 "CDROM" 选项，即光驱为第一引导设备。然后，保存设置并退出 BIOS 设置界面。

目前计算机用户常用的操作系统有 Windows XP、Windows 7 等，如果计算机硬件是近年的产品，且性能强大，可安装最新的操作系统，如 Windows 7；如果计算机硬件是前几年的产品，

建议安装 Windows XP。安装 Windows XP 的方法，请参考本章 2.1.3 小节中的内容。

任务四　用软件维护并检测计算机系统

安装完成 Windows 操作系统后，为了判断硬件产品的性能，可通过软件检测系统，常用的检测软件有 CPU-Z、WCPUID、CPUInfo、HWiNFO32 等。下面介绍 CPU-Z 软件的使用。

CPU-Z 是检测 CPU、主板、内存、显卡等详细信息的免费工具软件，CPU-Z 可以在 Windows 下直接运行，不需要安装。执行 CPU-Z 后，默认显示 CPU 选项卡，如图 2-134 所示。可以单击其他选项卡来显示相关内容。

图 2-134　CPU-Z 中显示的参数

任务五　安装和使用病毒防治软件

安装完成 Windows 后的第一件事，就是安装病毒防治软件。只有安装病毒防治软件后，才能在随后安装其他软件和上网过程中，有效保护系统的安全。其安装和使用方法请参考本章 2.6.1 小节中的内容。

任务六　安装系统备份还原工具软件，并制作系统的备份

当安装配置好 Windows 系统，安装好常用的软件后，就要把这个系统环境保存起来，以备将来系统出现问题后快速恢复到这个状态。因为通过安装来恢复系统要耗费较长的时间和精力，而通过备份系统来恢复系统，能快速、简单地实现。其安装、备份和恢复的方法请参考本章 2.6.4 小节中的内容。

评价交流

学生自我评价表

实 训 内 容	完 成 情 况	难点、问题	总　　结
了解选择计算机部件的原则，根据用途开列计算机硬件清单			
组装计算机硬件			
安装操作系统			
会用软件维护并检测计算机系统			
安装和使用病毒防治软件			
安装系统备份还原工具软件，并制作系统的备份			

拓展训练一　根据用途开列计算机硬件清单

市场调查与模拟购机。在模拟购机时，可假设自己购机的应用范围，如教学用、设计用等；然后做一个预算，如准备投入资金 3 000 元、6 000 元等。接下来就是上网找一些配件，先自己拟订一份清单，在清单中尽可能详细地写明部件名称、品牌型号和价格。然后到计算机配件市场，请商家为你列出详细的配置清单。

拓展训练二　用软件检测计算机系统

下载并安装 CPU-Z 等检测软件，通过查看检测软件中显示的信息，了解硬件配置。

一、填空题

1. 在 Windows XP 中，文件名最长可以达到 ＿＿＿＿＿＿ 个字符。

2. 在 Windows XP 操作中，弹出快捷菜单一般单击鼠标 ＿＿＿＿＿＿。

3. 在 Windows XP 中，按下鼠标左键在不同驱动器不同文件夹内拖动某一对象，结果是 ＿＿＿＿＿＿ 该对象。

4. 在 Windows XP 中，如要需要彻底删除某文件或者文件夹，可以按 ＿＿＿＿＿＿ 和 Delete 组合键。

5. Windows XP 中要改变某文件夹的名称，也可以鼠标 ＿＿＿＿＿＿ 这个文件夹图标，在弹出的快捷菜单中选择"重命名"命令，然后输入新名。

二、选择题

1. 操作系统是一种 ＿＿＿＿＿＿。

    A. 应用软件　　　　　　　　　B. 高级语言

    C. 系统软件　　　　　　　　　D. 数据库管理系统

2. Windows XP 中，当一个应用程序窗口被最小化后，该应用程序 ＿＿＿＿＿＿。

    A. 被转入后台执行　　　　　　B. 被暂停执行

    C. 被终止执行　　　　　　　　D. 继续在前台执行

3. 在 Windows XP 中删除某程序的快捷键方式图标，表示 ＿＿＿＿＿＿。

    A. 既删除了图标，又删除该程序

    B. 只删除了图标而没有删除该程序

    C. 隐藏了图标，删除了与该程序的联系

    D. 将图标存放在剪贴板上，同时删除了与该程序的联系

4. Windows XP 中，选定多个连续的文件或文件夹，应首先选定第一个文件或文件夹，然后按 ＿＿＿＿＿＿ 键，单击最后一个文件或文件夹。

    A. Tab　　　　　　　　　　　B. Alt

    C. Shift　　　　　　　　　　D. Ctrl

5. Windows XP 中，对文件和文件夹的管理常通过是通过 _____ 来实现的。

    A. 对话框   B. 剪切板

    C. 资源管理器或我的电脑   D. 控制面板

6. 在 Windows XP 中，为了显示"显示器属性"对话框以进行显示器的设置，下列操作中，正确的是 _____。

    A. 用鼠标右键单击"任务栏"空白处，在弹出的快捷菜单中选择"属性"项

    B. 用鼠标右键单击桌面空白处，在弹出的快捷菜单中选择"属性"项

    C. 用鼠标右键单击"我的电脑"窗口空白处，在弹出的快捷菜单中选择"属性"项

    D. 用鼠标右键单击"资源管理器"窗口空白处，在弹出的快捷菜单中选择"属性"项

7. 在 Windows XP 窗口中，单击鼠标右键出现 _____。

    A. 对话框   B. 快捷菜单

    C. 文档窗口   D. 应用程序窗口

8. Windows 中将信息传送到剪贴板不正确的方法是 _____。

    A. 用"复制"命令把选定的对象送到剪贴板

    B. 用"剪切"命令把选定的对象送到剪贴板

    C. 用 CTRL + V 把选定的对象送到剪贴板

    D. Alt + PrintScreen 把当前窗口送到剪贴板

9. 在 Windows XP 中，要选定多个连续的文件，错误的操作是 _____。

    A. 单击第一个文件，按下 Shift 键不放，再单击最后一个文件

    B. 单击第一个文件，按下 Ctrl 键不放，再单击最后一个文件

    C. 按下 Ctrl+A，当前文件夹中的全部文件被选中

    D. 用鼠标在窗口中拖动，在画出的虚线框中的全部文件被选中

10. Windows XP 中有设置、控制计算机硬件配置和修改桌面布局的应用程序是 _____。

    A. Word   B. Excel

    C. 文件管理器   D. 控制面板

第3章

因特网（Internet）应用

21世纪是计算机网络的时代，因特网（Internet）已取代传统的通信方式成为人类最常用的通信媒介，并渗透到人们生活的各个方面，改变着人们的生活理念和生活方式。使用因特网、掌握网络应用已经成为当代人的必备基本技能。

3.1 因特网的基本概念和功能

学习要点

◎ 因特网的基本概念及提供的服务
◎ TCP/IP在网络中的作用*
◎ 配置TCP/IP的参数*

3.1.1 因特网概念及服务

1. Internet 概念

Internet 是一个将世界各地已有的数以万计的计算机及网络互连在一起，所组成的跨越国界、覆盖全球的网络系统。Internet 中文又被称为因特网、互联网。

Internet发展简介

1969 年，Internet 的雏形 ARPAnet 在美国诞生，实现了计算机之间的通信。

1983 年，Internet 的核心协议，当时被称为"异构网络通信协议——TCP/IP"研制成功。

1986 年，美国国家科学基金会（NSF）以 6 台为科研教育服务的超计算机中心为基础，建立了 NSFnet，这是最早的 Internet。

1990 年，位于日内瓦欧洲粒子物理研究室（CERN）成功开发 WWW，为 Internet 实现广域超媒体信息索取和检索奠定了基础。

2. Internet 提供的服务

Internet 最初只能提供信息浏览（WWW）、电子邮件（Email）、文件传输（FTP）、远程登录（TELNET）、电子公告（BBS）等几种基本服务。随着技术发展，Internet 已经能够实现即时通信、网络视频、互联网电视、网络电话、网络支付（银行）、电子商务等服务功能，并将其应用领域扩展到计算机以外的手机、电视等其他智能终端设备。

3.1.2 TCP/IP*

1. TCP/IP 作用

TCP/IP 是 Internet 的基本协议，用以实现 Internet 中各种计算机和网络系统的通信互连。TCP/IP 制定了网络传输的规则，在应用 Internet 时，要顺利访问网络资源，需要正确配置 TCP/IP 参数。

2. 配置 TCP/IP 参数

实例 3.1 配置 TCP/IP 参数*

 情境描述

办公室新配备了一台计算机，硬件和网络线缆都已连接好，已安装 Windows XP 操作系统，办公室的网络环境也已搭建好，现在需要配置计算机的网络参数，使其能够访问网络资源。配置内容如下。

IP 地址：192.168.1.110，子网掩码：255.255.255.0，默认网关：192.168.1.1，首选 DNS 服务器：202.96.64.68，备用 DNS 服务器：202.96.69.38。

 任务操作

（1）选择"开始→控制面板"命令，在"控制面板"窗口中双击"网络连接"图标，打开"网

络连接"窗口（也可用鼠标右击桌面上的"网上邻居"图标，在快捷菜单中选择"属性"命令，打开"网络连接"窗口），如图 3-1 所示。

（2）然后用鼠标右击"本地连接"图标，在快捷菜单中选择"属性"命令，弹出"本地连接 属性"对话框，如图 3-2 所示。

图 3-1　网络连接窗口

（3）选中"Internet 协议（TCP/IP）"选项，然后单击"属性"按钮，在弹出的"Internet 协议（TCP/IP）属性"窗口中填写相应信息，如图 3-3 所示。然后单击"确定"按钮，完成 TCP/IP 参数配置。

图 3-2　本地连接属性窗口

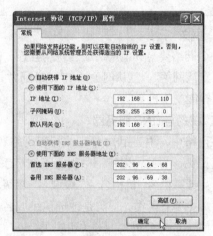

图 3-3　Internet 协议（TCP/IP）属性窗口

 知识与技能

1．IP 地址

（1）IP 地址概念。IP 地址是标识网络中计算机或网络的地址，用二进制数表示，长度有 32 位（IPV4）和 128 位（IPV6）两种，当前主要使用的是 32 位的 IPV4 地址。32 位的 IP 地址标识分为 4 段，每段用圆点隔开的十进制数字组成，每个十进制数的取值范围是 0 ～ 255，如 192.168.1.110。

目前，因特网上的 32 位的 IPV4 地址资源已经耗尽，未来数年内，将过渡到 128 位的 IPV6 地址。

（2）IP 地址分配方式。IP 地址分配可以分为静态地址和动态地址两种。静态地址是由网络管理员预先分配的固定 IP 地址。动态地址是由网络中的 DHCP 服务器随机分配的一个空闲的地址，每次上网时都可能会改变。

DHCP 是动态主机配置协议的英文缩写，是 TCP/IP 的组成部分，其功能是通过装载 DHCP 功能的网络服务器为网络中的计算机分配动态的 IP 地址。

2. 子网掩码

子网掩码用于在网络中划分子网。子网掩码是一个 32 位二进制数字，用点分十进制来描述。掩码包含两个域：网络域和主机域，默认情况下，网络域地址全部为"1"，主机域地址全部为"0"，表 3-1 所示为各类网络与子网掩码的对应关系。

表3-1　　　　　　　　　　　　网络和子网掩码的对应关系

网 络 类 别	默认子网掩码
A	255.0.0.0
B	255.255.0.0
C	255.255.255.0

3. 网关

一个网络要与其他网络或因特网互连，需要通过网关来转发数据。在静态地址分配中，需要设置"默认网关"。默认网关的 IP 地址通常是具有路由功能的设备的 IP 地址，如路由器、代理服务器、智能交换机等。

4. 域名与 DNS 服务器

在网络中，主要用 IP 地址来标识网络和计算机，相当于网络中的地址或身份证号。但 IP 地址不便记忆，为此，因特网中引入了域名系统（DNS）。入网的计算机一般都具有类似格式的域名地址：计算机名 . 机构名 . 二级域名 . 顶级域名。其中，一些顶级域名在因特网中已经做了具体的定义。主要有两类，一类是地理顶级域名，如 .cn（中国）、.jp（日本）等；另一类是机构顶级域名，如 .com（公司）、.org（组织）、.edu（教育机构）、.net（网络机构）等。

每一个域名地址都要与 IP 地址对应。如新浪网的 IP 地址是 211.98.132.93，域名地址是 www.sina.com.cn。

实际上，域名地址并不能被网络和计算机直接识别，因此需要有一个翻译，DNS 服务器的作用就实现了域名地址与 IP 地址翻译的功能。在 TCP/IP 参数配置中，一般至少配备两个 DNS 服务器的 IP 地址，分别是"首选 DNS 服务器"和"备用 DNS 服务器"，当 TCP/IP 需要对域名进行 IP 地址的翻译时，首先使用"首选 DNS 服务器"进行翻译，当首选 DNS 服务器失效时，立即启用"备用 DNS 服务器"进行翻译。所以要想正常访问因特网，需要把 DNS 服务器设置好。

课堂训练3.1

将实例 3.1 中的 IP 地址的获取方式由静态地址改为动态获取地址，并使用命令"ipconfig /all"，查看都能获取哪些网络信息？

提示　　如果采用动态获取地址，不仅可以配置TCP/IP参数中IP地址，还可以直接配置默认网关、DNS服务器等参数。

3.2 Internet 的接入

◎ Internet的常用接入方式及相关设备
◎ 根据需要将计算机通过相关设备接入Internet
◎ 无线网络的使用方法*

3.2.1 Internet 接入方式

接入因特网可以通过电话拨号上网、宽带上网、无线上网等方式进行，当前常用的是宽带上网方式，主要有 ADSL 和小区宽带等几种。

3.2.2 接入 Internet

实例 3.2 接入 Internet

 情境描述

公司新建了一个客户服务站，要配备一台可以上网的计算机，计算机已安装好，需要进行配置，接入因特网。

任务分析： 由于是新建立的客户服务站，且只有一台需要上网的计算机，借助电话线使用 ADSL 接入方式是最快捷的方式。

 任务操作

（1）使用 ADSL 方式接入因特网，首先需要在网络运营商（如联通、电信、铁通等）处申请一条电话线，开通 ADSL 业务，并从运营商处获取用户名和密码。然后在计算机上安装好网卡并与 ADSL Modem 连接好，然后在操作系统中建立拨号连接。

（2）选择"开始→控制面板"命令，在"控制面板"窗口中双击"网络连接"图标，打开"网络连接"窗口，如图 3-4 所示，然后单击窗口左侧的"创建一个新的连接"，打开"新建连接向导"对话框，如图 3-5 所示。

图 3-4　网络连接窗口

图 3-5　新建连接向导对话框

（3）单击"下一步"按钮，在网络连接类型对话框中选中"连接到 Internet（C）"选项，如图 3-6 所示。然后单击"下一步"按钮，选中"手动设置我的连接（M）"选项，如图 3-7 所示。

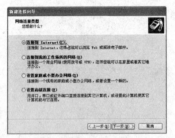

图 3-6　网络连接类型对话框

图 3-7　选中手动设置我的连接

（4）单击"下一步"按钮，选中"用要求用户名和密码的宽带连接来连接（U）"选项，如图 3-8 所示。然后单击"下一步"按钮，输入 ISP 名称，如输入"ADSL 连接"，如图 3-9 所示。

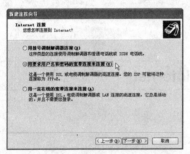

图 3-8　选择 Internet 连接方式

图 3-9　输入 ISP 名称

（5）单击"下一步"按钮，在 Internet 账户信息中输入从网络运营商申请处的"用户名"和"密码"，如图 3-10 所示。最后单击"完成"按钮。选中"在我的桌面上添加一个到此连接的快捷方式"，如图 3-11 所示。

（6）单击桌面上的"ADSL 连接"快捷方式，输入用户名和密码，单击"连接"按钮即可上网，如图 3-12 所示。

图 3-10　输入 Internet 账户信息

图 3-11　完成新建连接

图 3-12　连接 ADSL 对话框

3.2.3　无线网络 *

随着笔记本电脑、智能手机、平板电脑等移动终端设备的的普及、通过无线上网方式的接入 Internet 的业务也在不断地增长。WiFi 和 3G 是当前使用较多的无线上网方式，可用于笔记本电脑和智能手机等便携终端设备接入 Internet。

和宽带上网需要网卡、ADSL Modem 等设备类似，无线上网需要一些必要的组件。图 3-13 所示为一个典型的无线组网示意图。

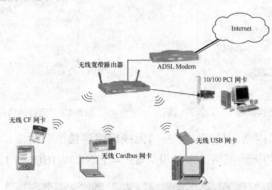

图 3-13　无线接入因特网示意图

（1）工作站。工作站（STA）就是配备了无线网络设备的网络节点。其中具有无线网卡或模块的计算机、智能手机、平板电脑称为无线客户端。无线客户端能够直接相互通信或通过无线访问点（AP）进行通信。无线客户端是可移动的。

（2）无线访问点（AP）。无线访问点（AP）是在工作站和有线网络之间充当桥梁的无线网络节点。可用作无线 AP 的设备主要有专用无线 AP 设备和无线路由器等。

（3）端口。端口是设备的一个通道，可支持单个点对点的连接。具有单个无线网络适配器的无线客户端具有一个端口，只能支持一个无线连接；大多数无线 AP 具有多个端口，能够同时支持多个无线客户端同时连接。

实例 3.3　通过无线网络接入 Internet *

 情境描述

办公室已建立了无线网络系统并接入 Internet，现在有一台安装了无线网卡的笔记本电脑，需要进行系统配置以便无线上网。

任务分析：办公室内建立无线网络系统一般采用 WiFi 制式的无线网络系统，出于信息安全等的原因，无线网络系统需要有一个网络 SSID、加密方式和网络密钥，设置无线上网时，需要事先和网络管理员联系获取这些信息。

任务操作

（1）确认笔记本电脑在无线网络的覆盖区间内，并联系网络管理员获取网络 SSID、加密方式和网络密钥，然后在操作系统中设置无线上网参数。

（2）选择"开始→控制面板"命令，在"控制面板"窗口中双击"网络连接"图标，打开"网络连接"窗口，然后用鼠标右键单击"无线网络连接"图标，从随后打开的快捷菜单中，执行"属性"命令，这样系统就会自动显示"无线网络连接属性"设置对话框，如图3-14所示。

（3）用鼠标选中"无线网络配置"标签，并在随后弹出的标签页面中，用鼠标选中"用Windows来配置我的无线网络配置"复选项，如图3-15所示，启用自动无线网络配置功能。

图3-14 "无线网络连接属性"设置对话框　　　　图3-15 "无线网络配置"标签页

（4）单击"查看无线网络"按钮，打开"无线网络连接"对话框，如图3-16所示。然后选择网络管理员确定SSID的无线网络（本例设为 TP – LINK_WJHOME）。

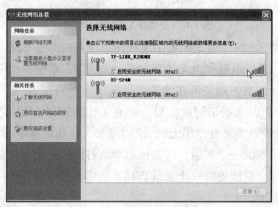

图3-16 "无线网络连接"对话框

（5）双击确定SSID的无线网络，弹出要求输入网络密钥的对话框，如图3-17所示。输入并确诊网络密钥，然后单击"连接"按钮，连无线网络。待"无线网络连接"对话框中选择的SSID无线网络显示"已连接上"字样后，无线上网设置完成，如图3-18所示。

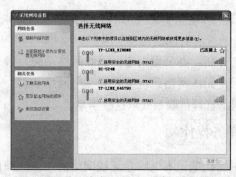

图3-17 输入密钥的对话框　　　　图3-18 无线网络连接成功后的"无线网络连接"对话框

3.3 网络信息浏览

◎ 使用浏览器浏览和下载相关信息
◎ 使用搜索引擎检索信息
◎ 配置浏览器中的常用参数*

3.3.1 使用浏览器浏览和下载相关信息

要访问因特网中的各种海量信息和资源，最常用的方法是浏览网页。浏览网页需要使用浏览器软件。浏览器软件有 Internet Explorer（简称 IE）、FireFox、Oprea、Chrome、Safari 等。其中 Microsoft 公司的 IE 是其中较为常用的浏览器之一。

实例 3.4　浏览网页，保存网页和图片并下载相应资源

 情境描述

查询当天的重要新闻事件，保存需要的信息和图片。如遇到喜欢的资源，下载到本地计算机中。

 任务操作

（1）双击桌面上的 Internet Explorer 图标或单击"开始"按钮，选择"程序 → Internet Explorer"命令，启动 IE 浏览器（本书使用的范例是 IE8 浏览器）。

（2）在 IE 浏览器的"地址栏"中输入网址 www.sina.com.cn 并按回车键。显示新浪网主页，如图 3-19 所示。

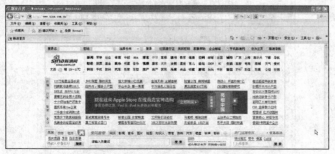

图 3-19　在 IE 中输入网址，打开网页

（3）单击网页中的"新闻"链接，进入新浪网的新闻页面，然后选择浏览器菜单栏中"文件菜单→另存为"命令，如图 3-20 所示。在弹出的"保存网页"对话框中指定网页的保存位置和名称。单击"保存"按钮即可保存网页。

图 3-20　保存网页

（4）选择网页中一条感兴趣的图片新闻，并单击链接文字进入该新闻网页，在其中的图片上单击鼠标右键，在弹出的快捷键菜单中选择"图片另存为"命令，如图 3-21 所示。即可完成图片的保存。

图 3-21　保存图片

（5）单击网页中的"下载"链接，进入新浪网的下载页面，选取需要的下载资源链接，打开资源下载网页，单击其中的"点击下载"或"现在下载"字样的链接，弹出下载对话框，如图 3-22 所示，单击"保存"按钮即可开始下载资源。

图 3-22　资源下载

除了可以使用浏览器软件下载网络的资源外，还可以使用专门的下载软件进行下载。如迅雷、网际快车等。在使用时，启动下载软件，可以直接在下载软件中输入下载资源的网址进行下载，也可以在安装完下载软件后，在浏览器软件中使用右键点击下载资源链接，再启动专门下载软件下载。

 知识与技能

（1）网站与网页。通常，人们将因特网上提供信息服务的服务器称为网站。网站中含有图片和文字等信息的文件被称为网页。网站上诸多网页中为首的一个称为主页，主页是网站的默认网页，是浏览该网站时默认打开的页面。

（2）网址（URL）。网址的术语被称为统一资源定位符（URL），用于在因特网中按统一方式指明和定位一个信息资源服务器的地址。当前多使用域名地址作为网址。

（3）超文本标识语言（HTML）。网页是采用一种被称为超文本标识语言（HTML）的格式来创建的。HTML 可以对网页的内容、格式及链接进行描述，HTML 文档本身是文本格式的，可以用文本编辑器都对它进行编辑，也可以使用专用的网页设计工具创建和编辑。

（4）超链接与超文本。在一个网页中，可以从一个网页跳到另一个网页，也可以从当前正在阅读的文档位置跳转到另一个位置。作为跳转连接点的词、短语、图标通常被特殊显示为其他颜色并加下划线，被称为超链接。当鼠标指向超链接时，形状会变成小手状，这是超链接的典型特征。

超文本是指用超链接的方法，将各种不同空间的文字信息组织在一起的网状文本。

（5）超文本传输协议（HTTP）。超文本传输协议（HTTP）是浏览器与信息资源服务器之间传输网页信息的协议。

3.3.2　使用搜索引擎检索信息

实例 3.5　搜索有关"2010 年上海世博会"的内容

 情境描述

公司需要收集一些关于世博会的信息图片和文字，为企业的业务拓展准备资料。

任务分析：网上有关于世博会的信息，有效的利用搜索引擎，可以很方便地查询到相关内容。常用的搜索引擎，主要有百度（www.baidu.com）、谷歌（www.google.com）和必应（www.bing.com）等。

 任务操作

在 IE 浏览器中输入网址 www.baidu.com，打开百度网站。在其中的搜索栏中输入关键字"2010 年上海世博会"，然后单击"百度一下"按钮，如图 3-23 所示。在弹出的界面中单击一个关于上

海世博会的链接就可以查看相关内容，如图 3-24 所示。

知识与技能

搜索引擎概念和操作技巧

1. 搜索引擎概念

搜索引擎是指根据一定的策略、运用特定的程序搜集因特网上的信息，并进行组织和处理后，是为用户提供网络资源信息检索服务的系统。

图 3-23　在百度网站的搜索栏中输入搜索关键字　　　图 3-24　搜索的结果

2. 搜索关键词及使用技巧

关键词是表达所要查找网络资源信息主题的单词或短语。使用关键词可以参照如下方法。

（1）使用加号"+"或空格把几个关键词相连可以搜索到同时拥有这几个关键字段的信息。

（2）给关键词加双引号（半角方式），可以实现精确的查询，使关键字段在查询结果中不被拆分。

（3）组合的关键词减号"－"连接，在查询结果中不会显示"－"后的关键字查询信息。

课堂训练3.2

上网搜索你感兴趣的信息，并尝试不同的搜索关键词组合方式。

3.3.3　配置浏览器中的常用参数*

浏览器可以根据用户的使用需要进行修改，如主页的设置、保存或删除历史记录、进行安全设置等。

知识与技能

1. 设置主页

在 IE 浏览器中，选择"工具→ Internet 选项"命令，弹出如图 3-25 所示的"Internet 选项"对话框。

在"地址（R）"输入框中输入欲设置的主页地址，单击"确定"按钮即可。

2. 删除历史记录

（1）删除上网期间的临时文件，可以单击如图 3-25 中的"删除（D）"按钮。

（2）如果保证上网期间的隐私不至泄漏，可以勾选"退出时删除浏览历史记录"选项。

3. 进行安全设置

在"Internet 选项"对话框中，选取"安全"标签页，选取"可信站点"图标，调整"该区域的安全级别"滑块，可以设置浏览器在浏览网页时的安全级别，如图 3-26 所示。一般来说，级别越高，在浏览网页时可能受到的安全攻击越小，但相应的，一些特殊网站可能无法访问。

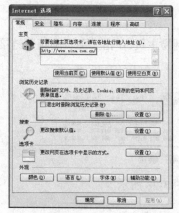

图 3-25　Internet 选项对话框

图 3-26　Internet 选项对话框安全标签页

3.4　电子邮件管理

◎ 申请电子邮箱

◎ 收发电子邮件

◎ 使用常用电子邮件管理工具*

电子邮件是因特网最重要的应用之一，通过电子邮件，可以实现与网上任何人的离线交流，不仅可以传送文本，还可以传送图像、声音、视频等各种类型信息。

3.4.1　申请电子邮箱

现在，很多的门户网站都提供了免费的电子邮箱服务，下面介绍如何申请免费电子邮箱。

实例 3.6　申请免费电子邮箱

 情境描述

在已经接入因特网的计算机上进行操作，以自己姓名的汉语拼音（后面也可以加几位数码）为用户名在"网易"上申请免费电子邮箱。

 任务操作

（1）在 IE 浏览器中输入网址 www.163.com，打开网易主页，单击"免费邮箱"链接，如图 3-27 所示。

图 3-27　单击"免费邮箱"链接

（2）在弹出的界面中单击"立即注册"链接，如图 3-28 所示。

图 3-28　单击"立即注册"链接

（3）在弹出的界面中填写好注册信息，然后单击"创建账号"按钮，如图 3-29 所示。

（4）出现成功注册页面，如图 3-30 所示。

图 3-29　填写注册信息并单击"创建账号"按钮

图 3-30　注册成功页面

 注意

填入注册信息过程中，带有红色"*"号的项目必须填写。

注册用户名时，如果用户名已经被别人注册过，需要重新指定一个新用户名。

密码提示问题要记清楚，以便在密码丢失时进行密码恢复。

课堂训练3.3

尝试到新浪网站（http://www.sina.com.cn）上再申请一个免费电子邮箱。

3.4.2　收发电子邮件

免费电子邮箱申请完之后，就可以使用该邮箱收发电子邮件。

实例 3.7　使用免费电子邮箱收发电子邮件

 情境描述

利用申请的免费电子邮箱给朋友发一封邮件，内容是："这是我新申请的邮箱，欢迎给我来信。"然后再次登录邮箱，阅读朋友给您的回复邮件。

任务分析：这是典型的收发电子邮件的过程。需要登录邮箱进行相关的操作。

 任务操作

（1）发送邮件。

① 打开网易主页，在主页上填入用户名和密码，然后单击"登录"按钮，如图 3-31 所示。

② 在弹出的界面中单击"进入我的邮箱"按钮，进入邮箱，如图 3-32 所示。

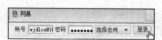

图 3-31　填写登录用户名和密码

图 3-32　登录邮箱

③ 在邮箱界面中，单击"写信"标签，然后填写"收件人"、"主题"、"信件内容"等信息，还可以单击"添加附件"按钮发送文件或照片，确认后单击"发送"按钮，如图 3-33 所示。

④ 然后出现邮件发送成功界面，如图 3-34 所示。

图 3-33　写信界面

图 3-34　邮件发送成功界面

（2）接收邮件。

① 登录邮箱后，单击"收信"标签或"收件箱"链接，可以看到别人发送给你的信件，如图 3-35 所示。

② 单击要查看的信件，可以看到信件的内容，还可以单击"查看附件"、"下载"或"打开"链接查看或下载随邮件发送的文件或照片，如图 3-36 所示。

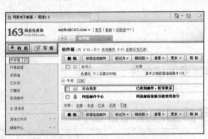

图 3-35 收件箱界面

图 3-36 查看信件内容

 知识与技能

电子邮件地址结构如下：用户名 @ 主机域名。用户名是登录邮件服务器上的登录名，"@"读作：at，主机域名是邮件服务器的域名。例如，wjdlcs@163.com 是一个合法的电子邮件地址，其中 wjdlcs 是用户名，而 163.com 是网易邮件服务器的域名。

在邮件发送时，可以在收件人栏一次填写多个电子邮件地址，每人地址之间用"，"间隔，这样，一封邮件可以一次发给多个收信人，也称为群发。

 课堂训练3.4

使用申请的信箱发送和接收带有附件的电子邮件。

 课堂训练3.5

尝试群发邮件。

3.4.3 常用电子邮件管理工具 *

除了登录邮件网站的形式收发电子邮件外，也可以使用专用的电子邮件管理工具来收发电子邮件。Outlook Express 和 Foxmail 是目前常用的两种收发电子邮件的软件之一。

实例 3.8 使用 Outlook Express 收发电子邮件

 任务操作

（1）配置 Outlook Express 邮箱账户。

① 在桌面上单击任务栏中的"开始"按钮，选择"所有程序→ Outlook Express"命令，启动 Outlook Express，主界面如图 3-37 所示。

② 选择"工具→账户"命令，出现"Internet 账户"设置窗口，单击"添加"按钮，在弹出的菜单中选择"邮件"命令，如图 3-38 所示。

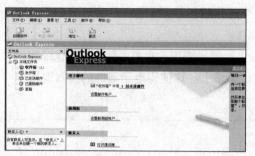

图 3-37　Outlook Express 主界面

图 3-38　Internet 账户窗口

③ 在出现的"Internet 连接向导 – 您的姓名"对话框中输入发送邮件时显示的姓名，并单击"下一步"按钮。然后在"Internet 连接向导 – Internet 电子邮件地址"对话框中输入电子邮件地址，并单击"下一步"按钮，如图 3-39 所示。

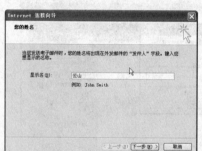

图 3-39　输入显示名称和电子邮件地址

④ 在出现的"Internet 连接向导 – 电子邮件服务器名"对话框中，输入邮件接收服务器地址：pop3.163.com 和发送邮件服务器地址：smtp.163.com，并单击"下一步"按钮。然后在"Internet 连接向导 – Internet Mail 登录"对话框中，输入账户名，不用输入密码，这样在接收邮件时会提示输入密码，增强安全性，单击"下一步"按钮，如图 3-40 所示。

⑤ 最后在弹出的对话框中单击"完成"按钮，可以看到 Internet 账户对话框中增加了一个邮件账户，如图 3-41 所示。

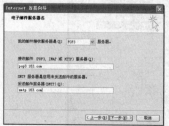

图 3-40　输入收发邮件服务器地址和用户名　　　　图 3-41　刚配置的 Outlook Express 邮件账号

邮件系统传送协议

SMTP（Simple Mail Transfer Protocol）即简单邮件传输协议，它是基于 TCP/IP 的 Internet 协议。SMTP 是发电子邮件的基础，它保证了电子邮件从一个邮件服务器送到另一个邮件服务器。收发邮件的双方必须遵守 SMTP，否则无法互相交流电子邮件。

POP3（Post Office Protocol）即邮局协议，它的主要作用是保证用户将保存在邮件服务器上的电子邮件接收到本地计算机上。这使得电子邮件的接收变得非常简单。

（2）使用 Outlook Expres 接收邮件和发送邮件。

① 单击工具栏上的"发送/接收"按钮，打开登录对话框，输入自己的账号和密码，如图 3-42 所示，就可以在"收件箱"中接收查看邮件。

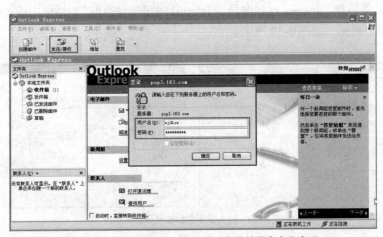

图 3-42　在 Outlook Express 输入邮件的用户名和密码

② 单击工具栏上的"创建邮件"按钮，打开发送邮件窗口，填入"收件人地址"、"主题"和"信件内容"等信息，单击"发送"按钮即可发送邮件，如图 3-43 所示。

③ 在发送邮件窗口中选择"插入→文件附件"命令，选择附件的内容即可，如图 3-44 所示。

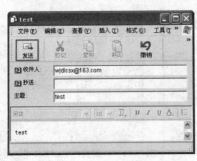

图 3-43　发送邮件

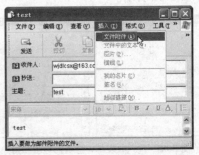

图 3-44　添加附件

3.5 常用网络工具软件的使用

◎ 常用即时通信软件的使用

◎ 应用工具软件上传与下载信息

◎ 远程桌面的概念及其设置方法*

因特网所提供的应用功能是异常强大的，除了信息浏览、电子邮件等功能，还可以实现即时通信、文件上传和下载、远程桌面等功能。

3.5.1 即时通信软件应用

与电子邮件软件不同，即时通信软件是指在因特网上能够观察用户即时状态并允许双向实时沟通的应用软件。通过此类软件，通信的双方即使相隔万里，也能实现的文字、语音、视频等的实时交流。当前主流的即时通信软件有：QQ、UC、Skype、Gtalk、移动飞信等。

实例 3.9 使用 QQ 进行即时通信

 情境描述

下载 QQ 软件，新申请一个 QQ 账号，然后使用 QQ 软件与远方的朋友进行实时通信。

 任务操作

（1）下载并安装 QQ 软件。

① 在 IE 浏览器中输入网址 www.qq.com，打开腾迅网站主页，如图 3-45 所示。单击"QQ 软件"链接，进入网站软件中心页面，下载 QQ 软件（本例使用的是 QQ2010SP2.2 版）并将其安装到计算机中。

② 安装 QQ 软件后，启动 QQ 软件，出现 QQ 登录界面，如图 3-46 所示。

（2）申请 QQ 账号。

① 单击 QQ 软件登录界面账号输入框后面的"注册新账号"或在腾迅网站主页中单击"号码"链接，如图 3-47 所示。

图 3-45　腾讯网站主页

图 3-46　QQ 软件登录界面

图 3-47　QQ 号码申请

② 在打开的网页中按如图 3-48 所示的步骤申请 QQ 免费账号。

第1步

第2步

第3步

图 3-48　申请 QQ 免费账号

③ 申请成功后，申请网页上出现如图 3-49 字样。每人申请的号码是不一样的，要记住这个 QQ 号码。

（3）登录 QQ 并与好友实时传递信息。

① 登录 QQ。在 QQ 软件登录界面输入刚刚申请的账号和密码，单击"登录"按钮即可登录成功，如图 3-50 所示。

图 3-49　QQ 账号申请成功

图 3-50　登录主界面

② 添加 QQ 好友。在"我的好友"字样上单击鼠标右键，在弹出菜单中选择"添加联系人"项，在弹出的对话框中输入好友的 QQ 号码或呢称，然后单击"查找"按钮。填写后面弹出的对话框信息，待对方确认你的请求后即可加入对方为好友，如图 3-51 所示。

③ 传送即时信息。在准备发送消息好友的图标上双击鼠标，在弹出的界面中输入信息，单击"发送"按钮即可向对方发送即时消息。单击 和 两个图标可分别与对方进行视频语音会话和发送文件的操作，如图 3-52 所示。

图 3-51　加入 QQ 好友　　　　　　　　　　　图 3-52　发送信息窗口

课堂训练3.6

与好友们建立一个 QQ 群，加入群中与好友们即时通信。

3.5.2　使用上传与下载工具

在之前曾介绍过在 IE 浏览器中进行文件的下载，但是在下载比较大的文件时速度比较慢，而且一旦网络断线，必须重新下载，非常浪费时间。一些专用于下载的工具软件，如迅雷、网际快车等，不仅可以实现断点续传，还可以通过 P2P 等技术大大加快下载的速度。

实例 3.10　使用迅雷软件进行下载

情境描述

下载迅雷软件并安装到计算机上，然后使用迅雷下载文件。

任务操作

（1）下载并安装迅雷软件。在 IE 浏览器中搜索栏中输入"迅雷软件下载"，然后在搜索结果页面中找到"最新迅雷官方免费下载"的链接并单击，打开迅雷软件下载网页，下载迅雷软件（本例使用的是迅雷 7.12 版）后并将其安装到计算机中。

（2）启动迅雷软件并进行文件下载。

① 启动迅雷软件，界面如图 3-53 所示。

② 在 IE 浏览器中浏览需要下载信息的网页，找到感兴趣的下载资源，在链接上单击鼠标右键，在弹出的快捷菜单中选择"使用迅雷下载"命令，然后在弹出的"新建任务"窗口中，更改存储目录，单击"立即下载"按钮即可下载，如图 3-54 所示。

 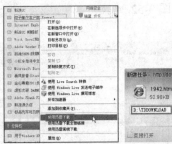 

图 3-53　迅雷软件界面　　　　　　　　　图 3-54　新建迅雷下载任务

实例 3.11　登录 FTP 服务器实现文件上传与下载

 情境描述

（1）使用 Windows XP 文件夹登录 FTP 服务器进行文件的上传和下载。

（2）使用 CuteFTP 软件登录 FTP 服务器实现文件的上传与下载。

任务分析： 文件传输（FTP）是因特网提供的重要服务之一，工作在客户端 / 服务器（C/S）模式下。从客户端向服务器复制文件称为"上传"，从服务器向客户端复制文件称为"下载"。上传时通常需要用户认证，具有权限才可以完成上传操作。因特网上的大多数资源都是通过 FTP 上传到网站服务器上的。

任务操作

（1）使用 Windows XP 文件夹登录 FTP 服务器实现文件的上传与下载。

① 打开一个文件夹，在文件夹的地址栏内输入 FTP 服务器地址，单击"转到"命令，在出现的"登录身份"对话框中输入登录 FTP 服务器所需的用户名和密码，如图 3-55 所示。然后单击"登录"按钮，即可以出现 FTP 服务器界面，如图 3-56 所示。

图 3-55　登录 FTP 服务器　　　　　　　　图 3-56　FTP 服务器界面

② 在 FTP 服务器界面中和本地计算机的文件夹上相互进行文件的"复制"和"粘贴"，可以实现本地计算机与 FTP 服务器间的文件上传和下载。

（2）使用 CuteFTP 软件登录 FTP 服务器实现文件的上传与下载。

① 启动 CuteFTP 软件（本例使用的是 CuteFTP 7.1 版），单击 ✎ 图标，然后输入 FTP 服务器地址、用户名和密码，即可登录服务器，如图 3-57 所示。窗口左侧部分显示本地计算机的内容，右侧部分显示 FTP 服务器的内容。

图 3-57　用 CuteFTP 登录 FTP 服务器

② 在右侧窗口中，选中下载的文件或文件夹，单击鼠标右键，在弹出的快捷菜单中选择"Download"命令，在左侧窗口中设置好存放路径，可以实现文件的下载，如图 3-58 所示。

③ 在左侧窗口中在选择需要上传的文件或文件夹，单击鼠标右键，在快捷菜单中选择"Upload"命令，在右侧窗口中设置好存放路径，如果有权限，即可实现文件的上传，如图 3-59 所示。

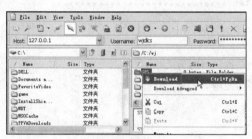

图 3-58　使用 CuteFTP 下载文件

图 3-59　使用 CuteFTP 上传文件

3.5.3　远程桌面 *

使用 Windows XP 上的远程桌面功能，用户可以借助因特网从其他计算机上访问运行在自己计算机上的 Windows 界面。这就意味着用户可以远程控制自己的计算机，访问应用程序、文件和网络资源，好像使用被访问的计算机就在眼前一样。

具体的设置过程如下。

1. 设置被访问端

（1）在桌面"我的电脑"图标上单击鼠标右键，在快捷菜单中选择"属性"命令，然后在弹出的"系统属性"窗口中选择"远程"标签，如图 3-60 所示。

（2）选中"允许用户远程连接到此计算机（C）"选项，并单击"选择远程用户（S）"按钮，选择用于远程访问计算机的账号。

2. 设置访问端

选择"开始→所有程序→附件→通讯→远程桌面连接"命令，弹出远程桌面连接窗口，如图 3-61

109

所示。单击"选项"按钮，在弹出的界面中填入计算机名或 IP 地址、用户名、密码，然后单击"连接"按钮，就实现了远程桌面的登录，如图 3-62 所示。

图 3-60 系统属性窗口

图 3-61 远程桌面连接窗口

图 3-62 登录远程桌面

3.6 常见网络服务与应用

◎ 申请和使用网站提供的网络空间
◎ 常见网络服务与使用

3.6.1 网络空间的申请与使用

随着网络应用技术的发展，信息不仅可以存储在本地计算机上，还可以利用网络提供的免费空间服务，将一些信息资料上传到网络上，方便信息交流。网络空间的提供形式有网络硬盘、网络相册、博客、微博等。

实例 3.12 申请并使用免费网络空间

情境描述

（1）开通网易博客，并在博客上写一篇网络日志，标题为"我会使用博客了"。
（2）使用网络相册，上传一幅照片。

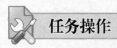任务操作

（1）开通并使用博客。

① 打开网易主页，在主页上填入实例3.6中申请的网易免费邮箱的用户名和密码，然后单击"登录"按钮。

② 在弹出的"网易通行证"网页中单击"激活博客"按钮，如图3-63所示。

图3-63 在"网易通行证"网页中单击"激活博客"按钮

③ 在打开的"激活博客账号"网页中填写相关信息，然后单击"立即激活"按钮，如图3-64所示。激活后出现"注册成功"信息，如图3-65所示，需要记住申请的用户名和博客地址。

图3-64 在"激活博客账号"网页中填写相关信息 图3-65 博客注册成功信息

提示

在网易开通博客后，电子相册也同时开通了。此后，只需在网易主页中输入用户名、密码，进入网易通行证，即可以自由使用邮箱、博客和电子相册了。

网易其他的一些应用服务，只要根据提示输入注册信息，就可以开通使用了。

④ 重新打开网易主页，使用步骤①中的用户名和密码登录，打开"网易通行证"网页，在其中的博客栏内单击"进入我的博客"按钮，如图3-66所示。

⑤ 在打开网易博客页面中，单击"写日志"按钮，如图3-67所示。然后在打开的"写日志"网页中"在这里输入标题处"输入"我会使用博客了"文字，如图3-68所示。然后单击"发表日志"按钮，即可以发表博文并可以看到发表的博文信息。也可以在浏览器中直接输入你的博客地址，即可看到博文信息，如图3-69所示。

提示

要查看博文，只需输在浏览器地址栏中输入网址，就可以查看了。

你的朋友也可以通过这一地址看到你的博文哦！

图 3-66　单击"进入我的博客"按钮

图 3-67　在易博客页面中，单击"写日志"按钮

（2）使用网络相册。

① 重新打开网易主页，使用实例 3.6 中申请的网易免费邮箱的用户名和密码登录，打开"网易通行证"网页，在其中的相册栏内单击"进入我的相册"按钮，打开相册网页。

② 在打开的网易相册中单击"创建相册"按钮，在打开的对话框中输入相应信息（如相册名称等），然后单击"创建"按钮，如图 3-70 所示。

图 3-68　在"写日志"网页中输入标题

图 3-69　查看博文

图 3-70　创建相册

③ 在打开的网易相册中单击"上传相片"按钮，打开上传相片网页；在该网页中单击"添加相片"按钮，在打开的文件选择对话框中选择照片文件，将其添加到相册中，如图 3-71 所示。然后单击上传相片网页中的"上传相片"按钮，将相片上传到网络相册中。要访问相册图片，只需输入相册网址，就可以欣赏自己的相册了。

图 3-71　上传相片

图 3-72　查看电子相册

提示　网易除了博客、网络相册外，还提供了网易网盘，微博等功能。读者可以尝试注册使用。

　　除了网易外，新浪、腾讯、百度、微软、谷歌等门户网站也提供了相应的功能，读者可以注册自己的账号并开通相应的功能，创建属于自己的网络空间。

3.6.2 常见的网络服务与应用

随着网络的普及和因特网应用技术的发展，因特网为人们提供的服务越来越多，如网上学习、网上购物、网上银行、网上求职等，这些应用服务正在改变着人们日常的工作和生活习惯。

1. 网上学习

网上学习区别于传统的课堂教学，是指通过计算机和网络，在因特网上浏览网络资源，在线交流，在线课堂等方式，从而获得知识，解决相关的问题，达到学习的目的。网络学习打破了传统教育模式的时间和空间条件的限制，是传统学校教育功能的延伸，使教学资源得到了充分利用。由于教学组织过程具有开放性、交互性、协作性、自主性等特点，它是一种以学生为中心的教育形式。当前，好多的知名学府、培训机构都开设了自己的网络学院，大家可以搜索自己感兴趣的学习网站。

2. 网上银行

网上银行又称网络银行、在线银行、网银等，是指银行利用因特网向客户提供开户、销户、查询、对账、转账、信贷、网上证券、投资理财等传统服务项目，使客户可以足不出户就能够安全便捷地管理活期和定期存款、自助缴费、网上购物、信用卡支付和还款、个人投资等。可以说，网上银行是在因特网上的虚拟银行柜台。

客户要使用网上银行，一般需要在真实的银行柜台办理开通网银的手续，然后领取一个网盾钥匙（一般以 U 盘的形式提供）。使用时需要将网盾钥匙插在计算机上，然后在计算机上打开网上银行主页，输入从银行柜台获取的登录网上银行的用户名和密码，就可以使用网上银行的服务了。

目前，国内大多数银行都提供网上银行业务，可以通过这些银行的网站主页了解和使用网上银行的业务。

3. 网上购物

网上购物，就是通过互联网检索商品信息，并通过电子订购单发出购物请求，然后填上付款账号，厂商通过邮购的方式发货，或是通过快递公司送货上门。国内的网上购物，一般付款方式有款到发货、担保交易（支付宝）、货到付款等。

国内常用的网上购物网站有：

http://www.taobao.com/（淘宝网）

http://www.dangdang.com/（当当网）

4. 网上求职

随着因特网迅速发展，"网上求职"这一利用网络信息进行的择业方式得到了迅速发展，人才供求双方可以利用信息网发布需求信息和自荐材料，受到了广大求职者和用人单位的欢迎。

常用的网上求职网站，有中国人才热线、智联招聘、中华英才网等，求职者可以根据自己的实际情况去搜索相应的人才网站。

综合技能训练三 办公室（家庭）网络组建

当前，一个办公室或家庭中拥有多台计算机的情况已经非常普遍，办公室和家庭中的多台计算机可以通过网络，实现相互通信，共享文件、打印机资源、接入因特网等功能。本节通过组建办公局域网的项目实训，让大家了解组建办公室（家庭）网络的操作过程。

 任务描述

某企业办公室现有 3 台计算机和 1 台打印机，需要组建一个小型网络，以实现计算机之间的相互通讯，安装启用软件防火墙，设置文件和打印机共享，通过网络连接到因特网，从因特网上下载并安装共享软件等功能。网络结构如图 3-73 所示。

 技能目标

- 会连接并检测计算机网络。
- 会设置和检测计算机的 IP 地址。
- 会安装和启用防火墙。
- 会设置文件和设备的共享。
- 会下载并安装共享软件。

 环境要求

- 软硬件准备：3 台装有 Windows XP 系统计算机、1 台打印机、1 台交换机、双绞线、水晶头、网线钳和网线测试仪。
- 网络配置参数：

计算机 IP	192.168.10.11，192.168.10.12，192.168.10.13
子网掩码	255.255.255.0
网关	192.168.10.1
首选 DNS 服务器	202.96.64.68
备用 DNS 服务器	202.96.69.38
计算机名	Computer1, Computer2, Computer3
工作组名	Office

 任务分析

要将 3 台计算机通过交换机相连，组成小型办公局域网，实现网络资源的互访和网络打印功能。具体操作如下。

（1）硬件互连。首先制作网线，然后根据图 3-73 所示的网络拓扑要求实现交换机、计算机、打印机等硬件的互连。

（2）配置网络参数。通过配置"本地连接"属性和计算机的"系统属性"，分别配置 3 台计算机的 IP

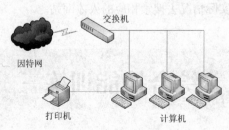

图 3-73　网络结构图

地址参数、计算机和工作组名称等参数，并测试网络的连通性。

（3）启用防火墙。在计算机上开启防火墙功能从而保证网络通信的安全性。

（4）设置文件和打印机共享。在连接有打印机的计算机上设置共享文件和共享打印机，并在其他计算机上测试验证能否访问其共享文件，以及使用网络共享打印。

（5）连接因特网，从网上下载并安装共享软件。

任务一　硬件互连

（1）要组建小型网络，需要配有网卡的计算机、按规定线序制作的网线和网络交换机。

（2）要制作网线，需要准备 5 类双绞线、水晶头（RJ45 接头）、网线钳以及网线测试仪，如图 3-74 所示。

（a）五类双绞线　　　（b）RJ45水晶头　　　　（c）网线钳　　　　（d）网线测试仪

图 3-74　制作网线需要准备的材料和工具

要用双绞线制作网线，需要将双绞线内的 4 对（8 根）导线按一定线序插入水晶头内，再用网线钳压制完成，如图 3-75 所示。双绞线线序有两种标准：T568A 和 T568B。如果只有两台计算机联网，制作的网线可以一端使用 T568A 的线序，另一端使用 T568B 的线序，无需使用网络交换机，直接将网线的两端插入两台计算机的网卡就可以实现两台计算机的联网。如果是多台计算机联网，则网线的两端一般使用 T568A 线序，网线一端接入网络交换机，另一端接入计算机的网卡。

图 3-75　网线制作过程示意图

T568A 标准的线序是：白绿、绿、白橙、蓝、白蓝、橙、白棕、棕。T568B 标准的线序是：白橙、橙、白绿、蓝、白蓝、绿、白棕、棕，如图 3-76 所示。

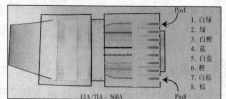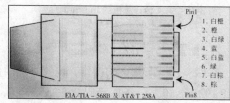

图 3-76　T568A 及 T568B 线序图

（1）按双端线序都为 T568A 的标准制作 4 根直通网线，并使用用网线测试仪进行测试。

（2）按图 3-77 所示分别将 3 根网线的一端接入 3 台计算机的网卡，另一端接入网络交换机的网口内。

图 3-77　分别将网线接入计算机网卡和交换机网口内

（3）将打印机连接至第一台计算机。

（4）用第 4 根网线将本例的网络交换机和可以连通因特网的路由器（或园区网的接入交换机）连接在一起。

任务二　配置网络参数

1. 配置第 1 台计算机的网络参数

（1）启动连接打印机的第 1 台计算机，参照实例 3.1 步骤，配置第 1 台计算机的"Internet 协议（TCP/IP）属性"，如图 3-78 所示。

（2）在桌面"我的电脑"图标上单击鼠标右键，在快捷菜单中选择"属性"命令，弹出"系统属性"设置窗口，切换到"计算机名"选项卡，单击"更改"按钮，如图 3-79 所示。在弹出的界面中输入计算机名称"Computer1"和工作组"Office"，如图 3-80 所示。设置完成后单击"确定"按钮，重启计算机后设置生效。

图 3-78　第 1 台计算机的 Internet　　图 3-79　系统属性窗口　　图 3-80　更改计算机名称和工作组
　　　　协议（TCP/IP）属性设置

2. 配置另外两台计算机的网络参数

参照（1）和（2）的操作，设置另外两台计算机的网络参数。设置第 2 台计算机参数为：计算机 IP 192.168.10.12、子网掩码 255.255.255.0、网关 192.168.10.1、首选 DNS 服务器 202.96.64.68、备用 DNS 服务器 202.96.69.38、计算机名 Computer2、工作组名 Office；设置第 3 台计算机参数为：计算机 IP 192.168.10.13、子网掩码 255.255.255.0、网关 192.168.10.1、首选 DNS 服务器 202.96.64.68、

备用 DNS 服务器 202.96.69.38、计算机名 Computer3、工作组名 Office。

3. 测试网络连通性

（1）在第 1 台计算机的桌面任务栏中选择"开始→运行"命令，在弹出的"运行"对话框中的输入框中输入"cmd"命令，然后单击"确定"按钮，如图 3-81 所示。

（2）在出现的命令行窗口中，输入"ping 192.168.10.12"命令，如果出现图 3-82 所示的界面，说明第 1 台和第 2 台计算机的已经网络连通。

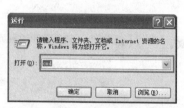

图 3-81 运行窗口

图 3-82 测试网络连通性

（3）在第 1 台计算机上重复上述过程，输入"ping 192.168.10.13"命令，测试第 1 台计算机和第 3 台计算机是否网络连通。也可以在第 2 台和第 3 台计算机上输入"ping<IP 地址 >"命令检测与其他计算机的网络连通情况。

如果出现图 3-83 所示的界面，则说明网络是不连通的。

网络不连通时可以考虑如下因素：网络参数配置是否正确、网线和网卡之间的连接是否松动、网线是否连通、网线和交换机之间的连接是否松动、交换机的端口是否好用、网卡是否被禁用、对方计算机的防火墙是否设置为"禁止 ping 入"。

图 3-83 网络不连通 ping 命令的显示结果

（4）输入"ping 192.168.10.1"和"ping www.163.com"命令测试所搭建的网络是否已连通网关并接入因特网。

任务三 启用防火墙

在 Windows 操作系统中，默认为所有网络和因特网启用 Windows 防火墙。Windows 防火墙有助于保护计算机，以免遭受来自网络的入侵。也可以安装带有防火墙功能的杀毒软件，同样可以起到保护计算机的作用。

（1）启用 Windows 防火墙。

① 在桌面任务栏上选择"开始→设置→控制面板"命令，在控制面板窗口中鼠标双击"Windows 防火墙"图标，打开 Windows 防火墙，如图 3-84 所示。选中"启用（推荐）（O）"选项，启用 Windows 防火墙。若选中"关闭（不推荐）（F）"选项，则关闭 Windows 防火墙。

② 在 Windows 防火墙界面中切换到"例外"选项卡，然后单击"添加程序"按钮，可以添加让 Windows 防火墙信任的应用程序；单击"添加端口"按钮，可以添加让 Windows 防火墙信任的端口以进行网络通信；单击"编辑"按钮，可以更改与 Windows 防火墙信任的应用程序通信的范围；单击"删除"按钮，可以删除 Windows 防火墙信任的应用程序，如图 3-85 所示。

③ 切换到"高级"选项卡，可以为选定的连接启用 Windows 防火墙，并且可以为选定的连接单独添加例外，如图 3-86 所示。

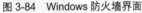
图 3-84　Windows 防火墙界面

图 3-85　"例外"标签

图 3-86　"高级"标签

（2）安装其他防火墙。安装金山毒霸或 Symantec 等专业杀毒软件，启用其中的网络防火墙功能。

任务四　设置文件和打印机的共享

在网络中，如果希望将自己计算机上的内容以网络资源的形式提供给网络中的其他用户使用，可以通过共享文件夹的方式来实现。如果在网络中共用一台打印机，可以通过设置网络共享打印机来实现。

1. 设置文件共享

（1）选择计算机名称为 Computer1 的计算机，在欲设置共享的文件夹上右击鼠标，在快捷菜单中选择"共享和安全"命令，如图 3-87 所示。

（2）在弹出的界面中选择"共享"选项卡。选择"在网络上共享这个文件夹（S）"选项，并修改"共享名"，如图 3-88 所示，然后单击"确定"或"应用"按钮，即可设置共享文件夹。设置完成后，可以看到设置为网络共享的文件夹图标变为如图 3-89 所示。

 可以在共享选项卡中选择"允许网络用户更改我的文件（W）"选项，以实现对共享文件的读写、删除等操作。

（3）选择连接在网络中的另外一台计算机，双击桌面上的"网上邻居"图标，在弹出的界面中双击"OFFICE"图标，然后双击"Computer1"图标即可访问刚才设置共享的文件夹及文件内容了，如图 3-90 所示。

图 3-87　选择"共享和安全"命令　　图 3-88　设置"共享文件夹"　　图 3-89　设置为网络共享的文件夹图标

图 3-90　使用"网上邻居"访问网络中的计算机和共享文件夹

2. 设置共享打印机

（1）选择连接打印机的计算机，在桌面任务栏上选择"开始→控制面板→命令"，在弹出的控制面板中选择"打印机和传真"命令，打开"打印机和传真"窗口，在打印机图标上右击鼠标，在快捷菜单中选择"共享"命令，如图 3-91 所示。

（2）在弹出的打印机属性窗口共享选项卡中选择"共享这台打印机"选项，并修改"共享名"，如图 3-92 所示，然后单击"确定"或"应用"按钮，即可设置共享打印机。设置完成后，可以看到设置为网络共享打印机图标变为如图 3-93 所示。

图 3-91　"打印机和传真"窗口　　　　图 3-92　设置"共享打印机"

（3）选择连接在网络中的另外一台计算机，打开"打印机和传真"窗口，在窗口左侧单击"添加打印机"按钮，弹出"添加打印机向导"对话框，然后单击"下一步"按钮，如图 3-94 所示。

图 3-93　设置为网络共享打印机的图标　　图 3-94　"添加打印机向导"窗口

（4）在弹出的界面中选择"网络打印机或连接到其他计算机的打印机（E）"选项，然后单击

"下一步"按钮，如图 3-95 所示。

（5）在弹出的界面中选择"连接到这台打印（或者浏览打印机，选择这个选项并单击'下一步'）（C）"选项，在名称输入框中输入网络打印机的名称"\\Computer1\Epson LQ-1600K"，如图 3-96 所示。然后依次单击"下一步"按钮，出现"正在完成添加打印机向导"界面，如图 3-97 所示。至此，就可以在这台计算机上像本地计算机一样使用网络共享打印机了。

图 3-95 添加网络打印机

图 3-96 指定网络打印机名称

图 3-97 完成添加网络打印机

在指定打印机时，也可以选择"浏览打印机（W）"选项，在弹出的界面中选择网络打印机。

任务五　下载并安装共享软件

在因特网中，提供了海量的免费或共享软件资源，这些软件可以直接通过因特网下载到本地计算机上，然后安装使用。本书中所用的很多软件，如 WinRAR、QQ、迅雷、千千静听、暴风影音、杀毒软件等，多是此类软件。

（1）启动浏览器软件，参照实例 3.5 操作步骤，使用搜索功能检索因特网的共享软件资源链接，选择需要的共享软件资源链接。

（2）启动迅雷软件，参照实例 3.9 操作步骤，下载共享软件。

（3）打开软件下载的文件夹，双击下载的安装文件，按操作提示将其安装到计算机上。

评价交流

实 训 内 容	任务完成情况	难点、问题	总　　结
硬件互联			
配置网络参数并测试			
安装和启用防火墙			
设置文件和打印机的共享			
下载并安装共享软件			

拓展训练　以用户名和密码方式访问共享文件

要求：在设置网络的共享资源时，必须输入用户名"Student"和密码"Student"才可以访问。

 设置共享资源时，默认情况下所有的用户即"everyone"都可以访问，要想实现输入用户名和密码的方式访问共享资源，需要考虑如下问题。

如何删除"everyone"用户；如何创建"Student"用户；如何在共享权限中添加"Student"用户。

综合技能训练四　个人网络空间构建

随着因特网的普及，越来越多的人习惯于在网络上拥有自己的个人网络空间，可以将自己喜欢的照片上传到网络相册里，可以将自己的心情感悟以博客或微博的形式与网友共享，可以将工作的文件上传至网络硬盘中……网络空间带给人们一个全新的网络天地。

 任务描述

使用已有或新申请的 QQ 账号，开通 QQ 空间，并在 QQ 空间上使用相册、日志、博客、趣味游戏、个性主页等功能。

 技能目标

- 通过个人网络空间的构建，学会申请和管理个人网络空间，书写"网络日志"、上传照片到"网络相册"、添加"音乐"和"视频"等与好友共享，添加"好友"扩大人脉等网络空间的常用功能
- 培养从网络中获取知识和社会交往的能力
- 培养辨明不良网站和信息的能力，树立网络及信息安全意识

 环境要求

- 接入因特网的计算机

 任务分析

个人网络空间的创建、管理与应用，可以通过下面 3 个步骤进行操作。

（1）申请个人网络空间。在提供个人空间服务的网站上申请网络空间账号。

（2）构建个人网络空间。整理构建个人网络空间内容的相关素材，如日志、照片、音乐等。

（3）分享个人网络空间。让你的好友访问你的个人网络空间并发表留言。

完成形式：自主探究性学习。

任务一　申请个人网络空间

（1）在 IE 浏览器中输入网址 www.qq.com，打开腾讯网站主页。单击"QQ 空间"链接，使

用实例 3.9 所申请的 QQ 账号（或按实例 3.9 的操作重新申请一个 QQ 账号）进入 QQ 个人中心页面，如图 3-98 所示。

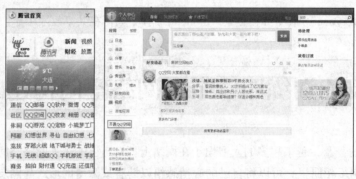

图 3-98　进入 QQ 个人中心页面

（2）单击 QQ 个人中心页面的"开通 QQ 空间"链接，在打开的页面中填写用户注册信息，如图 3-99 所示。然后单击"开通并进入我的 QQ 空间"按钮，进入 QQ 个人空间，如图 3-100 所示。

图 3-99　填写 QQ 个人中心用户注册信息

图 3-100　开通 QQ 个人中心的界面

任务二　构建个人网络空间

1. 构建相册并上传照片

参照实例 3.12 的操作步骤，依次完成在 QQ 个人中心创建相册、照片上传、填写照片信息等操作。完成效果如图 3-101 所示。

2. 创建日志

参照实例 3.12 的操作步骤，在 QQ 个人中心编写并发表几篇日志，并尝试编辑文本格式、添加图片和图标。完成效果如图 3-102 所示。

3. 构建网络空间的其他内容

尝试使用 QQ 个人中心的"说说"（微博）、"分享"、"秀世界"、"音乐盒"、"个人档"等功能，如图 3-103 所示。

图 3-101　构建好的相册

图 3-102　创建好的日志

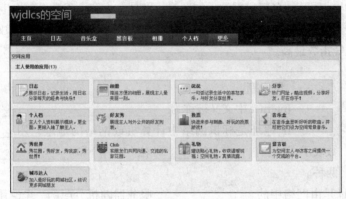

图 3-103　构建网络空间的其他内容

4. 管理网络空间

使用 QQ 个人中心的"设置"和"个人中心"功能，对网络空间进行管理。

任务三　分享个人网络空间

将你的 QQ 个人中心网址发给你的朋友，让他们访问你的个人网络空间，发表留言，一起感受网络的快乐与便捷吧。网址地址如图 3-104 所示（涂白部分为你申请的 QQ 账号）。

图 3-104　QQ 个人中心网址

评价交流

实 训 内 容	任务完成情况	难点、问题	总　结
申请个人网络空间			
构建个人网络空间			
分享个人网络空间			

拓展训练一 网络 VIP 用户申请

要求：探究个人网络空间如何由普通用户升级为 VIP 用户，享受更多个人网络空间的功能服务（学生自主探究学习为主）。

拓展训练二 尝试在其他网站上构建个人网络空间

要求：选择国内或国际知名门户网站（如新浪、网易、人和、谷歌等）上申请个人网络空间，并整理素材构建个人网络空间，然后将自己空间的地址告诉你的老师、同学和好友，看看谁的空间访问量最多，人气指数最高。

一、填空题

1. Internet 中文又被称为 _____、_____。

2. IP 地址是标识网络中计算机或网络的地址，用 _____ 数表示，长度有 _____ 位（IPV4）和 _____ 位（IPV6）两种。

3. 动态地址是由网络中的 _____ 服务器随机分配的一个空闲的地址，每次上网时都可能会改变。

4. C 类 IP 地址的默认子网掩码是：_____._____._____._____。

5. 域名地址的一般格式是：计算机名 ._____. 二级域名 ._____。

6. _____ 服务器的作用实现了域名地址与 IP 地址翻译的功能。

7. WiFi 和 3G 是当前使用较多的 _____ 上网方式。

8. 超文本传输协议，英文简写（_____）是浏览器与信息资源服务器之间传输网页信息的协议。

9. 网页是采用一种被称为 _____（HTML）的格式来创建的。

10. 电子子邮件地址结构是：_____@_____。

11. Internet 中专门用于搜索的软件称为 _____。

12. 在 FTP 服务中，从客户机向服务器复制文件称为"_____"，从服务器向客户机复制文件称为"_____"。

二、选择题

1. 因特网最早的雏形是 _____。

    A. Arpanet   B. TCP/IP

    C. WWW   D. Ethernet

2. www.sina.com 是 Internet 上的一个网站的 _____。

    A. IP 地址   B. 域名

    C. 网站代号   D. 网络协议

3. 目前 Internet 提供信息查询的最主要的服务方式 ＿＿＿＿＿＿＿＿。

    A. TELENET 服务　　　　　　　　B. FTP 服务

    C. WWW 服务　　　　　　　　　　D. E-mail 服务

4. 要实现无线上网可能不需要的设备是 ＿＿＿＿＿＿＿＿。

    A. 无线网卡　　　　　　　　　　　B. 有线网卡

    C. 无线 AP　　　　　　　　　　　　D. 计算机

5. 不用于网络浏览的软件是 ＿＿＿＿＿＿＿＿。

    A. IE　　　　　　　　　　　　　　　B. FireFOX

    C. Outlook Expess　　　　　　　　　D. Oprea

6. 专门用于快速下载的软件是 ＿＿＿＿＿＿＿＿。

    A. QQ　　　　B. IE　　　　　　C. Foxmail　　　　　　D. 迅雷

7. 网络用双绞线中使用的水晶头一般被称为 ＿＿＿＿＿＿＿＿。

    A. RJ11　　　　B. RJ45　　　　　C. BNC　　　　　　　D. 光纤

三、简答题

1. 因特网最初只能提供哪几种基本服务？

2. 什么是超链接？

3. 邮件系统的传送协议有哪些，各起什么作用？

4. 常见的搜索引擎有哪些？

5. 网上银行使用的一般过程是什么？

四、操作题

1. 用 IE 浏览器把网易（http://www.163.com）设置成主页。

2. 创建一个学校的博客，将学校的信息和图片上传到博客空间中。

3. 搜索网络学习资源，使用这些资源帮助自己进行专业学习。

第4章

文字处理软件Word 2007应用

文字处理软件是一种集文字录入、存储、编辑、浏览、排版、打印等功能于一体的应用软件，使用文字处理软件可以编排书稿、文章、信函、简历、网页等文档。目前有多种文字处理软件，常用的有 Word、WPS Office、Open Office、永中 Office 等，其中 Microsoft 公司的 Word 2007 是目前最常用的文字处理软件之一，是一种集文字处理、表格处理、图文排版于一身的办公软件。

4.1 文档的基本操作

◎ 建立、编辑、存储文档

◎ 使用不同的视图方式浏览文档

◎ 对文档进行权限管理*

◎ 设置超链接 *

在日常工作和学习中，经常需要撰写通知、编排文章、打印申请书等，这时就需要使用文字处理软件。本节将介绍使用 Word 2007 进行文字录入和简单编排的方法。

4.1.1 Word 的启动、退出和窗口操作

Word 2007 的启动、退出及窗口的组成和操作，与一般程序相同。

实例 4.1 Word 2007 窗口的基本操作

 情境描述

在使用 Word 编辑文档时，经常要对 Word 窗口做相应调整，包括调整窗口的大小、设置显示比例、改变显示视图、自定义工具栏等。在学完前几章后，Windows XP 的窗口操作已经能熟练使用，现在来学习 Word 2007 的窗口操作。

 任务操作

（1）启动 Word 2007。选择"开始→所有程序→ Microsoft Office → Microsoft Office Word 2007"命令。启动 Word 后，将显示 Word 窗口，并自动建立一个名为"文档1"的空文档，如图 4-1 所示。Word 的窗口由 Office 菜单按钮、快速访问工具栏、功能区选项卡、标题栏、文档编辑区、状态栏等部分组成。

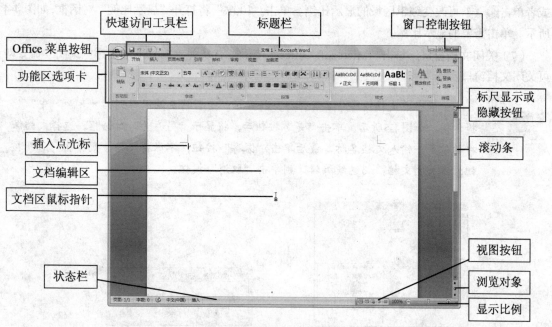

图 4-1　Word 2007 窗口的组成

（2）输入文字。在文档窗口中单击，设置输入法，输入汉字、英文、数字、符号等文字。

（3）再新建一个空白文档。单击"Microsoft Office"按钮，在弹出的菜单中选择"新建"命令，

弹出"新建文档"对话框，如图4-2所示。单击"创建"按钮，创建一个"文档2"空白文档。

图4-2 "新建文档"对话框

（4）切换文档。单击Windows任务栏中的"文档1"，可切换到"文档1"。

（5）切换视图模式。切换到功能区中的"视图"选项卡，然后单击其中的"普通视图"（见图4-3）或者单击窗口右下角左侧状态栏上文档视图按钮区 中的"普通视图"按钮 ，切换到"普通视图"。

图4-3 功能区中的"视图"选项卡

（6）改变显示比例。在状态栏右侧显示比例按钮和滑动条 100% ⊖————▽————⊕ 上，拖动滑块或者单击 ⊖、⊕，可改变编辑区域的显示比例。单击"100%"将打开"显示比例"对话框，如图4-4所示。单击需要的显示比例。

（7）关闭文档窗口。单击"Microsoft Office"按钮 ，从弹出的菜单中选择"关闭"命令即可关闭文档窗口。

 提示　如果当前文档没有命名和保存，将显示"是否将更改保存到"×××"中？"提示框，如图4-5所示。单击"是"按钮后，将显示"另存为"对话框，选择文档保存的位置，输入文档名称，最后单击"保存"按钮；不保存文档，则单击"否"按钮；不关闭文档，仍继续编辑，则单击"取消"按钮。

图4-4 "显示比例"对话框

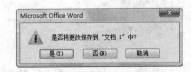

图4-5 保存Word文档对话框

（8）关闭Word程序窗口。如果不需要在Word的编辑环境中继续编辑文档，或者要关闭计算机，则可单击"Microsoft Office"按钮 ，在弹出的菜单中选择菜单底部右下角的 X 退出Word(X) 按钮关

闭 Word 程序窗口。

 上面两种关闭文档的结果是不同的，如果用户只打开一个文档，则选择 "Microsoft Office" 菜单中的"关闭"命令后，Word仍然在运行；如果打开了多个文档，则显示下一个文档窗口。如果打开多个文档，单击关闭Word窗口按钮 ，则显示下一个文档窗口；如果只打开一个文档，则结束Word程序。

知识与技能

如图 4-1 所示，Word 2007 使用功能区选项卡来代替菜单结构，功能区是按应用来分类的，把相同的应用分配到一个选项卡中，以简化用户的操作。

1. 标题栏

标题栏主要显示当前编辑文档名和窗口标题。

2. 快速访问工具栏

快速访问工具栏是一个可自定义的工具栏，它包含一组常用命令按钮，如保存按钮 、撤销按钮 、重复按钮 ，也可以向快速访问工具栏中添加命令按钮。快速访问工具栏默认位于 "Microsoft Office" 按钮 旁，单击"自定义快速访问工具栏"按钮 ，在列表中选择"在功能区下方显示"命令，可将快速访问工具栏放置在功能区下方。

3. "Microsoft Office" 按钮

Word 2007 的用户界面做了重新设计，用 "Microsoft Office" 按钮 取代了"文件"菜单，它位于窗口的左上角。单击 "Microsoft Office" 按钮 时，将显示与 Word 早期版本相同的新建、打开、保存、打印等基本命令，如图 4-6 所示。

该菜单右侧显示最近使用的文档列表，单击文档名可直接打开。菜单右下角有两个命令按钮，"Word 选项" 按钮用于设置 Word 的系统参数，"退出 Word" 按钮用于结束 Word 的运行。

图 4-6 "Microsoft Office" 菜单

4. 功能区

Word 2007 最大的变化是用功能区代替以前版本的菜单和工具栏。功能区旨在帮助用户快速找到完成某一任务所需的命令，命令被组织在逻辑组中，逻辑组集中在选项卡下。

图 4-7 所示为"开始"选项卡，它包含了常用的命令按钮和选项。单击选项卡的名称可以切换选项卡。在某些组的右下角有一个对话框启动按钮 ，单击它将显示相应的对话框或列表，可做更详细的设置。例如，单击"开始"选项卡"字体"组右下角的 按钮，将显示"字体"对话框。

每个选项卡都与一种类型的活动相关，某些选项卡只在需要时才显示。例如，仅当选择图片后，才显示"图片工具"选项卡。

功能区占据了一部分区域，为了扩展编辑区，可将其展示隐藏（最小化）。若要快速将功能区最小化，请双击活动选项卡的名称。再次双击此选项卡可还原功能区。

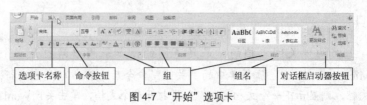

选项卡名称　命令按钮　　　　组　　　　　　组名　　对话框启动器按钮

图 4-7 "开始"选项卡

若要始终使功能区最小化，单击"快速访问工具栏"右端的"自定义快速访问工具栏"按钮，在列表中单击"功能区最小化"。

要在功能区最小化的情况下使用功能区，可单击要使用的选项卡，这时被隐藏或最小化的选项卡显示出来，然后就可以单击要使用的选项或命令。

5. 编辑区

窗口中部大面积的区域为编辑区，用户输入和编辑的文本、表格、图形都是在编辑区中进行的，排版后的结果也在编辑区中显示。编辑区中，不断闪烁的竖线"|"为插入点光标。

6. 滚动条

滚动条中的方形滑块指示出插入点在整个文档中的相对位置。拖动滚动块，可快速移动文档内容，同时滚动条附近会显示当前移到内容的页码。

单击垂直滚动条两端的上箭头或下箭头，可使文档窗口中的内容向上或向下滚动一行。单击垂直滚动条滑块上部或下部，使文档内容向上或向下移动一屏幕。

单击水平滚动条两端的左、右箭头，可使文档内容向左或向右移动一列。

7. 状态栏

状态栏显示当前编辑的文档窗口和插入点所在页的信息，以及某些操作的简明提示。可以单击状态栏上按钮显示提示信息。

页面按钮 页面: ：显示插入点所在的页、节及"当前所在页码／当前文档总页数"的分数。

字数按钮 字数: ：统计的字数。

拼写和语法检查按钮：单击 按钮，可做检查。单击 英语(美国) 将显示"语言"对话框，可设置要进行拼写和语法检查的语言。

插入按钮 插入 ：单击 插入 按钮，可把编辑状态更改为改写。

8. 视图按钮

状态栏右侧有 5 个视图按钮，它们是改变视图方式的按钮，分别为页面视图按钮、阅读版式视图按钮、Web 版式视图按钮、大纲视图按钮、普通视图按钮。

9. 显示比例

状态栏右侧还有一组显示比例按钮和滑动条，单击 100% 将打开"显示比例"对话框或拖动滑块可改变编辑区域的显示比例。

10. 任务窗格

Office 应用程序中提供常用命令的窗口，一般出现在窗口的边沿，用户可以一边使用这些操作任务窗格中的命令，一边继续处理文档。

 知识拓展

1. 设置工作环境

由于需要编辑的文档类型不同（如书、公文、海报），用户的操作习惯不同，在安装完成 Word 后，

正式使用 Word 前,通常应该先设置 Word 的工作环境。Word 2007 对环境的设置,都安排在"Office"菜单中。单击"Microsoft Office"按钮,然后在弹出的菜单底部右下角单击"Word 选项"按钮。工作环境就可在弹出的"Word 选项"对话框中进行设置。

(1)设置显示或隐藏编辑标记。在编辑过程中,如果想检查在每段结束时是否按了 Enter 键,是否按了空格键,或在输入编辑过程中是否按规定格式进行了排版,这时就要在文档中显示控制字符标记。在"Word 选项"对话框左侧窗格中单击"显示"选项,然后在如图 4-8 所示的右侧窗格中勾选"显示所有格式标记"复选框,最后单击"确定"按钮即可完成显示编辑标记的设置,如图 4-8 所示。

当选中"显示所有格式标记"后,空格等编辑标记会显示出来,提供给编辑人员一个信息,但编辑标记不会被打印出来。

(2)设置默认保存文档。它包括保存文档的默认格式、自动保存时间和文件默认保存位置,在"Word 选项"对话框左侧窗格中单击"保存"选项,然后在右侧窗格中设置,如图 4-9 所示。

设置文档默认保存格式:Word 2007 默认保存的文档格式为 *.docx,由于 Word 97 ～ 2003 无法打开 .docx 文档,所以为了保持兼容,建议默认保存格式更改为"Word 97-2003 文档(*.doc)"。

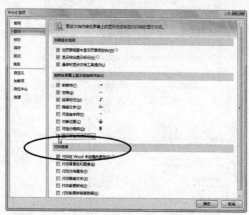

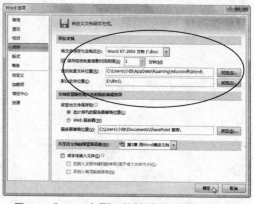

图 4-8 "Word 选项"对话框中的"显示"选项　　　图 4-9 "Word 选项"对话框中的"保存"选项

设置自动保存文档的时间间隔:编辑过程中,为确保文档安全,减少因断电、程序不响应等造成无法保存正在编辑的文档,可以设置定时自动保存文档,Word 将按用户事先设定的时间间隔自动保存文档。勾选"保存自动恢复信息时间间隔"复选框,然后调整需要保存的时间间隔,如 1 分钟,这样每隔 1 分钟 Word 就会把没有保存的内容自动保存。

设置文档默认保存位置:为了文档安全,不要把文档保存在 Windows 默认的文档文件夹中,而应该把文档保存到安装 Windows 系统分区之外的其他分区中。在"默认文件位置"文本框中输入保存路径,或者单击其后的"浏览"按钮,找到默认的文件夹进行设置。最后,单击"确定"按钮即可完成文档默认保存的相关设置。

(3)自定义快速访问工具栏。对于一些经常使用的命令,可将其放置到快速访问工具栏中,如打开文档命令。在"Word 选项"对话框左侧窗格中单击"自定义"选项,如图 4-10 所示。在右侧窗格中,首先从左侧框中选择要添加的命令,如单击选中"打开"命令,然后单击框中间的"添加"按钮,选中的命令就出现在右侧的框中。单击"确定"按钮后,在快速访问工具栏中可以看到刚才添加的命令。

另外,在功能区上,单击相应的选项卡或组以显示要添加到快速访问工具栏的命令,然后右键单击该命令，在弹出的快捷菜单上选择"添加到快速访问工具栏"命令即可将其添加到快速访问工具栏中。

 只有命令才能被添加到快速访问工具栏。大多数列表的内容（如缩进和间距值及各个样式）虽然也显示在功能区上，但无法将它们添加到快速访问工具栏。

（4）设置自动更正。在输入和编辑过程中，Word 默认一些自动更正功能，如输入直引号""""将自动变为弯引号""""；输入"1."按 Enter 键后，将在下行出现"2."，并且排列方式也变了。严重情况下，自动更正会让用户无法完成需要的工作。因此，应根据需要取消一些缺省设置。

在"Word 选项"对话框左侧窗格中单击如图 4-11 所示"校对"选项，然后在右侧窗格中单击"自动更正选项"按钮，弹出"自动更正"对话框，在"键入时自动套用格式"选项卡和"自动套用格式"选项卡中，取消一些复选框，如图 4-12 所示，最后单击"确定"按钮完成自动更正的设置。

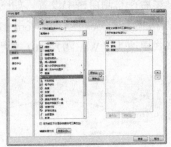

图 4-10 "Word 选项"对话框中的"自定义"选项

图 4-11 "Word 选项"对话框中的"校对"选项

图 4-12 "自动更正"对话框中的选项卡

2. Word 中的文档视图

为了更好地编辑和查看文档，Word 提供了 9 种显示文档的方式，即页面视图、阅读版式、Web 版式、普通、大纲、文档结构图、全屏显示、网页预览、打印预览。一般情况下，默认显示为页面视图，通过"视图"菜单可更改文档的显示方法。

文档窗口左下方水平滚动条左侧也提供了 5 个更改视图方式的按钮，从左到右依次为"普通视图"按钮▤、"Web 版式视图"按钮▣、"页面视图"按钮▤、"大纲视图"按钮▤和"阅读版式"按钮▨。

（1）普通视图。普通视图下，可输入、编辑文字，并且编排文字的格式。普通视图显示文字的格式，简化了页面布局，不显示页边距、页眉和页脚、背景、图形对象以及没有设置为"嵌入型"环绕方式的图片，这样可快速输入和编辑文字。

（2）Web 版式视图。Web 版式视图显示文档在 Web 浏览器中的外观。文档将显示为一个不

带分页符的长页，并且文本和表格将自动换行以适应窗口的大小。

（3）页面视图。在页面视图下，文档将按照与实际打印效果一样的方式显示。页面视图在处理大文档时速度较慢，因此特别适合于所见即所得的排版。

（4）大纲视图。在大纲视图下，用缩进文档标题的方式显示文档结构的级别，可以方便地查看文档的结构。在大纲视图中不显示页边距、页眉和页脚、背景。

（5）阅读版式。在阅读版式视图中，文档中的字号变大了，每一行变得短些，阅读起来比较贴近于自然习惯。这种阅读方式比较方便，但是在该方式下，所有的排版格式都被打乱了。

课堂训练4.1

启动 Word，新建 3 个文档，分别命名文档名称为"练习 1""练习 2"和"练习 3"。在每个文档中任意输入一些文字。要求："练习 1"按普通视图显示，并且显示比例为 150%；"练习 2"按页面视图显示，并且显示比例为 85%；"练习 3"按 Web 视图显示，显示比例为"双页"。

课堂训练4.2

设置工作环境，要求：显示所有格式标记，默认保存的文档格式为 .doc，自动保存文档的时间间隔 1 分钟，默认保存文档到 D: \，键入时不自动编号，不自动把直引号换为弯引号。

4.1.2　文字的输入

创建文档后，就可在文档窗口中输入文字、插入字符，对文档中的文字可以删除、修改。在 Word 中，通过输入法输入的文字、字符，统称为文本。

实例 4.2　文字的输入

 情境描述

中秋节、国庆节快要到了，学校办公室要发布《关于中秋节、国庆节放假安排的通知》。为此要将下面的通知内容录入到计算机中。

关于中秋节、国庆节放假安排的通知

全校教职工：

根据国务院办公厅发布的 2010 年中秋节、国庆节放假安排，结合学校的实际情况，现将学校中秋节、国庆节放假安排通知如下：

1. 中秋节放假时间为 2010 年 9 月 21 日～24 日，放假 4 天。

国庆节放假时间为 2010 年 10 月 1 日～9 日，放假 9 天。

---

2. 2010 年 9 月 18 日（周六）、19 日（周日）、25 日（周六）、26 日（周日）、10 月 10 日（周日）照常上班。调课安排执行学校 2010 ～ 2011 学年第一学期校历。

3. 各部门要提前做好工作安排，保证各项工作有序规范进行。

4. 保卫部门要做好两节前安全隐患的排查及治理工作，相关部门做好学生的安全教育工作，保证过节期间师生及校园的安全。

××学校办公室

2010 年 9 月 15 日

 任务操作

在编辑窗口中输入文字的操作方法如下。

（1）在 Windows 桌面上，从输入法工具栏中选取一种中文输入法，如"微软拼音输入法 2007"或"智能 ABC 输入法"。

（2）启动 Word 2007，切换到页面视图，将光标插入点定位于第 1 行开始处，输入标题"关于中秋节、国庆节放假安排的通知"，然后按 Enter 键另起一段，使插入点移到下一行。

（3）继续输入通知的其他内容。输入过程中，当文字到达右页边距时，插入点会自动折回到下一行行首。输入完一段后按一次 Enter 键，段尾有一个"↵"符号，代表一个段落的结束。输入完成后显示如图 4-13 所示。

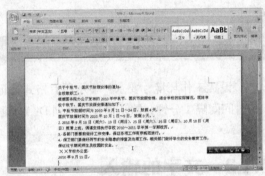

图 4-13　输入文本

 提示　在输入、添加或修改文档内容前，首先应移动鼠标使光标移到要插入文字的位置，单击鼠标左键。插入点会随着文字的输入向后移动。在输入内容时可以按空格键。如果输错了字符，可按 Backspace 键删除刚输入的错字，然后输入正确的文本。

 知识与技能

1. 插入符号

在文档输入过程中，可以通过键盘直接输入常用的符号，也可以使用汉字输入法的软键盘输入符号。另外，在 Word 中还可以通过下面的方法插入符号。

（1）单击要插入符号的位置，或者用键盘上的箭头键移动，设置插入点。

（2）单击功能区中的"插入"选项卡。执行下列操作之一。

① 在"特殊符号"组中单击要插入的符号，如图 4-14 所示。如果没有需要的符号，单击"符号"，显示符号列表，如图 4-15 所示。在下拉列表中单击所需的符号。如果要插入的符号不在列表中，单击"更多"按钮，弹出"插入特殊符号"对话框，如图 4-16 所示，双击要插入的符号即将符号插入到文档中。

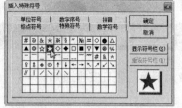

图 4-14 "特殊符号"组　　　图 4-15 "符号"列表　　　图 4-16 "插入特殊符号"对话框

② 如果需要更多的其他符号,可选择"插入→符号→"其他符号"命令,如图 4-17 所示,弹出"符号"对话框,其中列出了某种字体的全部符号,图 4-18 所示为字体是普通文本的符号集列表。从"字体"下拉列表中选取合适的字体,下面将列出该字体包含的符号,单击选择要插入的符号,然后单击 "插入"按钮,则插入的符号出现在插入点上,也可双击符号直接插入。

在"符号"对话框中切换到"特殊字符"选项卡,如图 4-19 所示,可以插入一些特殊字符。

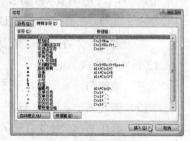

图 4-17 "符号"列表　　　图 4-18 "符号"选项卡　　　图 4-19 "特殊字符"选项卡

2. 插入当前日期和时间

可以插入计算机当前时钟的日期和时间,插入日期和时间的操作步骤如下。

(1)单击要插入日期或时间的位置,或者用键盘上的箭头键移动。

(2)选择"插入→文本→日期和时间"命令,如图 4-20 所示,弹出"日期和时间"对话框,如图 4-21 所示。

图 4-20 "文本"组中的"日期和时间"　　　图 4-21 "日期和时间"对话框

(3)在"语言"栏中选定"中文(中国)"或"英语(美国)",在"可用格式"中单击选定需要的格式。如果选定了"自动更新"复选框,插入的日期会在下次打开时自动更新。

(4)单击"确定"按钮,则在插入点插入当前系统的日期和时间。

课堂训练4.3

为了使放假通知的标题更加醒目,要求在标题前后插入几个"★"。

 课堂训练4.4

录入下面的假日安排通知。

国务院办公厅关于2011年部分节假日安排的通知

国办发明电〔2010〕40号

各省、自治区、直辖市人民政府，国务院各部委、各直属机构：

根据国务院《关于修改＜全国年节及纪念日放假办法＞的决定》，为便于各地区、各部门及早合理安排节假日旅游、交通运输、生产经营等有关工作，经国务院批准，现将2011年元旦、春节、清明节、劳动节、端午节、中秋节和国庆节放假调休日期的具体安排通知如下。

一、元旦：1月1日至3日放假公休，共3天。

二、春节：2月2日（农历除夕）至8日放假调休，共7天。1月30日（星期日）、2月12日（星期六）上班。

三、清明节：4月3日至5日放假调休，共3天。4月2日（星期六）上班。

四、劳动节：4月30日至5月2日放假公休，共3天。

五、端午节：6月4日至6日放假公休，共3天。

六、中秋节：9月10日至12日放假公休，共3天。

七、国庆节：10月1日至7日放假调休，共7天。10月8日（星期六）、10月9日（星期日）上班。

节假日期间，各地区、各部门要妥善安排好值班和安全、保卫等工作，遇有重大突发事件发生，要按规定及时报告并妥善处置，确保人民群众祥和平安度过节日假期。

国务院办公厅

2010年12月9日

4.1.3　保存文档

保存文档时，一定要注意"文档三要素"，即保存的位置、名字、类型，否则以后可能不易找到该文档。保存文档常用下面几种方法。

1. 保存文档

文档的保存可以通过下面方法之一进行。

（1）单击快速工具栏上的"保存"按钮 进行保存文档。

（2）通过 Ctrl+S 组合键保存文档。

（3）单击"Microsoft Office"按钮，然后从弹出的菜单中选择"保存"命令进行文档的保存。如果文档已经命名，不会出现"另存为"对话框，而直接保存到原来的文档中以当前内容代替原来内容，当前编辑状态保持不变，可继续编辑文档。如果正在保存的文档没有命名，将弹出"另存为"对话框，如图 4-22 所示。

图 4-22　"另存为"对话框

① 如果要保存到其他位置，单击左侧窗格中的"计算机"，然后双击驱动器图标，选择保存文档的驱动器和文件夹。

② 在"文件名"文字框中输入一个合适的文件名。如果要兼容以前版本，选取保存类型为"Word 97-2003"。

③ 单击"保存"按钮。保存后，该文档标题栏中的名称已改为命名后的名字。

2．另存文档

如果把当前编辑的文档换名保存为另外一个文档，则按照下面的操作步骤进行。

（1）单击"Microsoft Office"按钮 ，然后从弹出的菜单中选择"另存为"命令，弹出"另存为"对话框，如图 4-22 所示。

（2）选择保存位置，或更改不同的文件名，或保存类型。

（3）单击"保存"按钮。这时，文档窗口标题栏中显示为改名后的文档名。

3．设置文档权限 *

给文档设置一个口令进行加密，把文档保护起来。当打开加密文档时，将显示"密码"对话框要求输入密码，只有输入正确的密码才能打开该文档。为文档设置权限可按下面的操作步骤进行。

（1）单击"Microsoft Office"按钮 ，然后从弹出的菜单中选择"另存为"命令，弹出"另存为"对话框，如图 4-22 所示。

（2）在"另存为"对话框中单击"工具"，从列表中选择"常规选项"命令，如图 4-23 所示。弹出"常规选项"对话框，如图 4-24 所示。

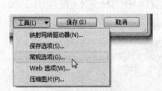

图 4-23 "工具"列表

图 4-24 "常规选项"对话框

（3）分别在"打开文件时的密码"和"修改文件时的密码"框中输入各自的密码，单击"确定"按钮。

（4）在弹出的"确认密码"对话框中再一次输入打开文件时的密码和修改文件时的密码，单击"确定"按钮。

（5）在返回的"另存为"对话框中单击"保存"按钮完成设置和保存。

课堂训练4.5

把当前文档改名另存为"中秋国庆节放假通知"，并保存到 D:\ 的根文件夹下，同时设置打开文档的权限，并设置密码。

 课堂训练4.6

把假日安排通知文档命名为"假日安排通知 - 姓名"，文件名中的"姓名"是你自己的名字。

4.1.4　文档的编辑

对文档中的文字、字符、图形、图片等内容，可以进行移动插入点、选定文档、复制、删除、查找等操作，这种操作统称为编辑。

实例 4.3　文档的编辑

 情境描述

放假通知录入计算机后，常要对有些段落进行调整，如要把第 1 条的两段合为一段，更换第 3 条与第 4 条的前后位置等。

 任务操作

编辑文档的操作方法如下。

（1）把第 1 条的两段合为一段。在第 1 条"放假 4 天。"行尾部单击，把插入点光标"｜"放置到行尾。按 Delete 键，则下一段落合并到到本段落尾部。

（2）更换第 3 条与第 4 条的前后位置。在第 4 条段落中的任意位置连击 3 次，选定第 4 条的段落。把选定内容拖动到第 3 条前的位置，如图 4-25 所示。

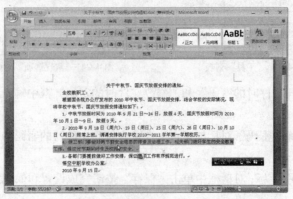

图 4-25　调整完成后的文档

（3）修改序号。把 4 改为 3，把 3 改为 4。

 知识与技能

1．移动插入点

文档中闪烁的插入点光标"｜"和鼠标指针"I"具有不同的外观和作用。插入点光标用于

指示在文档中输入文字和图形的当前位置，它只能在文档区域移动；鼠标指针则可以在桌面上任意移动，移动鼠标指针或者拖动滚动条，并不改变插入点的位置，只有用鼠标在文档中单击才改变插入点。在文档中移动插入点的方法有以下两种。

（1）用鼠标移动插入点。如果要设置插入点的文档区域没有在窗口中显示，可以先使用滚动条使之显示在当前文档窗口，将"I"形鼠标指针移动到要插入的位置，单击鼠标左键，则闪烁的插入点"|"出现在此位置。也可以在空白区域中双击，使用"即点即输"功能，在空白区域中快速设置插入点。

（2）用键盘移动插入点。可以用键盘上的光标移动键移动插入点。表4-1所示为常用的按钮和功能。

表4-1　　　　　　　　　　　　　插入点移动键及功能

键 盘 按 键	功　　能	键 盘 按 键	功　　能
←	左移一个字符或汉字	Home	放置到当前行的开始
←	右移一个字符或汉字	End	放置到当前行的末尾
↑	上移一行	Ctrl+PageUp	放置到上页的第一行
↓	下移一行	Ctrl+PageDown	放置到下页的第一行
PageUp	上移一屏幕	Ctrl+Home	放置到文档的第一行
PageDown	下移一屏幕	Ctrl+End	放置到文档的最后一行

通过"编辑"菜单中的"查找"和"定位"，也可以把插入点定位到特定位置。

2．选定文本

Windows环境下的程序，其操作都有一个共同规律，即"先选定，后操作"。在Word中，体现在对选定文本、图形等处理对象上。选定文本内容后，被选中的部分变为突出显示，一旦选定了文本就可以对它进行多种操作，如删除、移动、复制和更改格式操作。

使用鼠标选择文档正文中的文本的操作如表4-2所示。

表4-2　　　　　　　　　　　　使用鼠标选择文档正文中的文本

选　　择	操　　作
任意数量的文本	在要开始选择的位置单击，按下鼠标左键，然后在要选择的文本上拖动指针
一个词	在单词中的任何位置双击
一行文本	将指针移到行的左侧，在指针变为右向箭头后单击
一个句子	按下Ctrl键不放，然后在句中的任意位置单击
一个段落	在段落中的任意位置连击3次
多个段落	将指针移动到第1段的左侧，在指针变为右向箭头后，按下鼠标左键，同时向上或向下拖动指针
较大的文本块	单击要选择的内容的起始处，滚动到要选择的内容的结尾处，然后按下Shift键不放，同时在要结束选择的位置单击
整篇文档	将指针移动到任意文本的左侧，在指针变为右向箭头后连击3次
页眉和页脚	在页面视图中，双击灰显的页眉或页脚文本。将指针移到页眉或页脚的左侧，在指针变为右向箭头后单击
脚注和尾注	单击脚注或尾注文本，将指针移到文本的左侧，在指针变为右向箭头后单击
垂直文本块	按下Alt键，同时在文本上拖动指针
文本框或图文框	在图文框或文本框的边框上移动指针，在指针变为四向箭头后单击

 知识拓展

1. 插入文本

在插入文本前，首先要确认当前处于插入状态，此时 Word 状态栏中显示为"插入"。把插入点放置到插入字符的位置，输入文字，其右侧的字符逐一向右移动。

如果要在某文字处另起一段落，按 Enter 键，则后面的内容为变为下一段落。如果要把两个连续的段落合为一个段落，把插入点放置到第 1 个段落的最后一个字符后，按 Delete 键，则后面的段落连接到前一个段落后，成为一个段落。

 如果状态栏中显示为"改写"，表示处于改写状态。在改写状态下输入文字，新输入的文字将覆盖掉已有文字。所以，一般都在插入状态下工作。

2. 删除文本

删除文本内容，常用下面两种方法。

（1）删除单个文字或字符。把插入点设在要删除文本之前或之后，按 Delete 键将删除当前光标之后的一个字，按 Backspace 键将删除光标之前的一个字。

（2）删除文本块。选定要删除的文本，然后按 Delete 或 Backspace 键。也可以单击"开始"选项卡中"剪贴板"组上的"剪切"按钮 剪切。

3. 撤销与恢复

在编辑文档的过程中，如果删除错误，可以使用撤销与恢复操作。Word 支持多级撤销和多级恢复。

（1）撤销。操作过程中，如果对先前所做的工作不满意，可用下面方法之一进行撤销，恢复到原来的状态。

- 单击快速工具栏上的"撤销"按钮 （或按 Ctrl+Z 组合键），可取消对文档的最后一次操作。
- 多次单击"撤销"按钮 （或按 Ctrl+Z 组合键），依次从后向前取消多次操作。
- 单击"撤销"按钮 右边的下箭头，打开可撤销操作的列表，可选定其中某次操作，一次性恢复此操作后的所有操作。撤销某操作的同时，也撤销了列表中所有位于它上面的操作。

（2）恢复。在撤销某操作后，如果认为不该撤销该操作，又想恢复被撤销的操作，可单击常用工具栏上的"恢复"按钮 。如果不能重复上一项操作，该按钮将变为灰色的"无法恢复"。

4. 移动文本

移动文本内容最常用的是拖动法和粘贴法。

（1）拖动法。如果移动文本的距离较近，可采用鼠标拖动的方法：选定要移动的文本，将选定内容拖至新位置。

（2）粘贴法。利用剪贴板移动文本可按下面的操作步骤进行。

① 选定要移动的文本。

② 选择"开始→剪贴板→剪切"命令（或按 Ctrl+X 组合键）。这时选定文本已被剪切掉，保存到剪贴板中。

③ 切换到目标位置（可以是当前文档，也可以是另外一个文档），单击插入点位置。

④ 选择"开始→剪贴板→粘贴"命令（或按 Ctrl+V 组合键），这时刚才剪切掉的文本连同

原有的格式一起显示在目标位置。

技巧
如果只想复制文本而不带有文本的格式（如从网页中复制文本），则选择"开始→剪贴板→粘贴→选择性粘贴"命令，弹出"选择性粘贴"对话框，如图4-26所示。然后单击其中的"无格式文本"。

5. 复制文本

复制文本内容常用下面3种方法。

（1）拖动法。选定要复制的文本，按下 Ctrl 键不放，将选定文本拖至新位置。

（2）粘贴法。用粘贴法复制文本的操作步骤如下。

① 选定要复制的文本，选择"开始→剪贴板→复制"命令（或按 Ctrl+C 组合键）。

② 切换到目标位置，单击插入点位置。

③ 选择"开始→剪贴板→粘贴"命令（或按 Ctrl+V 组合键），这时文本内容被复制在目标位置。

（3）Office 剪贴板。Office 剪贴板允许从 Office 文档或其他程序复制多个文本和图形项目，并将其粘贴到另一个 Office 文档中。在 Office 中，每使用一次"剪切"或"复制"命令，在"剪贴板"对话框中将显示一个包含代表源程序的图标，Office 剪贴板可容纳 24 次剪切或复制的内容。

要在任务窗格中显示 Office 剪贴板，则选择"开始→剪贴板→剪贴板对话框启动器"命令，如图 4-27 所示，则在窗口左侧显示图 4-28 所示的 Offic 剪贴板窗格。

图 4-26 "选择性粘贴"对话框　　图 4-27 单击"剪贴板"对话框启动器　　图 4-28 Office 剪贴板窗格

从"剪贴板"粘贴需要的内容，执行操作：单击插入点，然后在"剪贴板"对话框中单击图 4-28 所示要粘贴的项目图标即可。

如果不从"剪贴板"中选择，而直接单击工具栏中的"粘贴"按钮，则只粘贴最后一次放入剪贴板中的内容。

如果要关闭 Office 剪贴板，执行操作：在"剪贴板"任务窗格中，单击"关闭"按钮。

6. 控制粘贴文本的格式

在剪切或复制文本并将其粘贴到文档中时，有时需要保留其原始格式，有时需要采用粘贴位置周围的文本所用的格式。每次粘贴文本时都可以选择上述选项中的任何一个。如果经常使用其中的某个选项，可以将其设置为粘贴文本时的默认选项。

（1）使用"粘贴选项"。

① 选择要移动或复制的文本，然后按 Ctrl+X 组合键移动该文本，或按 Ctrl+C 组合键复制该文本。

② 在要粘贴文本的位置单击插入点，然后按 Ctrl+V 组合键。

③ 在粘贴文本的右下方将出现"粘贴选项"图标，单击"粘贴选项"图标，其下拉菜

单显示如图 4-29 所示。

- 如果保留原始文本外观，则选择"保留源格式"命令。
- 如果要保留粘贴文本的格式，则选择"匹配目标格式"命令。
- 如果要删除粘贴文本的所有原始格式，则选择"仅保留文本"命令。

图 4-29 "粘贴选项"菜单

注意　如果所选内容包括非文本的内容，"仅保留文本"选项将放弃此内容或将其转换为文本。如果所选内容包括项目符号列表或编号列表，"仅保留文本"选项可能会放弃项目符号或编号，这取决于 Word 中粘贴文本的默认设置。

（2）粘贴文本后看不到"粘贴选项"按钮。如果在粘贴文本后没有看到"粘贴选项"按钮，可打开该选项以显示该按钮。

① 按 Ctrl+Z 组合键撤销粘贴。

② 单击"Microsoft Office"按钮，在弹出的菜单中单击"Word 选项"按钮，弹出"Word 选项"对话框。

③ 单击"高级"，然后向下滚动至"剪切、复制和粘贴"部分。

④ 选中"显示粘贴选项按钮"复选框。

⑤ 单击"确定"按钮。

⑥ 按 Ctrl+V 组合键粘贴文本。

7. 查找和替换

Word 中不仅可以查找文字，还可以查找格式文本和特殊字符。

（1）查找文本。查找功能就是在文档中找到指定文本出现的位置，可按下列操作步骤进行。

① 选择"开始→编辑→查找"命令，如图 4-30 所示。

② 在弹出的"查找和替换"对话框中显示为"查找"选项卡，如图 4-31 所示。在"查找内容"文本框内键入要查找的文本（如键入"计算机"）。

图 4-30 "编辑"组　　图 4-31 "查找"选项卡

③ 执行下列操作之一完成文本的查找。

- 要查找单词或短语的每个实例，单击"查找下一处"按钮。
- 要一次性查找特定单词或短语的所有实例，单击"查找全部"，再单击"主文档"。
- 要在文档上突出显示查到的文本，单击"阅读突出显示"按钮，再单击"全部突出显示"。要关闭突出显示，单击"阅读突出显示"按钮，再单击"清除突出显示"。

在查找过程中，可按 Esc 键取消正在进行的搜索。

（2）查找和替换文本。可以自动将某个词语替换为其他词语，替换文本将使用与所替换文本相同的格式。如果对替换结果不满意，可以按"取消"按钮恢复原来的内容。替换文本的操作可按下列操作步骤进行。

① 选择"开始→编辑→替换"命令，如图 4-30 所示。

② 在弹出的"查找和替换"对话框中显示为"替换"选项卡，如图 4-32 所示。在"查找内容"

文本框中，键入要搜索的文本（如"电脑"）。在"替换为"文本框中，键入替换文本（如"微机"）。

③ 执行下列操作之一完成文本的替换

· 要查找文本的下一次出现位置，单击"查找下一处"按钮。

· 要替换文本的某一个出现位置，单击"替换"按钮。

单击"替换"按钮后，插入点将移至该文本的下一个出现位置。

图 4-32 "替换"选项卡

· 要替换文本的所有出现位置，单击"全部替换"按钮。要取消正在进行的替换，可按 Esc 键取消。

　　利用替换功能还可以删除找到的文本，方法是：在"替换为"一栏中不输入任何内容，替换时会以空字符代替找到的文本，等于做了删除操作。

 课堂训练4.7

复制放假通知的所有内容，新建一个文档，把所有内容粘贴到新文档中，并命名为"国庆放假通知 1"，保存到"我的文档"中，然后关闭这个文档。

 课堂训练4.8

把当前文档另存为"国庆放假通知 2"，保存到 D:\ 的"通知"文件夹下，关闭文档。

 课堂训练4.9

回到最初的文档中，把所有"学校"替换为"学院"，把放假通知内容重新改为"实例 4.2"中的内容。

4.2 设置字体和段落格式

学习要点

◎ 设置字体格式，包括字体、字号、字形、效果等

◎ 设置段落格式，包括对齐方式、缩进、行间距、段落间距等

◎ 设置项目符号和编号、边框和底纹等

输入文字后，还要对文档中的文字进行格式设置，包括字体格式、段落格式等，以使其美观

和便于阅读，Word 提供了"所见即所得"的显示效果。

4.2.1　设置字体格式

字体格式包括字体的字形、字号、颜色、字形（如粗体、斜体、下画线）等。默认字号是五号字，中文字体是宋体，西文是 Times New Roman。可以根据需要重新设置文本的字体。

设置字体格式的方法有两种：一种是在未输入字符前设置，其后输入的字符将按设置的格式一直显示下去；另一种是先选定文本块，然后再设置，它只对该文本块起作用。

实例 4.4　设置字体格式

情境描述

对公文的排版有一些更加详尽的要求，如通知的标题是宋体二号字红色，正文是宋体三号字。

任务操作

选定放假通知标题行的全部文字，松开鼠标按键后，将出现浮动的字体格式工具栏，单击"字体"列表框右端的下箭头 ，从字体列表中选择字体为"方正大标宋简体"。仍然保持标题行被选中，单击"字号"列表框右端的下箭头 ，从字号列表中选择字号为"二号"。再单击格式工具栏中的"字体颜色（红色）"按钮 ，如图 4-33 所示。

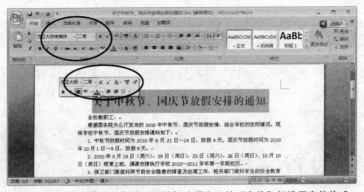

图 4-33　使用浮动工具栏或"开始"选项卡上的"字体"组设置字体格式

知识与技能

1. 设置字体格式

设置字体格式时，最简便的方法是使用浮动工具栏或选择"开始→字体"命令，然后单击工具栏上的按钮来设置。如果字体格式工具栏中没有需要的字体格式，可通过"字体"对话框来设置，在"字体"对话框中包括了更多的对字体进行设置的选项。

选定要更改的文本，选择"开始→字体→字体对话框启动器"命令，弹出"字体"对话框，如图 4-34

所示。设置中文字体为"宋体"，西文字体为"Times New Roman"，字形为"常规"，字号为"三号"，然后单击"确定"按钮。在"字体"对话框中可以对字符详细设置，包括字体、字型、字号、效果等。

2. 清除格式

选定要清除格式的文本，选择"开始→字体→清除格式"命令，将清除所选内容的所有格式，只留下纯文本。

3. 设置超链接 *

Word 中的超链接，可以链接到文件、网页、电子邮件地址。下面链接到网页，具体操作方法如下。

（1）选中要链接的文字内容，如"国务院办公厅"，如图 4-35 所示左图。

图 4-34 "字体"对话框

（2）选择"插入→链接→超链接"命令，弹出"插入超链接"对话框。

（3）在"地址"中将查询到的网页地址粘贴到该框中，单击"确定"按钮。此时，超链接文字被自动加上下画线并以默认蓝色显示。将鼠标指向超链接文字时，将出现提示文字，如图 4-35 所示右图。按下 Ctrl 键并单击鼠标将自动链接到指定的网页。

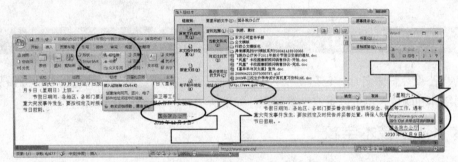

图 4-35 链接到网页

1. 统计字数 *

打开文档后，会自动统计文档中的总页数和总字数，并将其显示在工作区底部的状态栏上 页面: 22/70 字数: 41,895 。

可以统计一个或多个选定区域中的字数，而不是文档中的总字数。对其进行字数统计的各选择区域无需彼此相邻。选择要统计字数的文本，状态栏将显示选择区域中的字数。例如， 字数: 197/42,046 表示选择区域中的字数为 197，文档中的总字数为 42 046。

　　要选择不相邻的各个文本选择区域，请先选择第1个选择区域，然后按住Ctrl键并选择其他选择区域。

2. 修订 *

在审阅别人的文档时，有时需要对该文档修改。通过下面的方法可以将修改过程记录下来，以方便对方知道你做了哪些修改。操作方法是，选择"审阅→修订→修订"命令，该按钮突出显示，表示处于"修订"状态。此时，可以在文档中对文件进行添加、删除等修改操作，所有修改的内

容均被特别标注出来，如图4-36所示。

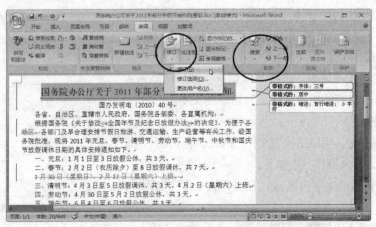

图4-36　修订

对方可以在你修改的位置单击，选择"审阅→更改→接受或者拒绝"命令，即可接受或拒绝你的修改意见。

课堂训练4.10

为自己设计一张名片，包括学校名称、专业、班、姓名、职务、地址、电话等信息，并用不同字体和颜色，也可以更改字符间距，如下所示。

××职业技术学校

软件专业　20100211 班

王美丽　班长

地址：北京市朝阳区东坝大街1号　邮编：100018

电话：010-65533959 手机：13801013366　E-mail：Wangmeili@163.com

课堂训练4.11

设置数学公式的字体格式：$a_1X^2+a_2X+a_3=0$

4.2.2　设置段落格式

段落是文本、图片及其他对象的集合，每个段落结尾跟一个段落标记↵，每个段落都有自己的格式。设置段落格式是对某个段落设置格式。段落格式包括段落的对齐方式、段落的行距、段落之间的间距等。

实例 4.5　设置段落格式

情境描述

　　为了使前面实例中的公文看起来更正规一些，需要对公文段落格式设置一些特定的要求。例如，通知的标题段前空 1.5 行，段后空 1 行，居中；正文段首文字缩进 2 个汉字，单倍行距；发文名称和日期右对齐空两个汉字。

任务操作

　　（1）单击通知的标题行。因是设置段落格式，只需把插入点设置到该段中的任意位置。

　　（2）把标题设置为居中。选择"开始→段落→居中"命令。

　　（3）设置标题段前、段后的间距。单击"段落"组中的 或者对话框启动按钮，弹出"段落"对话框，在"缩进和间距"选项卡的"间距"区中，单击"段前"后的数字调节按钮，使之显示"1.5 行"；单击"段后"后的数字调节按钮，使之显示"1 行"，如图 4-37 所示，单击"确定"按钮。

　　（4）选中通知的所有正文，单击"段落"组中的对话框启动按钮，在"段落"对话框的"缩进和间距"选项卡的"缩进"区中，单击"特殊格式"下拉列表中的"首行缩进"；在"磅值"文本框中输入"2 字符"。在"间距"区中，单击"行距"下拉列表框中的"单倍行距"，最后单击"确定"按钮。

　　不要选中标题和文件号这两行，如果这两行也设置了首行缩进，将在居中后向右多缩进2个汉字，看起来就偏右了。

　　（5）选中最后两行的落款单位和日期，单击"格式"工具栏上的"右对齐"按钮 。把插入点设置到落款单位的行尾，按两次空格键，输入两个空格。

　　设置字体、段落格式后，放假通知在文档中显示如图 4-38 所示。

图 4-37　"缩进和间距"选项卡

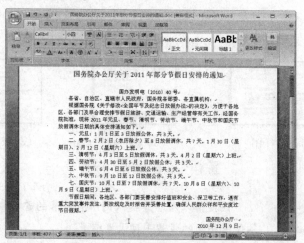

图 4-38　放假通知在文档中显示

知识与技能

1. 设置已有段落的水平对齐方式

水平对齐方式确定段落边缘的外观和方向，包括两端对齐（表示文本沿左边距和右边距均匀地对齐，是默认的对齐方式）、左对齐文本、右对齐文本、居中文本等。可以对不同的段落设置不同的对齐方式，如标题使用居中对齐，正文使用两端对齐或右对齐等。操作方法是，选定需要对齐的段落，或将插入点置于该段落中；选择"开始→段落"命令（见图4-39），单击"左对齐"，或"右对齐"，或"居中"，或"分散对齐"，或"两端对齐"按钮。

2. 设置段落缩进

就像在稿纸上写文稿一样，文本的输入范围是整个稿纸除去页边距以后的版心部分。但有时为了美观，文本还要再向内缩进一段距离，这就是段落缩进，如图4-40所示。缩进决定了段落到左右页边距的距离。

图4-39 "开始"选项卡上的"段落"组　　　　图4-40 页边距与段落缩进示意

段落缩进类型有首行缩进、悬挂缩进、反向缩进3种，如图4-41所示。

（1）只缩进段落的首行（首行缩进）。在要缩进的行中单击，把插入点设置到要设置的段落中。选择"页面布局→段落→段落对话框启动器"命令，弹出"段落"对话框的"缩进和间距"选项卡，如图4-42所示。对于中文段落，最常用的段落缩进是首行缩进2个字符。在"缩进"下的"特殊格式"列表中，单击"首行缩进"，然后在"磅值"文本框中设置首行的缩进间距量，如输入"2字符"。

（a）首行缩进

（b）悬挂缩进

（c）反向缩进

图4-41 段落缩进的3种类型

图4-42 "缩进和间距"选项卡

 注意　　该段落以及后续键入的所有段落的首行都将缩进。但是选定段落之前的段落必须使用相同的步骤手动设置缩进。

（2）缩进段落首行以外的所有行（悬挂缩进）。

使用水平标尺设置悬挂缩进可按下列操作步骤进行。

① 若要缩进某段落中首行以外的所有其他行（也称为悬挂缩进），选择该段落。

② 在水平标尺上，将"悬挂缩进"标记拖动到希望缩进开始的位置。水平标尺上各部分的含义如图 4-43 所示。

图 4-43　水平标尺

如果看不到文档顶部的水平标尺，单击垂直滚动条顶部的"标尺"按钮 。

若要在设置悬挂缩进时更加精确，选择"缩进和间距"选项卡上的选项。

① 在要缩进的行中单击，把插入点设置到要设置的段落中。

② 选择"页面版式→段落→段落对话框启动器"命令。

③ 弹出"段落"对话框的"缩进和间距"选项卡，如图4-42所示。在"缩进"下的"特殊格式"列表中，单击"悬挂缩进"，然后在"设置值"框中设置悬挂缩进所需的间距量。

（3）创建反向缩进。选定要延伸到左边距中的文本或段落。单击"段落"对话框启动器按钮，在如图 4-42 所示的"缩进和间距"选项卡中，在"缩进"组中，单击"左侧"框中的向下箭头。继续单击向下箭头，直到选定的文本达到其在左页边距中的目标位置。

 知识拓展

1. 调整行距或段落间距

Word 中的间距包括字间距、行间距和段落间距 3 种格式。字间距是指文本之间的距离，行间距是指同一段落中各行之间的距离，段落间距是指各段落之间的距离。默认情况下，文档中段落间距和行距都是统一的"单倍行距"。也可以更改行距、段前或段后的间距。

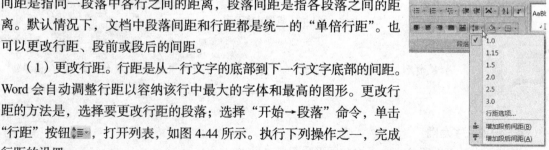

（1）更改行距。行距是从一行文字的底部到下一行文字底部的间距。Word 会自动调整行距以容纳该行中最大的字体和最高的图形。更改行距的方法是，选择要更改行距的段落；选择"开始→段落"命令，单击"行距"按钮 ，打开列表，如图 4-44 所示。执行下列操作之一，完成行距的设置。

图 4-44　水平标尺

① 要应用新的设置，单击所需行距对应的数字。例如，如果单击"2.0"，则所选段落将采用双倍间距。

② 要设置更精确的间距度量单位，单击"行距选项"，显示"段落"对话框的"缩进和间距"选项卡，如图 4-42 所示，然后在"行距"下选择所需的选项。

（2）更改段前或段后的间距。段落间距包括段前间距和段后间距。段前间距是一个段落的首行与上一段落的末行之间的距离。段后间距是一个段落的末行与下一段落的首行之间的距离。操作方法是，选定要更改段前或段后的间距的段落；单击"段落"对话框启动器按钮 ，在如图 4-42 所示的"缩进和间距"选项卡中，在"缩进"组中单击"段前"、"段后"后面的箭头，或者输入所需的间距。

2. 插入文件（合并文档）

可以把已有的文档内容插入到当前文档中，也就是常说的合并文档。操作方法为：单击要插入文本的位置，选择"插入→文本→对象→文件中的文字"命令，如图 4-45 所示。弹出"插入文件"对话框，找到所需的文件后，双击该文件即可将其插入到当前文档中。

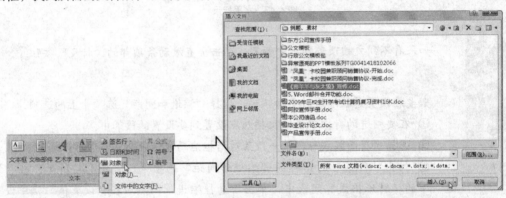

图 4-45　插入文件

3. 设置首字下沉格式

首字下沉是加大的大写首字母，可用于文档或章节的开头，也可用于为新闻稿或请柬增添趣味。操作方法是，单击要以首字下沉开头的段落，选择"插入→文字→首字下沉"命令，如图 4-46 所示。

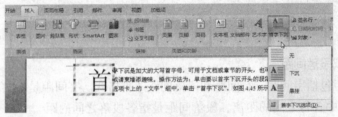

图 4-46　设置首字下沉

注意

如果要取消首字下沉，只需在"首字下沉"列表中，单击"无"。

4. 设置文字方向

可以更改页面中段落、文本框、图形、标注或表格单元格中的文字方向，以使文字可以垂直或水平显示，操作方法是，选定要更改文字方向的文字，或者单击包含要更改的文字的图形对象或表格单元格；选择"页面布置→页面设置→文字方向"命令，如图 4-47 所示。从

图 4-47　设置文字方向

列表中选择需要的文字方向。

课堂训练4.12

录入并排版设计一份自荐书，要求标题、段落、落款按自荐书的形式编排。

自 荐 书

尊敬的领导：

　　您好！感谢您在百忙之中审阅我的自荐书，我诚挚地向您推荐自己！

　　我叫王美丽，是 ×× 职业技术学校软件专业 2012 届即将毕业的一名中职毕业生。中职三年，我不但以优良成绩完成了软件专业全部课程，而且全面发展，以锐意进取和踏实诚信的作风及表现赢得了老师和同学的信任和赞誉。我有较强的管理能力，活动组织策划能力和人际交往能力。曾担任班长，校学生会委员等职务，得到学校领导、老师、同学的一致认可和好评，先后获得校"优秀共青团员"，"三好学生"，"优秀学生干部"等荣誉称号。在校期间，我表现突出，成绩优异，评得一等补贴金，二等奖学金。通过努力，我顺利通过了全国普通话等级考试，并以优异的成绩获得二级甲等证书；获得国家计算机水平一级考试证书。校园里，丰富多彩的社会生活和井然有序而又紧张的学习气氛，使我得到多方面不同程度的锻炼和考验，我很强的事业心和责任感使我能够面对任何困难和挑战。

　　尊敬的领导，我希望应聘贵公司文档管理员，相信您的慧眼，开启我人生的旅程。再次感谢您为我留出时间，来阅读我的自荐书，祝您工作顺心！期待您的希望！

　　此致

敬礼！

自荐人：王美丽

2010.10.16

课堂训练4.13

打开 Word 文档"喜羊羊与灰太狼 .doc"，进行下面的操作。

① 新建文档，在自己姓名命名的文件夹中建立一个新文档，文件名为《喜羊羊与灰太狼》简介 .doc"。把"喜羊羊与灰太狼 .doc"文档中的内容都复制到当前文档中。

② 设置标题：为文档加入标题"《喜羊羊与灰太狼》简介"，设置字体为"隶书"，字号"三号"，对齐方式"居中"。标题的段落格式为：段前"1 行"，段后"0.5 行"。

③ 设置正文：字体"仿宋 _GB2312"，字号"小四"，段前左缩进 2 个字符，行距为"单倍行距"，两端对齐。

④ 查找替换：利用 Word 中的替换功能，将该文档中的"中国"改为"国内"。

⑤ 设置页面：纸张大小：A4，上、下、左、右边距均为 2.5 厘米。

⑥ 保存该文档。

《喜羊羊与灰太狼》简介

《喜羊羊与灰太狼》以羊和狼两大族群间妙趣横生的争斗为主线，剧情轻松诙谐的风格，情节爆笑，对白幽默，还巧妙地融入社会中的新鲜名词。这部超强人气的长篇动画以"童趣但不幼稚，启智却不教条"的鲜明特色，赢得众多粉丝，在国内各项动画比赛中更是屡获殊荣。

《喜羊羊与灰太狼》迄今播出已突破500多集，是目前中国集数最长的动画片之一。迄今已推出玩偶、图书、舞台剧、手机游戏等相关产品，其中"喜羊羊"系列图书销量过百万，在图书销售排行榜上长期位居前3名，是小学生最喜爱的口袋书之一。而首度推出的剧场版《喜羊羊与灰太狼之牛气冲天》2009年1月16日首映以来，首映日800万、周末三天票房3000万。在2010年1月29日起上映的最新贺岁大电影《喜羊羊与灰太狼之虎虎生威》首映日票房1250万，首周末票房4500万元，远超"喜羊羊"系列首部《喜羊羊与灰太狼牛气冲天》首周末3000万元的票房成绩，截至2月10日，仅仅用了两周时间《喜羊羊与灰太狼之虎虎生威》全国票房已超过1亿人民币，创造出国产动画片的最快卖座速度。截至2月28日，《喜羊羊与灰太狼之虎虎生威》全国票房以1.28亿人民币收官，较第一部增长约50%，再创新高。

4.2.3 文档内容的修饰

可以对文档中的文字、段落进行修饰，以加强显示效果。修饰方式有项目符号和段落编号、边框和底纹等。

实例 4.6 修饰文档的内容

 情境描述

对于一般的邀请函、请柬之类的文档，都要求醒目，其中有些关键词能引起阅读者的注意。现在需要设计下面的中国手机游戏开发者大会邀请函。

中国手机游戏开发者大会

本年度中国最大规模的移动开发者盛会，本年度中国最有价值的移动应用领域的盛会，揭示最新移动技术发展趋势，分享最热应用技术与产品成功秘诀！

此次活动预计千名参会者参与，将云集国内外顶级应用程序开发厂商及作者齐聚一堂。

主题：**迎接万亿移动应用大时代**

议题：平台与技术实践、营销与商业模式、产品与设计、手机游戏、投资与创业等

时间：2012 年 10 月 21 日~22 日（星期四、星期五）

地点：**北京·皇冠假日酒店**

形式：**主题演讲、分论坛讨论及展览展示**

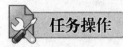 **任务操作**

操作方法如下。

（1）首先输入请柬文字，并按内容要求分好段落。

（2）给邀请函加一个边框。选中所有文档内容，选择"开始→段落"命令，单击"下画线"旁边的向下箭头 ▾ 。从下拉列表中选择"边框和底纹"命令，在弹出的"边框和底纹"对话框中切换到"边框"选项卡，如图 4-48 所示。单击"设置"下的"方框"图标，"线型"选择为双线，"颜色"选择为绿色，"宽度"选择为 0.754 磅，"应用于"下拉列表框中选择"段落"，然后单击"确定"按钮。

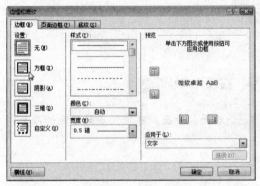

图 4-48 "边框"选项卡

图 4-49 "底纹"选项卡

（3）设置邀请函第 1 行、第 2 行的字体、字号、对齐方式和段落底纹。同时选中邀请函的第 1 行、第 2 行，单击"格式"工具栏上的"居中"按钮 ≡ ，使标题居中显示。在如图 4-49 所示"边框和底纹"对话框的"底纹"选项卡中，选择"填充"色为浅绿，"应用于"下拉列表框中选择"段落"。然后单击"确定"按钮。

（4）选中第 1 行，设置字体为"方正大标宋简体"，字号为"三号"。选中第 2 行的"邀请函" 3 个字，设置字体为"华文彩云"，字号为"一号"。

（5）设置正文的首行缩进。选中第 1 行、第 2 行下面的所有正文段落，设置为首行缩进 2 字符。

（6）分别设置其他段落的底纹，文字的字体、字号、外观等。

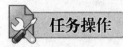 **知识与技能**

1. 添加项目符号列表或编号列表

利用 Word 2007 可以快速给现有文本行添加项目符号或编号，Word 可以在键入文本时自动创建编号列表。

默认情况下，如果段落以星号"*"或数字"1."开始，Word 会认为开始项目符号或编号列表。按 Enter 键后，下一段前将自动加上项目符号或编号。

（1）键入"*"（星号）开始项目符号列表，或键入"1."开始编号列表，然后按空格键或 Tab 键。

键入所需的文本，按后按 Enter 键。

（2）Word 会自动插入下一个项目符号或编号，添加下一个列表项。

（3）要完成列表，按两次 Enter，或按 Backspace 删除列表中的最后一个项目符号或编号。

> **注意** 由于自动项目符号和编号不容易控制，一般不希望Word自动创建。如果不想将文本转换为列表，可以单击出现的"自动更正选项"按钮，从列表中单击"撤销自动编号"或"停止自动创建编号列表"，如图4-50所示。

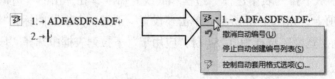

图 4-50 取消自动编号

2．在列表中添加项目符号或编号

（1）选择要向其添加项目符号或编号的项目。

（2）选择"开始→段落"命令，单击"项目符号"或"编号"。

> **提示** 单击"项目符号"或"编号"后面的箭头，可找到多种不同的项目符号样式和编号格式。

3．取消项目符号或编号

（1）单击选择列表中的项。

（2）在"开始"选项卡上的"段落"组中，单击突出显示的"项目符号"或"编号"。或者在"开始"选项卡上的"字体"组中，单击"清除格式"。

知识拓展

如果以前已经设置了格式，用格式刷复制字符和段落格式非常简便。使用"开始"选项卡上的"格式刷"，可以把已有格式复制到其他文本格式和一些基本图形格式，如边框和填充。使用"格式刷"复制格式的具体操作步骤如下。

（1）选择具有要复制的格式的文本或图形。如果要复制文本格式，选择段落的一部分。如果要复制文本和段落格式，选择整个段落，包括段落标记。

（2）选择"开始→剪贴板→格式刷"命令，如图 4-51 所示，指针变为画笔图标。

图 4-51 格式刷

如果想更改文档中的多个选定内容的格式，双击"格式刷"按钮。

（3）选择要设置格式的文本或图形。

（4）要停止设置格式，按 Esc 键或再次单击"格式刷"。

"格式刷"可以复制图片中的格式（如图片的边框）。

课堂训练4.14

设计一张社团招募广告。字体、字号、背景自定。

动漫社团 正式对外纳新啦！！

你想体验成为社团干部的感觉么？

你想为你心爱的**动漫**事业出一份力量么？

你是真正的**动漫**迷么？

你喜欢**动漫**么？

如果是，不用多说，来加入我们吧！

我们唯一的要求一就是你热爱**动漫**！！！

全新的社团，欢迎热爱**动漫**的你加入！还等什么，快来吧！

主要活动：Cosplay、看动漫影视

联系方式：13010018866

课堂训练4.15

设计一张晚会请柬，后三行用制表符。

请　　柬

敬爱的 ×× 书记

敬爱的 ×× 校长

敬爱的 ×× 副校长：

　　期中考试已过，金秋迎来丰收。为了丰富同学们的课余生活，为了下半学期更加努力奋斗，我们决定举办一次校园"放飞心情，收获美好"的晚会，特邀请各位领导参加。我们相信，各位的到来，将使校园晚会更有意义，将有助于同学们更直接了解学校领导。

　　时间：

　　地点：

学校团委

校学生会

× 月 × 日

4.3 页面设置

◎ 设置页面，包括纸张大小、每行字数和每页行数、页面方向、页边距等
◎ 设置文档的分页和分节，会设置页码，会设置页眉和页脚
◎ 设置分栏，会使用水印或背景来标记文档

在 Word 中创建的内容都以页为单位显示或打开到页上。前面所做的文档编辑，都是在默认的页面设置下进行的，即套用 Normal 模板中设置的页面格式。但这种默认页面设置在多数情况下并不符合用户要求，因此需要用户根据自己的需要对其进行调整。

Word 的页面分为文档区域和页边距区域，页面各部分的名称如图 4-52 所示。

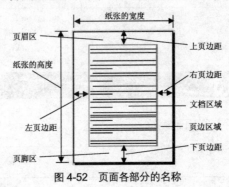

图 4-52 页面各部分的名称

4.3.1 设置页面

实例 4.7 页面设置

情境描述

公文对页面有一定的要求，在《国家行政机关公文格式》（GB/T 9704—1999）中有相关规定。现在按公文要求设置"放假通知"文档的页面。

任务操作

1. 设定版心

国标 GB／T 9704—1999 规定"公文用纸采用 GB/T 148 中规定的 A4 型纸，其幅面尺寸为：

21 厘米 ×29.7 厘米,公文用纸天头（上白边）为: 3.7 厘米 ±0.1 厘米,公文用纸订口（左白边）为: 2.8 厘米 ±0.1 厘米,版心尺寸为: 15.6 厘米 ×22.5 厘米（不含页码）。"在 Word 中具体设置方法如下。

（1）选择"页面布局→页面设置→纸张大小"命令,如图 4-53 所示。从下拉列表中选取需要的纸张大小（默认为 A4）。

（2）选择"页面设置→页边距→自定义边距"命令,弹出"页面设置"对话框,在"页边距"选项卡中,根据公文要求的数据,可算出页边距尺寸。在"方向"中设置为"纵向";在"上"中设置为 3.7 厘米,"下"设置为 3.5 厘米,"左"设置为 2.8 厘米,"右"

图 4-53 "页面布局"选项卡上的"页面设置"组

设置为 2.6 厘米,"装订线"设置为 0 厘米,位置为"左"。如图 4-54 所示,按此数值设定即可实现版心尺寸 15.6 厘米 ×22.5 厘米（不含页码）。

2. 设置页脚和页眉

国标规定公文排版页码"用四号半角白体阿拉伯数码标识,置于版心下边缘之下一行,数码左右各放一条四号一字线,一字线距版心下边缘 0.7 厘米。单页码居右空 1 字,双页码居左空 1 字。"在 Word 中具体设置方法如下。

（1）单击"页面设置"组右下角的对话框启动器按钮 ,弹出"页面设置"对话框,在"版式"选项卡中,在"距边距"的"页脚"后设置为 3 厘米,可实现一字线距版心下边缘 0.7 厘米；设置"页眉"为 1 厘米。

（2）选择"奇偶页不同"复选框,这样可实现单、双页码分置左右；设置"节的起始位置"为"新建页","垂直对齐方式"为"顶端对齐"。设置完成后,如图 4-55 所示。

3. 设置每页行数与每页字数

国标规定"每面排 22 行,每行排 28 个字。"在 Word 中具体设置方法如下。

（1）在"页面设置"对话框的"文档网格"选项卡中,选中"指定行和字符网格"单选钮,不选择"使用默认跨度"复选框；设置"每行"字符数为 28,"每页"行数为 22,其他保留默认值,如"方向"为水平,"栏数"为 1,"应用于"为"整篇文档",如图 4-56 所示。

图 4-54 设置页边距

图 4-55 设置页眉页脚

图 4-56 设置每页行数与每页字数

（2）以上设置全部完成后,如果希望今后仍然使用这个设置,则单击"页面设置"对话框左下角的"默认"按钮,显示提示对话框"是否更改页面的默认设置? 此更改将影响所有基于 Normal 模板的新文档",单击"是（Y）"按钮,保存所有更改设置,则以后建立新文档时,上述设置将以默认值出现,每次新建文档时将不必再重新设置。

4．字体设置

国标规定"正文用三号仿宋体字。"在 Word 中设置方法如下。

（1）选择"开始→字体→对话框启动器命令 🖳"，弹出"字体"对话框。单击"字体"选项卡，"中文字体"选"仿宋_GB3212"，"字形"选"常规"，"字号"选"三号"，其他设置不变。

（2）如果以后默认使用这样的字体设置，单击"字体"对话框左下角的"默认"按纽，将上述设置保存为默认值。此默认值为文档正文默认值，标题可在文字录入过程中另行设定。

5．插入页码

国标规定公文页码"用四号半角白体阿拉伯数码标识，置于版心下边缘之下 1 行，数码左右各放一条四号一字线，一字线距版心下边缘 0.7 厘米。单页码居右空 1 字，双页码居左空 1 字。"在 Word 中具体设置方法如下。

（1）选择"插入→页眉和页脚→页码"命令，如图 4-57 所示。

（2）打开下拉列表，单击"页码在底端"中的"普通数字 3"。

（3）在"页眉和页脚"组中，单击"页码"的下箭头，选择"设置页码格式"命令，弹出"页码格式"对话框，如图 4-58 所示。在"数字格式"中选"– 1 –，– 2 –，"单选"起始页码"，设置页码为"1"，单击"确定"按钮。此时在页脚位置出现页码，其中单页页码居右，双页页码居左。

图 4-57 "插入"选项卡上的"页眉和页脚"组　　　　图 4-58 "页码格式"对话框

（4）设置页码为四号字，奇数页右空 1 个字的位置，偶数页左空 1 个字的位置。在文档第 1 页双击页码，页码数字所在文字框生效，选中页码数字和符号"– 1 –"，通过"格式"工具栏设定字号为"四号"；然后在"段落"对话框的"缩进和间距"选项卡中，在"缩进"的"右"中设为"1 字符"，单击"确定"按钮。在如图 4-59 所示，单击"下一节"，显示下一页，在第 2 页的页脚区中，选中页码数字和符号，设定字号为"四号"，然后在"段落"对话框的"缩进和间距"选项卡中，在"缩进"的"左"中设为"1 字符"，单击"确定"按钮。如图 4-60 所示，最后单击"关闭页眉和页脚"回到文本编辑状态，即完成双页页码设定。

图 4-59 设置第 1 页　　　　　　　　　　图 4-60 设置第 2 页

提示　如果要删除页码，选择"插入→页眉和页脚→页码→删除页码"命令。如果在页面中设置了奇偶页不同，还要在切换到另外一页删除页码。

4.3.2　页眉和页脚

页眉和页脚通常用于打印文档。页眉出现在每页的顶端，打印在上页边距中；而页脚出现在每页的底端，打印在下页边距中。可以在页眉和页脚中插入文本或图形，如页码、日期、徽标、文档标题、文件名或作者名等，以美化文档。

实例 4.8　设置页眉和页脚

 情境描述

有些文档的页面上加上页眉和页脚会更美观，如正式出版的图书、学位论文等。下面介绍设置页眉和页脚的基本操作方法。

 任务操作

1. 插入页眉和页脚

在文档中插入页眉的具体操作方法如下。

（1）选择"插入→页眉和页脚→页眉→页眉样式"空白（三栏）"命令。

（2）自动切换到"页眉和页脚"视图，如图 4-61 所示，在"输入文字"处输入文字，页眉即被插入到文档的每一页中，如图 4-62 所示。

图 4-61　插入页眉样式

图 4-62　输入页眉文字

用同样方法，可插入页脚。

 提示　如有必要，选中页眉或页脚中的文本，然后使用浮动工具栏上的格式选项，可以设置文本格式。也可以在页眉中插入文本或图形，在"插入"选项卡上的"页眉和页脚"组中，单击"页眉"，从下拉列表中，单击"编辑页眉"或"编辑页脚"，插入文本或图形。

 注意　如果在"页面设置"对话框中选中了"奇偶页不同"复选框，则要在偶数页上插入用于偶数页的页眉或页脚，在奇数页上插入用于奇数页的页眉或页脚。

2. 删除页眉或页脚

删除一个页眉或页脚时，Word 自动删除整篇文档中相同的页眉或页脚。在文档中删除页眉和页脚的操作方法如下。

（1）单击文档中的任何位置，选择"插入→页眉和页脚→页眉或页脚"命令。

（2）从弹出的下拉列表中，选择"删除页眉"或"删除页脚"命令。

4.3.3 文档分页

Word 提供了自动分页和人工分页两种分页方法。

实例 4.9 文档分页

情境描述

在编辑文档时，有些内容需要另起一页，这时就要分页。

任务操作

Word 提供了自动分页和人工分页两种分页方法。

1. 自动分页

自动分页是建立文档时，Word 根据字体大小、页面设置等，自动为文档做分页处理。Word 自动设置的分页符在文档中不固定位置，它是可变化的，这种灵活的分页特性使得用户无论对文档进行过多少次变动，Word 都会随文档内容的增减而自动变更页数和页码。

2. 手工分页

手工分页是用户根据需要手工插入分页标记，可以在文档中的任何位置插入分页符。插入手动分页符的具体操作方法如下。

图 4-63 "插入"
选项卡上的"页"组

（1）在文档中，单击要开始新页的位置。

（2）选择"插入→页→分页"命令，如图 4-63 所示。

在页面视图、打印预览和打印的文档中，分页符后面的文字将出现在新的一页上。在普通视图中，自动分页符显示为一条贯穿页面的虚线；人工分页符显示为标有"分页符"字样的虚线。

文档中如果有多余的分页符，可以将其删除。这些多余的分页符如果是人工的分页符，在普通视图中选定该分页符，按Delete键可以删除该分页符。

知识与技能

当文本或图形填满一页时，Word 会插入一个自动分页符并开始新的一页。也可以随时选择"插入→页→新建页"命令，向文档中添加新的空白页或添加带有预设布局的页；还可以删除文档中的分页符，以删除不需要的页。

1. 添加页

（1）单击文档中需要插入新页的位置。插入的页将位于光标之前。

（2）选择“插入→页→空白页”命令，如图 4-63 所示。

2. 添加封面

Word 2007 提供一个预先设计的封面样式库，无论光标出现在文档的什么地方，封面始终插入文档的开头。

（1）选择“插入→页→封面”命令。

（2）在选项库中选择一个封面布局，然后用自己的内容替换示例文本。

提示

要删除封面，则选择“插入→页→封面→删除当前封面”命令即可。

4.3.4 添加分栏、水印

实例 4.10 添加分栏和水印

情境描述

为了版面的活泼与美观，有些文档中的段落需要分栏，有些文档中的段落需要水印。

任务操作

1. 分栏排版

Word 默认文档采用单列一栏排版，也可以改为两栏或多栏进行排版。

（1）如果对全部文档分栏，插入点可在文档中的任何位置；如果要部分段落分栏，要先选定这些段落。

（2）选择“页面布局→页面设置→分栏”命令。

（3）从下拉列表中选择“一栏”、“两栏”、“三栏”、“偏左”或“偏右”。如果选定“更多分栏”，则弹出“分栏”对话框，如图 4-64 所示。

（4）在“预设”区选定分栏数，或者在“栏数”框中输入分栏数，在“宽度和间距”中设置“栏宽”和“间距”。

（5）如果需要在各栏之间插入分隔线，则选中“分隔线”复选框。

（6）在“应用范围”中选定应用范围，可以是“整篇文档”、“插入点之后”或“所选文字”。

（7）单击“确定”按钮。

如果“应用范围”是“插入点之后”或“所选文字”，确定后会自动加上分节符。

2. 水印

水印是页面中文档的背景，在文档中添加文字水印的方法为：选择“页面布局→页面背景→水印”命令，如图 4-65 所示。从下拉列表中，执行下列操作之一即可完成水印的设置。

（1）选择水印库中的一个预先设计好的水印，例如“机密”或“紧急”。

（2）选择“自定义水印”命令，弹出如图 4-66 所示“水印”对话框，选中“文字水印”单选钮，然后选择或键入所需的文本。在该文本框中还可以设置文本的格式。

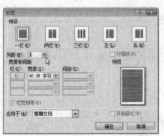

图 4-64 "分栏"对话框　　　　图 4-65 "页面布局"选项卡上的"页面背景"组　　　　图 4-66 "水印"对话框

水印只能在页面视图和全屏阅读视图下或在打印的页面中显示。若要查看水印在打印页面上的显示效果，应使用页面视图。

课堂训练4.16

参照图 4-67 所示嘉奖令公文，进行排版。

① 设置页面：纸张大小：A4（21 厘米 × 29.7 厘米）。页边距：上、下均为 2.54 厘米，左、右均为 3.17 厘米，纵向。只指定行网格，每页 42 行，跨度 16.3 磅。

② 设置红头标题：黑体、初号、红色、居中。XX 政发号：黑体、小四号、红色、居中。红色横线，3 磅。

③ 正文嘉奖令标题格式：黑体、二号、居中。

④ 正文文字均为三号字，宋体。

⑤ 以"嘉奖令"为文件名存入自己的文件夹中。

课堂训练4.17

在自己的文件夹中建立一个新文档，文件名为"凤凰卡销售协议 - 你的姓名 .doc"。把"凤凰卡校园兼职顾问销售协议 - 开始 .doc"中的文字复制到你的文档中，然后按照图 4-68 所示设置文档的格式。

图 4-67 公文排版练习　　　　　　　　　　图 4-68 销售协议

① 设置页面：页边距上、下均为 3 厘米，左、右均为 2 厘米。纸张大小 A4 竖放。每页 40 行，每行 40 字。页码为五号宋体、居中。

② 设置标题：黑体、小一号、居中，段前 2 行、段后 1 行。

③ 设置甲方和乙方的内容和小标题为黑体、小四号。

④ 设置正文为宋体、小四号，单倍行距。所有段落首行缩进 2 个字符。

4.4 打印文档

◎ 打印预览文档

◎ 打印文档

对于编辑完成的文档，有些需要打印出来。

实例 4.11 打印文档

 情境描述

按要求完成了文档的录入和排版，为了方便阅读，现在把这些文档通过打印机打印出来。

 任务操作

1. 打印前预览页面

打印前一般需要浏览一下版面的整体格式，如不满意可以进行调整，然后再打印。

（1）单击"Microsoft Office"按钮，打开下拉菜单，单击"打印"后的箭头，然后选择"打印预览"命令，窗口切换到"打印预览"窗口，如图 4-69 所示。

（2）单击功能区上的按钮可以在打印前预览页面或进行更改。

（3）单击功能区上的"关闭打印预览"按钮，回到以前视图。

2. 打印文件

（1）单击"Microsoft Office"按钮，打开下拉菜单，然后单击"打印"按钮，或者按 Ctrl+P 组合键，弹出"打印"对话框，如图 4-70 所示。

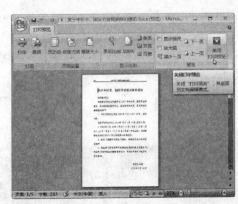

图4-69 "打印预览"视图

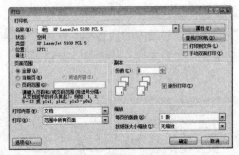

图4-70 "打印"对话框

若要不使用"打印"对话框打印，单击"Microsoft Office"按钮，单击"打印"旁的箭头，然后选择"快速打印"命令。

（2）单击所需的选项。在"页码范围"框中指定要打印的部分文档。如果打印非连续页，则要键入页码，并以逗号相隔；对于某个范围的连续页码，可以键入该范围的起始页码和终止页码，并以连字符（减号）相连。例如，若要打印第 1、2、3、5、8 页，可键入"1-3,5,8"。

在"份数"文本框中键入需打印的份数。选中"逐份打印"复选框即可打印了完整一份副本后才开始打印下一份的第 1 页，清除此复选框即可将所有副本的首页打印完毕再开始打印其他后继页。

单击"缩放"选项中"按纸型缩放"旁边的按钮，选择需要的纸型，可以选择让文件配合纸张大小缩放后打印。

（3）单击"确定"按钮即可进行文件的打印工作。

4.5 表格

◎ 用多种方法在文档中插入表格

◎ 编辑表格，包括选定表格及单元格、调整表格的行高和列宽、删除单元格等

◎ 设置表格格式，包括更改边框、底色、底纹、对齐方式等

◎ 对表中数据进行简单的计算和排序

表格由行和列的单元格组成，可以采用自动制表也可以采用手工制表，还可以将已有文本转换为表格。

实例 4.12　绘制表格

情境描述

　　期中考试成绩出来了，为了对成绩进行造册、统计，用 Word 的表格建立了一个"学生成绩统计表"，如图 4-71 所示。然后用公式自动计算每位学生的平均分数，并按平均成绩从高到低排序，如图 4-72 所示。

学生成绩统计表					
姓名＼内容	语文	数学	英语	平均成绩	备注
张雨润	90	86	92		
李芳冰	89	76	83		
王晓莉	93	88	78		
徐雅琪	96	92	98		
刘·锐	91	95	90		

图 4-71　录入后设置格式后的表格

学生成绩统计表					
姓名＼内容	语文	数学	英语	平均成绩	备注
徐雅琪	96	92	98	95.3	
刘·锐	91	95	90	92.0	
张雨润	90	86	92	89.3	
王晓莉	93	88	78	86.3	
李芳冰	89	76	83	82.7	

图 4-72　自动计算和排序后的表格

任务操作

1. 建立表格

　　（1）在 Word 文档中，按 Enter 键插入一空白行。

　　（2）输入标题"学生成绩统计表"，并设置字体为黑体、字号为四号。

　　（3）按 Enter 键插入新行，单击常用工具栏上的"插入表格"按钮，拖动选定"6×5 表格"，松开鼠标，文档中出现建立的 6 列 5 行的表格。

　　（4）分别单击各单元格，键入文字，如图 4-73 所示。

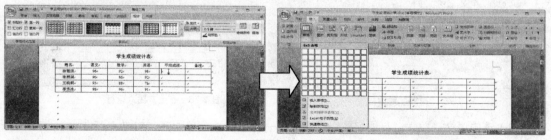

图 4-73　使用拖动法建立表格

2. 计算单元格中的数值

　　（1）单击平均成绩下面的单元格，计算结果将出现在这个单元格中。选择"表格工具→布局→数据→公式"命令。

　　（2）弹出"公式"对话框，如果选定的单元格位于一列数值的下方，则在"公式"框中显示"=SUM(ABOVE)"，表示对上方的数值求和（见图 4-74 左图）；如果选定的单元格位于一行数值的右侧，则在"公式"框中显示"=SUM(LEFT)"，表示对左侧的数值求和。

　　现在要计算左侧单元格的平均值，单击"粘贴函数"列表中的"AVERAGE"，"AVERAGE"出现在"公式"框中，把"公式"框中的公式改为"=AVERAGE(LEFT)"；在"数字格式"框中输入"0.0"，保留一位小数，单击"确定"按钮。则左侧单元格中的数值计算结果，显示在当前单元格中，如图4-74所示。

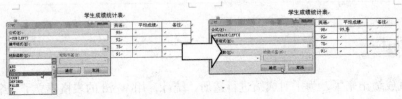

图4-74　计算

（3）把插入点放置到下一行，重复（2），依次计算各行的平均分数。

　　　在表格中，利用公式进行计算和统计的函数较多，具体内容和使用方法可参阅Excel中的函数部分内容。

3. 表格内容的排序

现在按平均分数的大小降序排列。把光标置于平均分数列中的任意一行，选择"表格工具→布局→数据→排序"命令，弹出"排序"对话框，从"主要关键字"列表框中选"平均成绩"，从"类型"中选"数字"，单击"降序"单选钮，"列表"中选"有标题"，如图4-75所示。单击"确定"按钮后平均成绩将从大到小排序。

4. 绘制复杂表头

在绘制复杂表头时，需要插入新行、合并单元格、拆分单元格、绘制斜线等操作。

（1）首先在第1行插入一个空白行。单击表格第1行中的任意单元格，把插入点放置到第1行中。选择"表格工具→布局→行和列→在上方插入"命令，如图4-76所示。

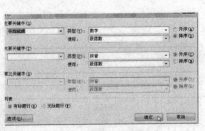

图4-75　"排序"对话框

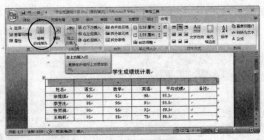

图4-76　在上方插入新行

（2）选中语文、数学、英语、平均成绩上面一行中的4个单元格，如图4-77所示。选择"表格工具→布局→合并→合并单元格"命令。则这4个单元格合并为1个单元格，如图4-78所示。在合并后的单元格中输入"成绩"。

图4-77　选中要合并的单元格　　　　　　图4-78　合并后的单元格

（3）选中"姓名"及其上面的单元格，选择"布局→合并→合并单元格"命令。用同样方法，合并"备注"与上面的单元格。合并单元格后，如图4-79所示。

（4）在"布局"选项卡上的"对齐方式"组中，单击"水平居中"，显示如图4-80所示。

5. 设置表格中内容的字体和列宽、行高

（1）把标题栏中的文字设置为黑体、五号、居中。先选中第 1 列和第 2 列标题单元格，设置为黑体、五号、居中，然后再选中其他标题单元格，按要求设置。

（2）调整列宽。把鼠标指针停留在需要调整的列边框上，直到鼠标指针变为 ◂‖▸，拖动边框调整到所需的列宽，如图 4-81 所示。

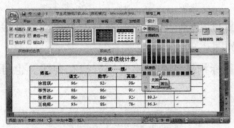

图 4-79 合并后的单元格　　　　图 4-80 水平居中后的单元格　　　　图 4-81 设置列宽

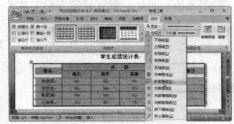

（3）如果要调整行高，把鼠标指针当在行边框上，直到指针变为 ⬍，拖动边框到合适的位置时松开鼠标。

6. 设置边框和底纹

下面给表格的标题栏加上黄色底纹颜色，把表格的外框线改为双线。

（1）选中标题行（先选中标题行后面表格外的下面的段落符号，向上拖动鼠标选中上面的段落符号，再向左拖动选中所有标题行）。在"表格工具"下的"设计"选项卡中，单击"表样式"组中的"底纹颜色"按钮 底纹 后的箭头，从下拉列表中单击需要的颜色，如图 4-82 所示，则标题栏中的单元格背景被设置为黄色。

（2）单击表格左上角的 ⊞，选中整张表格，选择"表格工具→设计→选择绘制边框"命令、选择"笔样式"下拉列表中的双线。单击"边框"按钮 边框 后的箭头，从下拉列表中单击"外侧边框"按钮 ⊞ 时，如图 4-83 所示。

图 4-82 设置背景　　　　　　图 4-83 设置边框

在"表格工具"下的"设计"选项卡中，单击"表样式"组中的列表，其中预置了许多美观的表格样式，套用这些现成的表格格式可以简化表格设计美化工作。

7. 设置斜线表头

表头总是位于所选表格第 1 行、第 1 列的第 1 个单元格中。

（1）把鼠标插入点置于表格中的任意一个单元格中。选择"布局→绘制斜线表头"命令，弹出"插入斜线表头"对话框，如图 4-84 所示。在"表头样式"中选择一种样式，在"字体大小"中设置字号，在"行标题"中输入"内容"，在"列标题"中输入"姓名"，单击"确定"按钮完成斜线表头的设置。

如果表头单元格太小，将无法包含所有标题内容，此时将显示提示对话框，单击"取消"按钮后，可把单元格调整大一些，或者减少字数。

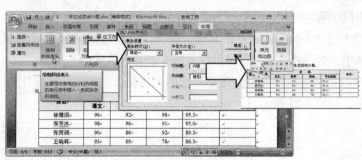

图 4-84 绘制斜线表头

（2）在斜线表头中，生成的斜线位置有时不合适，可拖动控制点适当调整相对位置。

（3）分别单击斜线单元格中的文字，将其设置为黑体。

  斜线表头通常是指表格第1行、第1列中的一条或几条斜线，在表格中起到注释的作用。绘制斜线表头时，除了可以使用选择"表格→绘制斜线表头"命令外，还可以利用"表格和边框"工具栏手工绘制。

知识与技能

1. 手工绘制复杂表格

除了能够快速地自动创建表格外，还能用"绘制表格"工具方便地画出非标准的各种复杂表格。例如，绘制包含不同高度的单元格的表格或每行的列数不同的表格。

（1）将光标移动到要创建表格的位置。选择"插入→表格→表格"命令，在弹出的下拉菜单中选择"绘制表格"命令。指针会变为铅笔状 ✎。

（2）绘制一个矩形定义表格的外边界。按下鼠标左键，从左上方到右下方拖动鼠标绘制表格的外框线，松开鼠标左键得到绘制的表格外框。如图 4-85 所示。

（3）在该矩形内绘制列线和行线。拖动笔形鼠标指针，在表格内画行线和列线。也可从单元格的一角向对角画斜线，如图 4-86 所示。

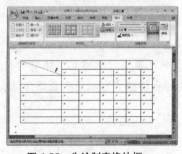

图 4-85 先绘制表格外框

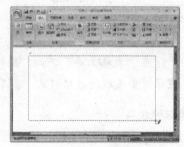

图 4-86 绘制斜线

（4）要擦除一条线或多条线，可选择"表格工具→设计→绘制边框→擦除"命令。此时鼠标指针会变为橡皮状 ✐。

（5）单击要擦除的线条。要擦除整个表格，请参阅删除表格或清除其内容。

（6）绘制完表格以后，在单元格内单击，开始键入文字或插入图形。

2. 删除整个表格

可以一次性同时删除整个表格及其内容。

（1）在表格中单击，把插入点放到任意单元格中。

（2）选择"表格工具→布局→行和列→删除→删除表格"命令。

 也可以同时选中表格上面一行、表格和表格下面一行，按Delete键删除整个表格。

1. 将文本转换成表格 *

有些文本具有明显的行列特征，如使用制表符、逗号、空格等分隔的文本，可以把这类文本自动转换为表格中的内容。

（1）在需要转换为表格的文本中插入分隔符（如逗号或制表符），来指明在何处将文本分成行、列。例如，插入制表符或逗号来划分列，插入段落标记来标记行结束。

（2）选定要转换的文本。如图4-87所示，为以逗号（必须为半角字符）分隔的文本。

（3）选择"插入→表格→表格→文本转换成表格"命令，弹出"将文字转换成表格"对话框，如图4-88所示。

（4）在"文本转换成表格"对话框的"文字分隔位置"下，单击要在文本中使用的分隔符对应的选项。在"列数"框中，选择列数。如果未看到预期的列数，则可能是文本中的一行或多行缺少分隔符。选择需要的任何其他选项。

（5）单击"确定"按钮。转换成的表格如图4-89所示。

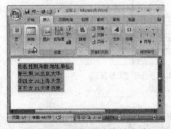　　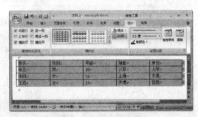

图 4-87　选定要转换的文本　　　图 4-88　"将文字转换成表格"对话框　　　图 4-89　转换成的表格

2. 将表格转换成文本

（1）选择要转换成段落的行或表格。

（2）选择"表格工具→版式→数据→转换为文本"命令。弹出"表格转换成文本"对话框，如图4-90所示。

（3）在"文字分隔位置"下，单击要用于代替列边界的分隔符对应的选项。表格各行用段落标记分隔。

 课堂训练4.18

制作一张公司季度销售统计表，如图4-91所示。表格外框线为细双线，为了区分不同列、行的项目，设置不同的背景色。

图 4-90 "表格转换成文本"对话框

国际贸易公司季度平板电视机销售统计表

种 类 / 季 度	季度				年合计	季平均
	第一季	第二季	第三季	第四季		
海洋 46 英寸	32	19	21	38	110	27.5
康丽 32 英寸	15	8	23	20	66	16.5
乐花 37 英寸	26	16	35	39	116	29
松源 47 英寸	37	29	28	42	136	34
季平均	27.5	18	26.75	34.75		
季合计	110	72	107	139	428	

图 4-91 公司季度销售统计表

课堂训练 4.19

绘制如图 4-92 所示的求职登记表，表格中的内容请填写自己的相关信息。

课堂训练 4.20

绘制如图 4-93 所示的学期考评表。

求职登记表

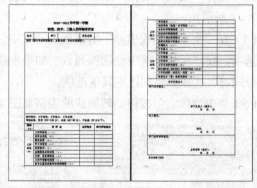

图 4-92 求职登记表　　　　　　　　　图 4-93 学期考评表

4.6 图文混排

学习要点

◎ 在文档中插入和编辑艺术字

◎ 在文档中插入剪贴画、图片

◎ 使用绘图工具栏绘制简单图形

◎ 在文档中合理设置插入元素的版式，实现图文混合排版

在 Word 中不仅可以进行文字处理，还提供了图片工具、艺术字工具和图形绘制工具。可以

把图片、图形、艺术字添加到文档中，实现图文混排。在 Word 文档中，可以插入多种格式的图形文件（扩展名为 .bmp、.png、.jpg 或 .gif 等）。

实例 4.13　图文混排

 情境描述

学校要举办运动会，需要制作一张运动健身小常识宣传页，如图 4-94 所示。要求纸张为 16 开（18.4 厘米 × 26 厘米），页边距上、下、左、右分别为 1.2 厘米、1.2 厘米、1.8 厘米、1.7 厘米，纵向。字符每行 40 字，每页 40 行。正文是五号宋体。标题用艺术字，插入图片文件、剪贴画、自选图形，部分段落设置分栏，有些图片采用四周型环绕方式。利用自己的 Word 知识和美术知识，来设计一张美观的宣传页，这个过程中涉及到了哪些具体操作呢？

 **任务操作**

1. 新建文档

（1）新建 Word 文档，按要求设置纸张类型、页边距、每行字符数和每页行数。保存文档到合适的位置，文档命名为"运动健身小常识 .doc"。设置正文字体和字号，输入文档的内容。

（2）选中所有正文段落，设置段落首行缩进"2 字符"。

2. 插入艺术字标题

（1）选中标题"运动健身小常识"，选择"插入→文本→艺术字"命令。弹出艺术字样式列表，如图 4-95 所示，单击所需的艺术字效果。

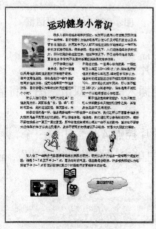

图 4-94　图文混排

图 4-95　艺术字样式列表

（2）弹出"编辑艺术字文字"对话框，选中的标题内容自动显示在"文字"框中。在"字体"列表中选择"隶书"，在"字号"列表中选择"32"，如图 4-96 所示，单击"确定"按钮。

（3）将按要求生成艺术字图形对象。缺省情况下，插入的艺术字为嵌入型。同时显示"艺术字工具"的"格式"选项卡，如图 4-97 所示。使用选项卡可以对生成的艺术字设置、修改。

图 4-96 "编辑艺术字文字"对话框

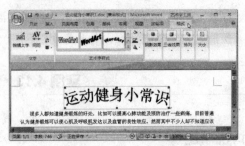

图 4-97 插入艺术字

 提示 　　"艺术字工具"的"格式"选项卡上的"更改艺术字形状"按钮 **A**，可以选择其他艺术字形状。

3. 设置分栏

（1）选中正文中的第 2～4 段。

（2）在"页面布局"选项卡的"页面设计"组中，单击"分栏"按钮 **≣ 分栏 ·**，从列表中单击需要的分栏，如图 4-98 所示。如果单击"更多分栏"，将显示"分栏"对话框，如图 4-99 所示，从中有更多选项。分栏后，分栏段落前、后会分别自动插入分节符。

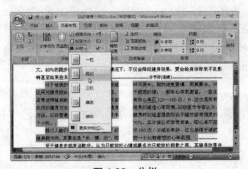

图 4-98 分栏

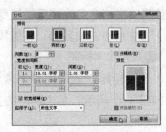

图 4-99 "分栏"对话框

4. 插入图片文件

（1）把插入点定位于第 1 段开始。选择"插入→插图→图片"命令。

（2）弹出"插入图片"对话框，如图 4-100 所示。找到要插入的图片双击，图片将插入到插入点位置，如图 4-97 所示。

（3）图片控点是 8 个黑色方块，如图 4-101 所示。拖动图片控点 4 个角中的一个，可调整图片大小。若要精确调整图片大小，可右击图片，从快捷菜单中单击"设置图片格式"，显示"设置图片格式"对话框，在"大小"选项卡中设置。

图 4-100 "插入图片"对话框

图 4-101 插入到文档中的图片

（4）双击图片，切换到"图片工具"下，在"格式"选项卡上的"排列"组中，单击"位置"，如图 4-102 所示，从列表中单击需要的环绕方式。这里单击选中"顶端居左"。

图片的环绕方式，也可以在"文字环绕"  列表中选择，如图4-95所示。

（5）文字环绕方式的图片 4 个角的控点为圆形，可把图片拖动到合适的位置，如图 4-103 所示。

（6）图片的所有设置、修改，也可以通过"图片"工具栏上的按钮实现。

图 4-102 "位置"列表

图 4-103 选中环绕图片

要裁剪图片，首先选中需要裁剪的图片，单击"大小"组中的"裁剪"按钮，将鼠标指针置于图片裁剪控点上，鼠标指针将变为╊、╤、╧、╫、┌、┐、└或┘时，拖动鼠标，可以裁剪除动态GIF图片以外的任意图片。

（7）用相同方法，插入其他图片。

5. 插入剪贴画

（1）把插入点定位于最后一行，选择"插入→插图→剪贴画"命令。

（2）弹出"剪贴画"任务窗格，在"剪贴画"任务窗格的"搜索"文本框中，键入描述所需剪贴画的单词或词组，或键入剪贴画文件的全部或部分文件名，如"思考"，单击"搜索"按钮，如图 4-104 所示。单击需要的剪贴画，将其插入文档中。

也可以在图4-104所示的"剪贴画"任务窗格下部，单击"管理剪辑"，显示"剪辑管理器"窗口，如图4-105所示，在左侧窗格中单击"Office收藏集"，右侧窗格将显示剪贴画，然后把剪贴画拖到文档中。

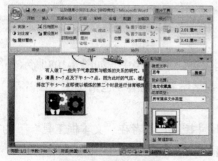

图 4-104 插入剪贴画

图 4-105 从"Microsoft 剪辑管理器"中拖入剪贴画

（3）最后关闭"Microsoft 剪辑管理器"窗口和"剪贴画"任务窗格。插入到文档中的剪贴画，可以像普通图片一样做改变大小、设置文字环绕方式、裁减等操作。

6. 插入形状

Office 中的形状是一些预设的矢量图形对象，包括线条、基本几何形状、箭头、公式形状、流程图形状、星、旗帜、标注等。可以向 Office 文档添加一个形状或者合并多个形状以生成一个绘图或一个更为复杂的形状。添加一个或多个形状后，可以在其中添加文字、项目符号、编号和快速样式。

（1）选择"插入→插图→形状"命令。弹出预设的形状列表，列表中提供了 6 种形状：线条、基本形状、箭头总汇、流程图、标注和星与旗帜。

（2）单击所需形状，如云形标注。鼠标指针变为十字形状，在文档中需要插入形状的位置拖动画出形状。如图 4-106 所示。要创建规范的正方形或圆形（或限制其他形状的尺寸），在拖动的同时按下 Shift 键。

（3）在标注内输入文字"您知道了吗？"，并把文字设置为适当的字体和字号。

（4）在"文本框样式"组中选取样式，调整到合适位置和大小。

知识与技能

文本框是可移动、可调大小的、存放文字和图片的容器，主要用于设计复杂版面。当需在一页上放置多个文字块，或使文字块按与文档中其他文字块不同的方向排列时，可以通过插入文本框进行编排。

1. 插入内置文本框

内置文本框是 Word 预设样式的一组文本框模板，使用时只需把文本框中的示例文字替换为所需文字。

（1）在文档中，单击要放置文本框的位置，选择"插入→文本→文本框"命令，弹出内置的文本框列表，如图 4-107 所示。要查看更多的文本框列表，可拖动列表右侧的滚动条。

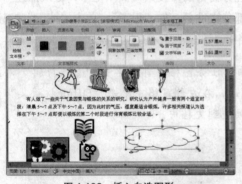

图 4-106　插入自选图形

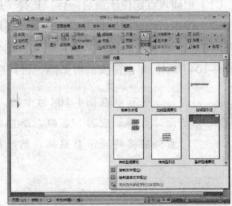

图 4-107　文本框列表

（2）在列表中，单击需要的文本框，则该内置文本框插入到文档中，如图 4-108 所示。

（3）在文本框中，删除不需要的示例文字，输入或粘贴新的内容（包括文字、图片等），设置文字的格式。

（4）如果要更改文本框的大小，可拖动文本框的尺寸控点；或者在"文本框工具"下的"格式"选项卡上，在"大小"组中的数字框中设置文本框的宽度和高度。

（5）如果要改变文本框在页面中的位置，可拖动文本框的边框。

（6）如果要设置文本框的格式，在"文本框工具"下的"格式"选项卡上，设置文本框的格式。

2. 绘制文本框

（1）选择"插入→文本→文本框"命令，弹出文本框列表，如图 4-107 所示。单击列表下部的"绘制文本框"或者"绘制竖排文本框"。

（2）鼠标指针变为十，移动十指针在文档中需要插入文本框的位置单击或拖动需要大小。

此时，插入点在文本框中，可以在文本框中输入文本或插入图片，可以像对待文本框外的内容一样设置格式和段落。可以用"剪切"和"粘贴"将所需内容放入到文本框中，如图 4-109 所示。

3. 文本框的设置

可以把文本框看为特殊的图片，可以像图片一样来操作，例如选定、移动、调整大小、设置或取消边框、填充等。利用文本框可以编排复杂的版面，如图 4-110 所示。

如果要设置文本框，选定文本框后，在"文本框工具"下的"格式"选项卡上设置。也可以右击文本框线，从快捷菜单中选择"设置文本框格式"，在"设置文本框格式"对话框中设置。

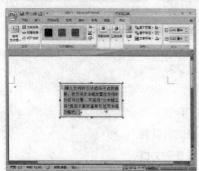

图 4-108　插入到文档中的内置文本框

图 4-109　在文本框中添加内容

图 4-110　使用文本框编排文稿

课堂训练 4.21

如图 4-111 所示的文档内容，按照要求进行排版。

（1）设置页面。纸张大小为 B5，横向，上边距 2.17 厘米，下边距 1.17 厘米，左右均为 1.55 厘米。

（2）设置艺术字。标题用艺术字，采用适当的字体、大小和位置。

（3）设置正文：正文放入文本框中，分别为横排和竖排，文本框边线为不同颜色和线型，无填充颜色。字体为仿宋、四号，行距为最小值、0 磅。

（4）设置页面底纹图片：插入一张作为底纹的背景照片。

（5）插入图片。在文本框中插入一个张图片。

（6）设置页眉。插入页眉内容为"《喜羊羊与灰太狼》简介"，居左。

课堂训练 4.22

制作如图 4-112 所示的周报。纸张大小为 A4、纵向，上边距为 1.5 厘米、下边距为 1 厘米，左、右边距为 1.35 厘米。

图 4-111 《喜羊羊与灰太狼》简介版面

图 4-112 使用文本框设计复杂版面

4.7 编辑长文档

◎ 设置样式（标题）和应用样式（标题）

◎ 自动生成目录，并能进行目录格式的设置

◎ 运用文档结构图和大纲视图查看复杂文档

长文档通常是指一篇页数在 10 页以上的文档，长文档一般都包含多个章、节和正文，级别相同的章、节和正文其格式都相同。例如，一本图书，一篇论文或报告，一份软件使用说明书等都是典型的长文档。通常，一篇正规的长文档由封面、目录、正文、附录等部分组成。为此，Word 提供了一系列编辑长文档的功能。

实例 4.14 编排毕业论文

情境描述

对于毕业设计论文，学校都有严格的撰写规范，除对内容的要求外，对排版的要求也作出了规定，如纸张、章标题、节标题、页眉、页码等格式要求。下面根据已经录入好的论文进行排版，整篇文章使用统一的页面设置，使用一致的标题样式，并自动抽取目录。

论文打印用 A4 纸（21 厘米 ×29.7 厘米），页边距为上 2.54 厘米、下 2.54 厘米，左 3.17 厘米，右 3.17 厘米。行间距为 1.5 倍行距。正文为小四号宋体，英文数字为 Times New Roman 体，两端对齐，首行缩进 2 个汉字。

正文的层次为章（如"第 1 章"，居中）；节（如"1.1"）、条（如"1.1.1"）、款（如"1."）、

项（如"（1）"）。章标题为三号黑体，居中，段前空 1.5 行，段后空 1 行；节标题为小四号黑体；条标题为小四号黑体。"节"、"条"左对齐顶格编排，段前、段后各设为 0.5 行。"款"单独一行，按正文排版；"项"若作为小标题，其后空两格，直接跟正文，按正文排版。

目录按章、节、条三级标题编写，目录中的标题要与正文中标题一致。

目录的页码用罗马数字编排，正文以后的页码用阿拉伯数字编排。页码在页脚中居中放置，页码为五号 Times New Roman 体。

论文除封面外各页均应加页眉，页眉加一粗细双线（粗线在上，宽 0.8 毫米），双线上居中打印页眉。奇数页眉为本章的题序及标题，偶数页眉为"× × 职业技术学校毕业论文"。不同章另起一页，不同章使用不同的页眉。页眉为五号宋体居中。

为了让每一位做毕业论文的学生都有一个标准可参考，学校办公室急需制作一个毕业设计论文格式模板，这个任务可以称得上是将 Word 当中的知识包罗万象。

 **任务操作**

1. 新建文档、设置页面

（1）新建一个文档。

（2）设置纸张大小为 A4，设置上、下页边距为 2.54 厘米，左、右页边距分别为 3.18 厘米，方向为"纵向"。并设置"奇偶页不同"和"首页不同"。

（3）保存文档到合适的文件夹，文档名为"毕业设计论文 .doc"。

2. 新建标题样式 *

样式是格式的集合，包括字体格式、段落格式、外观格式等。设置时只需选择某个样式，就能把期中包含的各种格式一次性的快速设置到文字和段落上。

由于目录按章、节、条三级标题编写，款和项的样式与正文相同，所以只需把章、节、条设置为标题样式。如果款或项与文本样式不同，虽然款和项不被编入目录，为了排版方便，最好把款或项设置为标题样式。下面把章、节、条定义为标题样式，操作步骤如下。

（1）选择"开始→样式组的对话框启动器命令，弹出"样式"任务窗格。在"样式"任务窗格中，单击"管理样式"，如图 4-113 所示。

（2）弹出"管理样式"对话框，如图 4-114 所示。选择要编辑的样式"标题 1"，单击"修改"按钮。

（3）弹出"修改样式"对话框，如图 4-115 所示。单击"格式"按钮，从弹出菜单中单击"字体"。在显示的"字体"对话框中设置为：黑体、三号、居中。单击"格式"按钮，选择"段落"，显示"段落"对话框，设置为段前 1.5 行，段后 1.5 行。

（4）重复（3），修改"标题 2"样式，修改为黑体、小四号、段前 0.5 行、段后 0.5 行。修改"标题 3"样式，修改为黑体、小四号、段前 0.5 行、段后 0.5 行。

修改正文样式时可在"样式"任务窗格中，单击"正文"下拉列表中的"修改"按钮，弹出"修改样式"对话框，设置正文为 1.5 倍行距，选择"格式"下拉列表中的"段落"命令，在弹出的"段落"对话框中设置首行缩进 2 个字符，单击"确定"按钮返回"修改样式"对话框，再次单击"确定"按钮即可。

3. 应用样式 *

样式定义好后，可以录入论文内容，也可以把其他文档中的内容插入或粘贴到文档中，然后应用标题样式。

图 4-113 "样式"任务窗格　　　图 4-114 "管理样式"对话框　　　图 4-115 "修改样式"对话框

首先把插入点置于要设置的标题的段落中。有下面两种方法可以应用样式。

第 1 种方法：选择"开始→样式"命令，将指针放在要预览的样式上，可以看到所选的文本应用了特定样式后的外观，如图 4-116 所示。如果要应用该样式，则单击所需的样式。例如，"标题 3"的样式。

第 2 种方法：选择"开始→样式组的对话框启动器"命令，弹出"样式"任务窗格，其中列出了当前文档的样式。选中"样式"任务窗格下部的"显示预览"，如图 4-117 所示。

4. 显示为大纲视图

单击窗口状态栏右下方的"大纲视图"按钮 ，该文档按大纲视图显示。在该模式中，自动显示"大纲"选项卡，通过上面的工具按钮，可以调整大纲结构，可以快速移动整节内容，也可以按不同的级别显示大纲，图 4-118 所示显示为 3 级大纲。单击"页面视图"按钮 ，切换到页面视图。

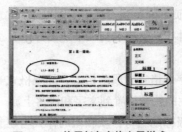
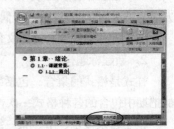

图 4-116 使用"样式"栏应用样式　　　图 4-117 使用任务窗格应用样式　　　图 4-118 大纲视图

5. 插入分节符、页码和页眉

由于论文封面页不显示页码，目录页显示罗马数字页码，正文显示阿拉伯数字页码，而且目录页和内容页的页码分别编码，这时就要把它们分为不同的节。

把插入点放置到目录页，设置目录页的页码。用相同方法设置内容页的页码。

然后设置页眉，注意封面所在的首页不显示页眉，每章的奇数页眉和偶数页眉不相同。

6. 抽取目录 *

如果使用标题样式创建了文档，则可以按标题自动生成目录。

（1）单击要插入目录的位置，选择"插入→页→空白页"命令。

（2）选择"引用→目录→目录"命令，弹出目录列表，如图 4-119 所示。然后单击所需的目录样式。图 4-120 所示为单击"自动目录 1"后生成的目录。

 知识拓展

1. 插入脚注和尾注 *

（1）在页面视图中，单击要插入注释引用标记的位置。

（2）选择"引用→脚注→插入脚注或插入尾注"命令。在默认情况下，Word 将脚注放在每页的结尾处而将尾注放在文档的结尾处。

（3）要更改脚注或尾注的格式，单击"脚注"对话框启动器按钮，然后执行下列操作之一即可。

① 在"编号格式"框中单击所需格式。

② 要使用自定义标记替代传统的编号格式，单击"自定义标记"旁边的"符号"，然后从可用的符号中选择标记。

（4）单击"插入"。Word 将插入注释编号，并将插入点置于注释编号的旁边。

（5）键入注释文本。

（6）双击脚注或尾注编号，返回到文档中的引用标记。

2. 插入题注 *

题注是对象下方显示的一行文字，用于描述该对象。可以为图片或其他图像添加题注。

（1）选中要添加题注的图片或表格、公式等对象。

（2）选择"引用→题注→插入题注"命令，弹出"题注"对话框。

（3）在"选项"中选择题注"标签"和显示位置。单击"新建标签"按钮可以自定义标签。

（4）单击"编号"按钮，将打开"题注编号"对话框，为题注选择编号格式，单击"确定"按钮关闭"题注编号"对话框。

3. 插入数学公式 *

Office 2007 采用新的公式编辑工具，所以公式编辑工具在 Office 兼容模式下被禁用，只有在 Office 2007 模式下才能使用公式编辑工具创建公式。

（1）选择"插入→符号→公式"命令，弹出下拉列表，如图 4-121 所示。要查看更多的内置公式列表，可拖动列表右侧的滚动条。

图 4-119　目录列表　　　　图 4-120　"自动目录 1"样式的目录

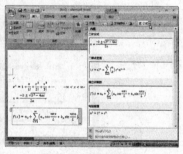

图 4-121　公式列表

（2）在内置区域中，单击所需的公式。该公式即被插入到文档中。

（3）如果要修改公式，单击该公式中要修改的位置，输入新内容，按 Delete 键删除原有内容。

4. 插入组织结构图 *

组织结构图以图形方式表示组织的管理结构。操作方法如下。

① 选择"插入→插图→ SmartArt"命令。

② 弹出"图示库"对话框，选择图示类型，再单击"确定"按钮即可插入组织结构图。

5. Word 邮件合并 *

当希望创建一组除了每个文档中某些数据（如地址、单位、姓名等）各不相同，其他内容都相同的文档时，就可以使用邮件合并功能。邮件合并功能可以快速创建一个发送给多人的文档，可以节省时间和精力，如邀请函、信封、通知、成绩单等。使用邮件合并功能的操作方法如下。

（1）打开一个空 Word 文档，设置页面。

（2）在"邮件"选项卡上的"开始邮件合并"组中，单击"开始邮件合并"。

（3）单击要创建的文档的类型。

课堂训练 4.23

利用"公式编辑器"，建立和编辑下面的数学公式。

$$y=\begin{cases}x & x\geq 0 \\ -x & x<0\end{cases} \qquad \begin{bmatrix}\dfrac{x+y}{2} & \dfrac{x-y}{2} \\ \sqrt[3]{x+y} & x^2-\sqrt{y}\end{bmatrix} \qquad (\frac{2}{3}ab^2-2ab)\cdot\frac{1}{2}ab$$

课堂训练 4.24

科技书和教材，由于页码较多，通常每章一个文档。每一章中的标题样式都相同，采用 5 级标题。由于图题也有固定的样式，所以也被定义为标题样式，如图 4-122 所示。各级标题要求如下：标题 1（1 级，章）：标宋、小二号、加粗、居中，段前空 2 行、段后空 1 行。标题 2（2 级，节）：黑体、三号、左缩进 2 字符，段前、段后都空 0.5 行。标题 3（3 级，小节）：黑体、小四号、左缩进 2 字符，段前、段后都空 0.25 行。标题 4（4 级，小标题）：黑体、五号、左缩进 2 字符，段前、段后都空 0.5 行。标题 5（5 级，次小标题）：宋体，五号、左缩进 2 字符，段前、段后都空 0 行。标题 6（6 级，图题）宋体、小五号、居中，段前、段后都空 0.5 行。请定义和应用标题样式，并抽取 3 级目录。

图 4-122 定义和应用标题样式

综合技能训练五 宣传手册制作

在应用中，可用 Word 的文、图、表功能设计一些产品宣传手册。在本综合技能训练中，通过制作某企业销售宣传手册来综合应用 Word 的功能。

 任务描述

通过前面 Word 知识的学习和反复的训练，对 Word 排版和公文版式已经很熟练，企业来学校

招收文职职员，要求应聘者会制作一份如图 4-123 所示的售宣传手册。企业销售宣传手册要求如下。

① 页面要求。A4 纸，页边距、网格等采用默认设置，页码居中、五号字。

② 封面、封底及相关内容具有企业特色，带有公司标识等内容。

③ 正文文字为华文细黑、四号。版面符合企业宣传手册的一般形式。

④ 宣传手册中根据需要带有图、文、表及相关素材，相互位置恰当、美观。

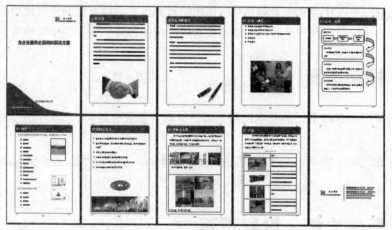

图 4-123　企业宣传手册

技能目标

- 通过制作宣传手册，学习在文档中综合应用图、文、表及相关素材。

环境要求

- 硬件：奔腾、速龙以上微机计算机，2GB 以上内存，10GB 以上硬盘，17 英寸以上显示器，USB 接口，打印机等。

- 软件：Windows XP 中文版，Word 2007。

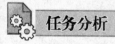

任务分析

为了完成企业销售宣传手册的制作，需要完成以下工作。

① 收集资料。根据手册要求，与有关负责人研讨，收集相关资料，包括文字、图片等。

② 规划版面。规划分析手册的基本内容，总共需要的页数等。

③ 新建文档、设置页面。本手册采用 A4 纸。

④ 制作封面页。封面的设计能表现出企业的文化，在制作封面时需要用到多种元素。

⑤ 制作内容页。各内容页的版面都是一致的，因此只需设计好第 1 张内容页，其他内容页采用第 1 张内容页的版面，只需把第 1 页的版面复制过来，以节约时间。

⑥ 制作封底页。封底页较为简单。

⑦ 打印预览和打印。预览后，可打印初稿，交相关负责人审阅。

⑧ 装订成册。一般交专业的装订公司装订成册。

任务一　收集资料

① 熟悉该公司的基本情况，与负责人研讨收录到宣传册上的内容。公司宣传手册中的内容包括公司简介、公司知名人士、公司产品、产品销售案例等内容。

② 收集公司介绍、标识、经营模式、产品、图片等有关资料。

③ 将公司的有关图片、文字资料复制到使用的计算机上，以方便制作时使用。

④ 收集该公司以前的宣传手册，以及相关其他公司的宣传手册，制作时参考。

任务二　规划版面

① 首先分析公司宣传手册的基本内容。宣传手册一般应有封面、公司介绍、公司主要产品、封底等组成。

② 本宣传手册共有 10 页 A4 内容，包括封面、公司介绍、名师介绍、经营模式介绍、产品介绍、封底等内容。

任务三　新建文档、设置页面

① 新建文档，文档名为"东方公司宣传手册 - 第 1 稿"，保存到 C:\ 之外的其他分区。

② 设置页面为 A4 纸张，其他参数采用默认设置，不用再设置。

任务四　制作封面页

一般要求宣传手册的封面和封底，简洁大方，不需要太复杂，通过文字、图片等元素展示企业的风貌、理念，品牌形象。对于要求高的封面，通常由专业的美工设计师设计，然后交由专业印刷公司印制。封面和封底页面中一般包括手册名称、公司名称、公司标识等内容。

① 封面页中部的标题"为企业提供全面的 ES 解决方案"，可以用文本、文本框或艺术字。这里我们使用艺术字，版式为浮于文字上方，其优点是容易调整大小和位置。

② 封面页右上角的公司标识由浮于文字上方的图片和文本框组成，这样可以容易把它们放到页边上。文本框中的"东方科技"为华文新魏小二，"ES&ENGINEERING"为四号。

③ 封面左下角的背景图片，先设置版式为浮于文字上方，然后对准左下角位置，拖动图片右上角控点直到合适大小。

④ 封面页下方的公司名称和网址，用文本框实现，字号分别为三号和小四号。

⑤ 由于公司标识和背景图片采用一种颜色，所以封面上的文字也都采用这种颜色 RGB（0,90,150）。背景图片上的网站文字采用白色。

⑥ 由于封面不参与页码，所以封面页单独为一节。在封面页插入一个下一页分节符。

设计完成的封面页，如图 4-124 所示。在编辑过程中，随时按 Ctrl+S 组合键保存文档。

图 4-124　封面页

任务五　制作第 1 张内容页

对于正文的内容页，通常版面要一致，内容要突出，文字不易太多，字号不易太小。本手册所有内容页都有相同的版面形式，下面以制作公司介绍页为例，介绍内容页的制作。

① 输入"公司介绍"页中的内容，由于公司介绍页有较大空白，可以插入一张图片。设置内容文字为华文细黑、小四号。插入分页符，如图 4-125 所示。

② 插入一个"圆角矩形"自选图形，并调整圆角和大小，版式为"衬于文字下方"，如图 4-126 所示。

③ 再插入一个"圆角矩形"自选图形，并调整圆角与上一个相同，使之重叠，填充色为 RGB（0,90,150），添加文字"公司介绍"、白色。同时删掉原来文本中的"公司介绍"，如图 4-127 所示。

制作完成的公司介绍页如图 4-128 所示。

图 4-125　公司介绍页 1　　图 4-126　公司介绍页 2　　图 4-127　公司介绍页 3　　图 4-128　公司介绍页 4

任务六　制作其他内容页

① 由于其他内容页的版面外观与公司介绍页相同，所以除具体内容外，可把公司介绍页上的两个"圆角矩形"自选图形复制过来。

② 每页插入一个分页符，其中最后一张内容页插入一个分节符。

③ 把插入点置于内容页，插入页码。然后设置页码大小为五号字。

完成后的其他内容页，如图 4-123 所示。

任务七　制作封底页

封底页一般只有公司标识、联系方式等内容，相对较为简单。

① 把封面页右上角的公司标识复制过来。

② 插入一条细竖线。

③ 插入一个文本框，在文本框中输入公司联系方式，五号字。

④ 设置文字、竖线的颜色为 RGB（0，90，150）。

制作完成的封底页，如图 4-129 所示。

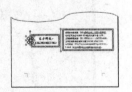

图 4-129　封底页

任务八　打印预览和打印

① 预览各页的整体布局。如果不合适，再返回做适当调整。

② 对排版内容满意后，打印到 A4 纸张上。

评价交流

学生自我评价表

实训内容	完成情况	难点、问题	总结
手册封面			
第 1 页内容页面			
其他页内容页面			
封底页			
页码			

拓展训练一 制作房产宣传页

制作如图 4-130 所示的房产宣传页，只有封面和封底。纸张为自定义大小（宽度 35 厘米，高度 19 厘米），其他为默认设置。采用的制作元素包括背景图片、自选图形、宣传图片、艺术字、文本框等。

图 4-130 房产宣传页

拓展训练二 制作商企通宣传页

制作如图 4-131 所示的商企通宣传页，包括封面和内容页。纸张为 A4，页边距上、下均为 2.54 厘米，左为 0 厘米，右为 0.05 厘米，其他为默认设置。注意页眉、页脚、页码的制作。采用的制作元素包括文字和图片等。

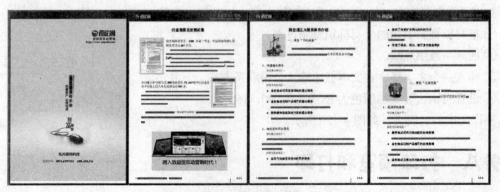

图 4-131 商企通宣传页

一、填空题

1. 在 Word 的文字编辑中，欲将某篇文章 A 的一部分内容插入到正在编辑的文件 B 当前位置，可采用如下方法：打开文件 A 和文件 B，找到欲插入内容，从起始位置按下鼠标 _____ 键进行拖动，选中欲插入内容，然后可用快捷键 Ctrl+_____ 复制到剪贴板，再打开文件 B 窗口，在插入点用快捷键 CTRL+_____ 即可。

2. 在 Word 环境下，文件中用于插入 / 改写功能的按键为 _____。

3. 在 Word 环境下，将选定文本移动的操作是：将鼠标移到文本块内，这时鼠标变为 _____ 形状，再按住 _____ 不放拖动鼠标直到目标位置后松手。

4. Word 2007 文档的默认扩展名是 _____。

5. Word 中，如果要选定文档中的某个段落，可将光标移到该段落的左侧，待光标形状改变后，再 _____。

6. 在 Word 文档中如果看不到段落标记，可以在功能区单击 _____ 按钮来显示。

7. 在 Word 文档中，对表格的单元格进行选择后，可以进行插入、移动、_____、合并和删除等操作。

8. 在字号中，阿拉伯数字越大表示字符越 _____，中文字号越大表示字符越 _____。

9. 假设已在 Word 窗口中录入了 6 段汉字，其中第 1 段已经按要求设置好了字体和段落格式，现在要对其他 5 段进行同样的格式设置，使用 _____ 最简便。

10. 要把插入点光标快速移到 Word 文档的尾部，应按组合键 _____。

二、选择题

1. 在 Word 的编辑状态下，执行"编辑"菜单中的"全选"命令后 _____。
   A. 整个文档被选中
   B. 插入点所在的段落被选中
   C. 插入点所在的行被选中
   D. 插入点至文档的首部被选中

2. 在 Word 的编辑状态下，进行"粘贴"操作的组合键是 _____。
   A. Ctrl+X   B. Ctrl+C
   C. Ctrl+V   D. Ctrl+A

3. 在 Word 的编辑状态，执行编辑菜单中的"复制"命令后 _____。
   A. 被选中的内容被复制到插入点处
   B. 被选中的内容被复制到剪贴板
   C. 插入点所在的段落内容被复制到剪贴板
   D. 插入点所在的段落内容被复制到剪贴板

4. 关于 Word 表格的表述，正确的是 _____。
   A. 选定表格后，按下 Delete 键，可以删除表格及其内容
   B. 选定表格后，单击"剪切"按钮，不能删除表格及其内容
   C. 选定表格后，单击"表格"菜单中的"删除"命令，可以删除表格及其内容
   D. 只能删除表格的行或列，不能删除表格中的某一个单元格

5. Word 2007 在 _____ 会显示如下图所示一个小型的、半透明的浮动工具栏。

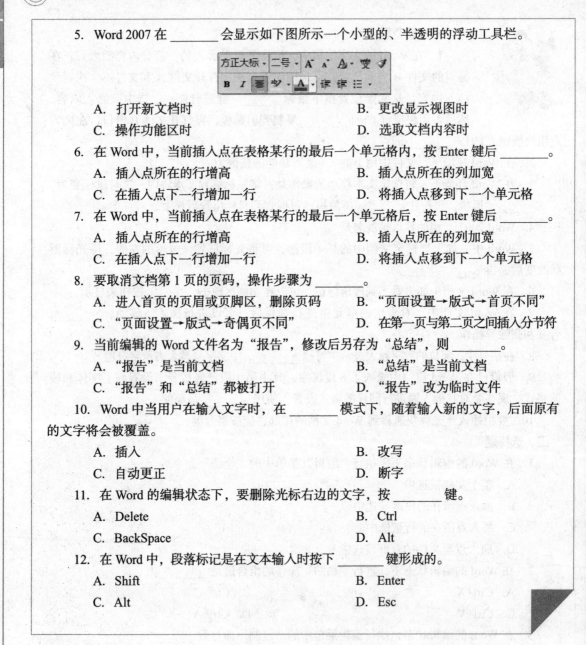

   A. 打开新文档时   B. 更改显示视图时

   C. 操作功能区时   D. 选取文档内容时

6. 在 Word 中，当前插入点在表格某行的最后一个单元格内，按 Enter 键后 _____。

   A. 插入点所在的行增高   B. 插入点所在的列加宽

   C. 在插入点下一行增加一行   D. 将插入点移到下一个单元格

7. 在 Word 中，当前插入点在表格某行的最后一个单元格后，按 Enter 键后 _____。

   A. 插入点所在的行增高   B. 插入点所在的列加宽

   C. 在插入点下一行增加一行   D. 将插入点移到下一个单元格

8. 要取消文档第 1 页的页码，操作步骤为 _____。

   A. 进入首页的页眉或页脚区，删除页码   B. "页面设置→版式→首页不同"

   C. "页面设置→版式→奇偶页不同"   D. 在第一页与第二页之间插入分节符

9. 当前编辑的 Word 文件名为 "报告"，修改后另存为 "总结"，则 _____。

   A. "报告" 是当前文档   B. "总结" 是当前文档

   C. "报告" 和 "总结" 都被打开   D. "报告" 改为临时文件

10. Word 中当用户在输入文字时，在 _____ 模式下，随着输入新的文字，后面原有的文字将会被覆盖。

   A. 插入   B. 改写

   C. 自动更正   D. 断字

11. 在 Word 的编辑状态下，要删除光标右边的文字，按 _____ 键。

   A. Delete   B. Ctrl

   C. BackSpace   D. Alt

12. 在 Word 中，段落标记是在文本输入时按下 _____ 键形成的。

   A. Shift   B. Enter

   C. Alt   D. Esc

第5章

电子表格处理软件 Excel 2007应用

电子表格处理软件 Excel 2007 是 Microsoft Office 2007 的套件之一，是常用的数据分析处理和报表制作工具，在日常办公、财务统计、经济分析、家居生活等领域得到了广泛的应用。

5.1 电子表格的基本操作

- ◎ 工作簿、工作表、单元格等基本概念
- ◎ 创建、编辑和保存电子表格文件
- ◎ 进行工作表的基本操作
- ◎ 输入、编辑和修改工作表中的数据
- ◎ 将外部数据导入到工作表中 *
- ◎ 模板的作用和使用方法 *

电子表格的基本操作是熟练使用 Excel 2007 的第 1 步，包括熟练进行 Excel 2007 的界面操作，创建和保存电子表格文件、熟练管理工作表、录入或导入数据、编辑和修改数据等。

5.1.1 认识 Excel 2007

Excel 2007 与 Word 2007 相比，操作界面有所不同，并使用工作簿、工作表、单元格等概念。

1. 操作界面

选择"开始→所有程序→ Microsoft Office → Microsoft Office Excel 2007"命令，打开如图 5-1 所示的 Excel 2007 窗口界面。

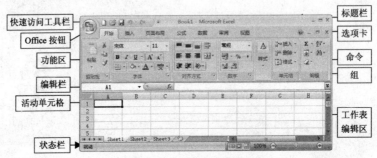

图 5-1　Excel 2007 窗口界面

Excel 2007 窗口使用了面向结果的用户界面，主要部件有快速访问工具栏、Office 按钮、功能区（包括选项卡、组和命令）、标题栏、名称框、编辑栏、工作表编辑区、列标、行号、工作表标签、状态栏、滚动条等。快速访问工具栏、Office 按钮、功能区、标题栏、状态栏、滚动条等与 Word 2007 窗口基本一致。

（1）功能区。Excel 2007 的功能区与 Word 2007 基本一致，但设置了突出 Excel 2007 数据分析和处理功能的"公式"和"数据"选项卡，"插入"选项卡中增加了"图表"组。

（2）编辑栏。编辑栏位于功能区的下方，主要用来显示和编辑活动单元格中的数据和公式。编辑栏由名称框、按钮组和编辑框组成，如图 5-2 所示。

图 5-2　编辑栏的构成

① 名称框。名称框用来显示当前活动单元格的位置，也可以快速定位单元格或单元格区域。

② 按钮组。选中一个单元格，就可在编辑栏中输入或编辑数据。进入编辑状态后，名称框和编辑栏之间会出现三个按钮：，其中按钮 ✕ 表示"取消"，它的作用是取消当前的编辑，恢复到单元格以前的状态；按钮 ✓ 表示"确认"，它的作用是将编辑的结果确认为活动单元格的新内容；右边的按钮 f_x 表示"插入函数"，它的作用是弹出插入函数对话框，或进入函数参数设置对话框。

③ 编辑框。编辑框用来输入数据、公式或函数。单击编辑框右侧的 ⯆ 按钮，可以展开或折叠编辑框，以便输入较多的数据或复杂的公式。

（3）工作表标签。工作表标签用来标识工作表名称和活动工作表的位置。当工作表数量较多的时候，可以使用左侧的浏览按钮 |◀ ◀ ▶ ▶| 来查看工作表标签。

　　　　单击工作表标签，可以选中新的活动工作表。鼠标与Ctrl、Shift键组合使用，可以将多个工作表同时设置为活动工作表，并能够在多张工作表上同时输入并编辑数据。

（4）工作表编辑区。工作表编辑区用来记录或编辑数据。Excel 所有数据都将存放在这个区域中。

2. 工作簿、工作表和单元格

（1）工作簿。一个 Excel 文件称为一个工作簿。启动 Excel，系统自动创建一个空白工作簿，默认情况下，其扩展名是 .xlsx。首次启动 Excel，系统默认的工作簿名称为 Book1.xlsx。再新建 Excel 空白工作簿，自动命名为 Book2.xlsx、book3.xlsx…。

（2）工作表。一个工作簿包含一个或多个工作表。工作表用于组织和分析数据，默认名称为 Sheet1、Sheet2、…、Sheet255。

> 一个工作簿默认由3张工作表组成。可以通过打开Office按钮的右键快捷菜单，选择"自定义快速选择工具栏"命令弹出"Excel选项"对话框，在"常规"选项卡中修改"包含的工作表数"，改变默认工作表的数量。

（3）单元格。单元格是 Excel 组织数据的最基本单元，是工作表编辑区内的行与列相交的长方形格子。工作表中的行号用数字来表示，即 1、2、3、…、1 048 576；列标用英文字母及其组合来表示，即 A、B、…、AA、AB、AC、…、IV，最多 16 384 列。每个工作表由 1 048 576 × 16 384 个单元格组成，每个单元格可以存放多达 32 767 个字符的信息。

> 通常通过列标和行号来标识单元格的位置，列标在前，行号在后。例如，B3表示第B列第3行的单元格。单元格还可以使用别名，在名称框中可以对选中的单元格（或单元格组合）设定新名称并按Enter键确认。名称的最大长度为 255 个字符。也可以选择"公式→定义的名称→名称管理器"命令弹出"名称管理器"对话框中"新建"按钮来定义新名称。在名称框输入或选择已有的名称，可以快速定位单元格（或单元格组合）。

5.1.2 Excel 2007 文件操作

Excel 2007 文件操作包括启动和退出 Excel 2007、创建和保存工作簿。

1. Excel 2007 的启动和退出

（1）启动 Excel 2007。

> 对比Word 2007，还有哪些启动Excel 2007的方法。

（2）保存 Excel 文件。选择"文件→保存"命令，可以保存 Excel 文件。第 1 次保存时将打开"另存为"对话框，如图 5-3 所示。Excel 默认的保存类型是"Excel 工作簿"。

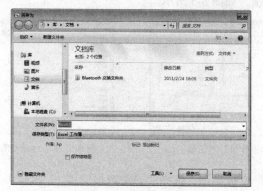

图 5-3 "另存为"对话框

与 Word 类似，选择"Office按钮→Excel选项"命令弹出"Excel选项"对话框，选择"保存"选项卡，可以设置保存自动恢复信息时间间隔，计算机将自动保存临时副本。突然断电或死机后重启计算机，打开 Excel 后会出现"文档恢复"任务窗格，使用恢复文档将减少因忘记保存造成的损失。"自动恢复"有利于文件安全，但不应用作手动保存或备份文件的替代方式。

（3）退出 Excel 2007。

对比 Word 2007，有哪些退出 Excel 2007 的方法。

2. 创建工作簿

启动 Excel 之后，自动创建一个空白的工作簿，系统默认的工作簿名是 Book1。如果要重新建立一个工作簿，可以选择"Microsoft Office 按钮→新建"命令，建立一个新的空白工作簿。另外，还可以使用模板来创建新工作簿。

实例 5.1　使用模板创建工作簿 *

 情境描述

Excel 模板具有特定的格式，包含格式样式、标准的文本（如页眉和行列标志）、公式、Visual Basic for Applications 宏、自定义工具栏等，可以提高 Excel 格式编排的效率。使用不同的模板创建 Excel 文件。

 任务操作

① 打开 Excel 2007。

② 选择"Microsoft Office 按钮→新建"命令，弹出"新建工作簿"对话框，单击"已安装的模板"选项卡，可选择使用模板，如图 5-4 所示。

③ 将计算机连接到 Internet。单击 Mirosoft Office Online 下方的模板类别，自动更新 Office Online 模板，出现一组模板，如图 5-5 所示。

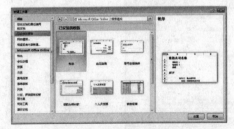

图 5-4　"新建工作簿"对话框

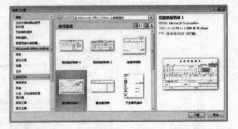

图 5-5　Mirosoft Office Online 模板页面

④ 单击"费用报表"模板类别，选择"差旅费报销单 1"模板，单击"下载"按钮，可下载并基于该模板创建 Excel 文件，如图 5-6 所示。

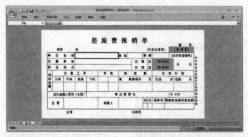

图 5-6 利用"差旅费报销单 1"模板创建工作簿

⑤ 文件保存为"差旅费报销单 .xlsx"。

从 Mirosoft Office Online 下载的模板，自动被保存到"我的模板"中，可以方便以后使用。

5.1.3 工作表的基本操作

工作表的基本操作包括选定工作表，插入、删除、移动或复制工作表，工作表重命名等。

实例 5.2 工作表的基本操作

 情境描述

根据要求熟练进行工作表操作，完成工作表的选定、插入、删除、移动、复制和重命名操作。

 任务操作

① 新建 Excel 文件，包含 Sheet1、Sheet2、Sheet3 三个默认工作表。

② 通过鼠标单击操作，分别把 Sheet1、Sheet2 和 Sheet3 设为活动工作表。通过鼠标与 Ctrl、Shift 键配合，同时选中两个或三个工作表作为活动工作表。

③ 鼠标指向工作表标签 Sheet2，单击鼠标右键弹出快捷菜单，如图 5-7 所示。选择"插入"命令弹出"插入"对话框，如图 5-8 所示。单击"确定"按钮，可插入 Sheet4 工作表。

图 5-7 工作表标签右键快捷菜单

图 5-8 插入工作表对话框

④ 双击工作表标签 Sheet4，进入反白显示状态，重命名为"新建"，如图 5-9 所示。

⑤ 鼠标单击工作表区域的任意单元格，然后鼠标指向"新建"工作表标签，单击鼠标左键并拖曳至 Sheet3 之后，可以实现工作表的移动，如图 5-10 所示。

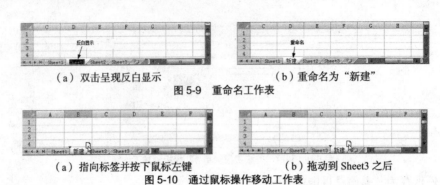

（a）双击呈现反白显示　　　　　　　（b）重命名为"新建"

图 5-9　重命名工作表

（a）指向标签并按下鼠标左键　　　　　（b）拖动到 Sheet3 之后

图 5-10　通过鼠标操作移动工作表

⑥ 鼠标指向"新建"工作表标签，单击鼠标右键弹出快捷菜单，选择"删除"命令，可删除"新建"工作表。

 Office的大多数操作，都可以通过使用功能区命令、右键快捷菜单、快捷键操作或鼠标操作来完成，可以尝试每种操作的实现方法，提高自己的Office软件应用能力。

知识与技能

（1）选定工作表。要选定某个工作表，只需单击相应的工作表标签即可。要选定多个连续工作表，先单击第 1 张工作表，按住 Shift 键，再单击选取区域中的最后一张工作表；要选定多个离散的工作表，先单击第 1 张工作表，按住 Ctrl 键，再依次单击所要选定的各个工作表。

如果需要在各个工作表中进行切换，除了用鼠标单击选择新的工作表标签外，还可以使用组合键 Ctrl+PgUp 切换到前一张工作表，使用组合键 Ctrl+PgDn 切换到后一张工作表。

（2）插入或删除工作表。单击工作表标签，选择"开始→单元格→插入→插入工作表"命令即可插入工作表，如图 5-11（a）所示，即可在当前工作表之前插入一个新的工作表。选择"开始→单元格→删除→删除工作表"命令即可删除工作表，如图 5-11（b）所示。

（a）插入工作表命令　　　　（b）删除工作表命令

图 5-11　通过功能区命令操作插入或删除工作表

（3）移动或复制工作表。Excel 允许在同一个或不同工作簿中移动或复制工作表。如果在同一个工作簿中移动或复制，只需单击工作表标签，将它拖到目标位置即可实现移动，如果在拖动时按住 Ctrl 键即可完成复制操作，并且自动为副本命名，如 Sheet1 的副本的默认名称是 Sheet1（2）。

可以利用右键快捷菜单中的"移动或复制工作表"命令完成上述操作。鼠标指向要移动或复制的工作表标签，单击鼠标右键，在快捷菜单中选择"移动或复制工作表"命令，弹出"移动或复制工作表"对话框，如图 5-12 所示。在"工作簿"下拉列表中选择目标

图 5-12　"移动或复制工作表"对话框

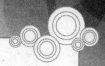

工作簿，在“下列选定工作表之前”指定移动到的位置。如果要进行复制操作，需要选中“建立副本”复选框。

（4）重命名工作表。为了便于用户对工作表进行使用和管理，经常需要根据工作表的内容来给工作表重命名，以便直观、快速地找到所要处理的工作表。重命名工作表常用的三种方法如下。

① 鼠标指向工作表标签，弹出右键快捷菜单，选择“重命名”命令，可变更工作表名称。

② 双击工作表标签，工作表标签呈反白显示状态，可输入新名称。

③ 选中要重命名的工作表，选择“开始→单元格→格式→重命名工作表”命令，输入新名称即可。

5.1.4 输入和修改工作表中的数据

单元格中存放的数据有多种类型，选择“开始→单元格→格式→设置单元格格式”命令，弹出“设置单元格格式”对话框，选择“数字”选项卡，列举出 Excel 支持的数据分类，如图 5-13 所示。

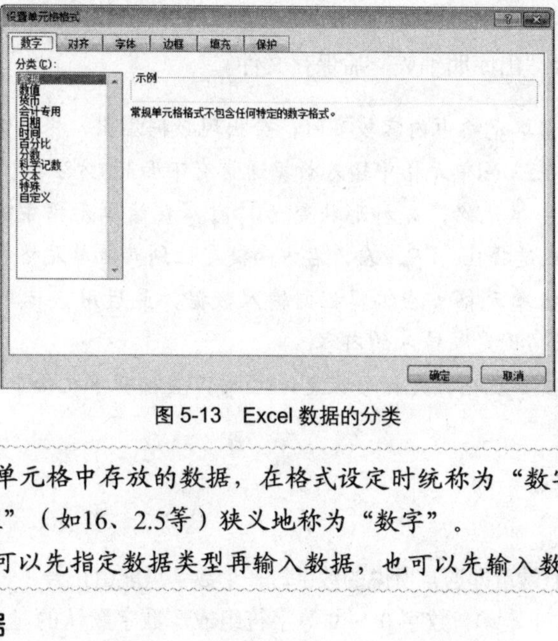

图 5-13 Excel 数据的分类

提示

（1）单元格中存放的数据，在格式设定时统称为“数字”，但人们还是习惯于将“数值”（如16、2.5等）狭义地称为“数字”。

（2）可以先指定数据类型再输入数据，也可以先输入数据后修改数据类型。

1. 输入与修改数据

实例 5.3 输入汽车装修店的出库明细单

情境描述

“欣欣”汽车装修店销售汽车配件，某出库单的信息如表 5-1 所示，新建 Excel 工作簿，录入相应的数据。

表5-1 出库明细表

出库单号码	出库日期	库别	物品代码	供货商	物品名称	规格	单位	成本单价	销售数量	销售单价	销售金额	成本金额	毛利	入库制单
20001	2008-12-04	三库	0010001	中国南方工业汽车配件公司	仿毛方向盘套	新势力	套	14	2	16	32	28	4	张强
20001	2008-12-04	三库	0010003	中国南方工业汽车配件公司	立标	大众	套	6	2	8	16	12	4	张强
20001	2008-12-04	四库	0030001	兄弟配件公司	挡泥板	皇冠	套	23	4	50	200	92	108	张强
20001	2008-12-04	二库	0030006	兄弟配件公司	挡泥板	包来	套	25	2	20	40	50	-10	张强

任务操作

① 新建工作簿，录入标题行文字。

② 出库单号码给出了一批出库货物的单号。录入单号"20001"，使用默认数据类型。

③ 录入出库日期时，最好首先设置日期格式（也可以先录入后设置），表 5-1 所示的日期格式需要自定义，在"yyyy/m/d"的基础上修改为"yyyy-mm-dd"，如图 5-14 所示。

④ 物品代码列应设置为文本格式或在输入的代码数值前添加撇号' 强制为文本。

⑤ 成本单价、销售数量等为数值型数据，其中毛利中存在负数。

⑥ 将工作表改名为"出库明细表"后保存文件。

图 5-14　自定义日期格式

（1）当单元格中内容较多时，会出现数据溢出，根据需要可以调整列宽。

（2）在 Excel 单元格中输入数据通常有下面 3 种方法。

① 单击单元格，光标形状变为 ✚ 时，在该单元格中输入数据，然后按 Enter 键、Tab 键或选择上、下、左、右方向键定位到其他单元格继续输入数据。

② 单击单元格，在编辑栏内输入数据，最后用鼠标单击控制按钮 ✖ 或 ✔ 来"取消"或"确定"输入的内容。

③ 双击单元格，光标形状变为 I 型时，直接在单元格中输入和编辑数据。

知识与技能

（1）数值常量。数值常量即通常所说的数字。一个数字只能由正号（+）、负号（-）、小数点（.）、百分号（%）、千位分隔符（,）、数字 0～9 等字符组成。数字默认的对齐方式是右对齐。

要输入正数，则直接输入数字即可。如果要输入负数，必须在数字前加一个负号"-"或者给数字加上圆括号。如果要输入百分数，可直接在数字后面加上百分号 %。如果要输入小数，直接输入小数即可，可以通过"开始→数字"命令组，单击 展开"设置单元格格式"对话框，在"数值"格式中设定显示出来的小数位数，如图 5-15 所示。如果要输入分数，必须在单元格内先输入 0，再单击空格键，然后输入分数（如 2/3），否则系统会将 2/3 默认为日期值。

① 如果输入的数据过长，单元格中会显示一串"########"，表示单元格宽度不足无法正常显示这个数据。这时，可以调整单元格列宽使其正常显示。

② 如果输入的数据是百分比、科学记数格式、货币、会计专用数据，应通过"单元格格式"对话框来设定数字格式。

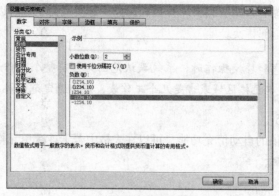

图 5-15　设定数值的格式

（2）文本常量。文本常量包含汉字、大小写英文字母、数值、特殊字符等。

如果要把数值作为文本来使用的话，需要预先将单元格格式设定为"文本"。或者在数字前输入撇号'，将数值强制为文本格式。

　　　　输入本人的身份证号，并保证结果正确。

（3）日期时间。在美国，默认的日期格式为"3-20-11"（月 - 日 - 年）；在中国，默认的日期格式为"2011-3-20"，用 4 位数来表示年份。通过"开始"菜单，选择"控制面板"，双击"区域和语言"图标，弹出"区域和语言"对话框，选择"格式"选项卡，可定义短日期和长日期的默认格式，如图 5-16 所示。

（4）插入符号和特殊符号。与 Word 相同，选择"插入→文本→符号"或"插入→特殊符号→符号→更多"命令，可以在单元格中插入所需的符号或特殊符号。

（5）换行输入。若在一个单元格中输入多行内容，可以通过下面两种方法实现。

① 双击单元格，当光标变成 I 型时，定位光标位置，按 Alt + Enter 组合键，可以实现单元格内手工换行。

② 打开"设置单元格格式"对话框，选择"对齐"选项卡，在"文本控制"组中勾选"自动换行"复选框，单击"确定"按钮即可，如图 5-17 所示。

图 5-16　设置日期的默认格式

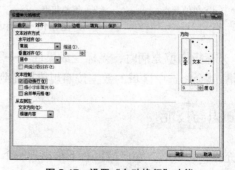

图 5-17　设置"自动换行"功能

（6）查找与替换。与 Word 相似，选择"开始→编辑→查找和选择→查找"命令，可以迅速

定位要查找的内容；选择"开始→编辑→查找和选择→替换"命令，可以对多次出现的相同内容进行查找、逐一替换或全部替换。

在查找和替换操作时，系统默认范围为当前整个工作表。如果查找和替换操作的范围是单元格区域或者是几个工作表，应先选定范围再进行查找和替换操作。

2. 数据的自动填充

利用 Excel 2007 提供的自动填充功能，可以在表格中若干连续单元格内快速填充一组有规律的数据，以提高录入效率。

（1）使用填充柄。

实例 5.4　使用填充柄填充

情境描述

可以使用填充柄实现快速填充，但要掌握填充的规律。

任务操作

① 在某个单元格或单元格区域输入要填充的数据内容，选中已输入内容的单元格或单元格区域，此时区域边框的右下角出现一个黑点，即填充柄，如图 5-18（a）和图 5.18（b）所示。

所选单元格区域中的数据，应该能够反映出数据变化的规律。

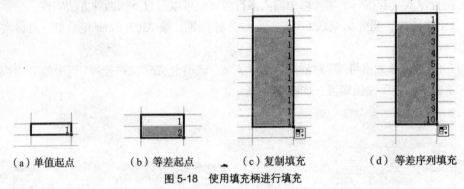

（a）单值起点　　（b）等差起点　　（c）复制填充　　（d）等差序列填充

图 5-18　使用填充柄进行填充

② 光标指向填充柄时，光标变成黑色"╋"形状，此时按住鼠标左键并拖动填充柄经过相邻单元格，就会将选中区域的数据按照规律填充到这些单元中，如图 5-18（c）和图 5-18（d）所示。

知识与技能

填充操作完成后，在区域框右下角出现一个"自动填充选项"。鼠标指向填充选项图标，单击下拉箭头，弹出填充功能的 4 项选择功能：复制单元格、填充序列（默认）、仅填充格式、不带格式填充，如图 5-19 所示，用户

图 5-19　自动填充选项

可以根据填充的需要进行选择。

（2）自定义序列。

实例 5.5　自定义序列

 情境描述

自定义序列"优、良、中、差"，并使用该序列自动填充。

 任务操作

① 选择"Microsoft Office 按钮→ Excel 选项"命令，在弹出的"Excel 选项"对话框中选择"常用"类别，然后在"使用 Excel 时采用的首选项"下单击"编辑自定义列表"，弹出"自定义序列"对话框，如图 5-20（a）所示。

② 选择"输入序列"编辑框，填入要添加的新序列"优、良、中、差"，项与项之间通过 Enter 键换行分隔，选择"添加"按钮，即可将新序列加入左边的"自定义序列"列表之中。

（a）自定义序列　　　　　　（b）序列填充

图 5-20　自定义序列填充

　　　选中自定义的序列，选择"删除"按钮，可以删除自定义的序列。

③ 在工作表某一单元格中输入"优"，然后向下拖动填充柄，释放鼠标即可填充自定义的序列"优、良、中、差"，效果如图 5-20（b）所示。

3．导入外部数据 *

向工作表中输入数据，也可以采用导入外部数据的方法。选择"数据→获取外部数据"功能区命令组，可以导入外部数据。

实例 5.6　将文本文件的数据导入工作表

 情境描述

某部门职工工资曾经采用文本文件记载，各数据项之间使用制表符 Tab 分隔。请将文本文件中的部门工资数据导入到 Excel 工作表中。

任务操作

① 新建工作簿，在 Sheet1 工作表中把用鼠标定位数据导入的起始位置（左上角）。

② 选择"数据→获取外部数据→来自文本"命令，弹出 "导入文本文件"对话框，找到源文件"部门工资数据表 .txt"，如图 5-21 所示。

③ 单击"打开"按钮，进入文本导入向导，按提示操作，将数据导入到工作表中，如图 5-22 所示。

图 5-21　选取导入文本文件的数据源　　　　图 5-22　文本导入向导

④ 将工作簿保存为"部门工资数据表 .xlsx"。

 文本导入向导要求设置分隔符。若源数据没有分隔符，需要提前在文本文件中设定。

5.2　电子表格的格式设置

◎ 进行单元格、行、列的基本操作

◎ 设置单元格的格式（自动套用格式）

◎ 使用样式保持格式的统一和快捷设置 *

◎ 数据保护的作用和操作方法 *

　　电子表格的格式设置直接影响到报表输出的外观与风格。电子表格的格式设置涉及行、列和单元格操作，单元格格式设置，页面设置等内容。

5.2.1　行、列和单元格基本操作

　　设置电子表格的格式，经常需要选取行、列和单元格，插入、移动、删除行、列和单元格。

实例 5.7　行、列和单元格的基本操作

 情境描述

　　对实例 5.3 中表 5-1 所示的汽车配件出库单信息进行编辑操作，调整行、列位置，进行单元格操作。

任务操作

① 打开表 5-1 "出库明细表 .xlsx"。

② 选择"出库明细表"工作表,单击工作表区域左上角,如图 5-23 所示,选中整个工作表(所有单元格),并复制。

③ 选择 Sheet2 工作表,单击 A1 单元格,粘贴剪贴板内容,实现整个工作表内容的复制。

④ 复制第 3 行,并插入到第 6 行,如图 5-24 所示。

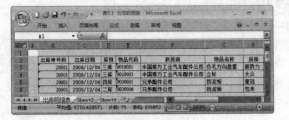

图 5-23 选中工作表所有内容

图 5-24 复制并插入行

⑤ 删除第 3 行;剪切第 5 行(原第 6 行),移动到第 3 行,恢复到初始状态,如图 5-25 所示。

⑥ 复制 E3 的内容,粘贴到 E7 中,如图 5-26 所示。

图 5-25 剪切并插入行实现行移动

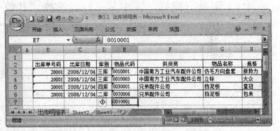

图 5-26 复制并粘贴单元格内容

⑦ 删除 E3 单元格(右侧单元格左移),如图 5-27 所示。

⑧ 选中 E3 单元格,选择"开始→单元格→插入→插入单元格"命令,弹出"插入"对话框,选择"活动单元格右移",如图 5-28 所示,单击"确定"按钮插入空白单元格。

图 5-27 删除单元格内容

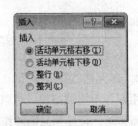

图 5-28 插入单元格

⑨ 剪切 E7 的内容,粘贴到 E3 中。

⑩ 在第 2 行上方插入一个空行,并按出库明细表格的宽度合并单元格,录入标题"汽车装修店销售汽车配件出库明细表",如图 5-29 所示。

知识与技能

1. 行、列的选取

（1）单击行号，即可选中某一行；与 Ctrl、Shift 键组合，可以选取多个连续或不连续的行。

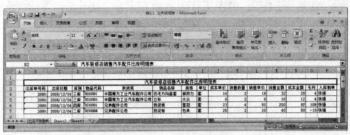

图 5-29　插入表格标题

（2）单击列标，即可选中某一列；与 Ctrl、Shift 键组合，可以选取多个连续或不连续的列。

2. 插入、删除行或列

（1）插入行或列。选中一行或多行，选择"开始→单元格→插入→插入工作表行"命令，即可在上方插入一个或多个新空行。选中一列或多列，选择"开始→单元格→插入→插入工作表列"命令，即可在左侧插入一个或多个空列。

（2）删除行或列。选中某一行，选择"开始→单元格→删除"命令，即可删除此行，下方行上移。选中某一列，选择"开始→单元格→删除"命令，即可删除此列，右侧列左移。

 提示　使用鼠标右键快捷菜单，可以快速实现行或列的插入、删除操作。

3. 复制、移动行或列

（1）复制行。选中一行或多个连续行，选择"开始→剪贴板→复制"命令实现对选中行的复制。用鼠标选中欲插入到其上方的行，然后选择"开始→单元格→插入→插入已复制的单元格"命令，即可将复制的行插入到所选行的上方。

（2）移动行。选中一行或多个连续行，选择"开始→剪贴板→剪切"命令实现对选中行的剪切。用鼠标选择欲移动到其上方的行，然后选择"开始→单元格→插入→插入已剪切的单元格"命令，即可将剪切的行移动到所选行的上方。

 练一练　复制、移动一列或连续多列。用鼠标操作看看是否更高效。

4. 单元格的基本操作

用鼠标单击或拖曳，可以选中单元格或单元格区域。可以对单元格（区域）进行插入、删除、复制和移动、合并与撤销操作。

（1）单元格的插入和删除。

① 插入单元格。选中要插入单元格的位置，选择"开始→单元格→插入→插入单元格"命令，弹出"插入"对话框，如图 5-28 所示，选择合适的插入方式，单击"确定"按钮即可。

② 删除单元格。选中要删除的单元格，选择"开始→单元格→删除→删除单元格"命令，

弹出"删除"对话框，如图 5-30 所示，选择合适的删除方式，单击"确定"按钮即可。

（2）单元格的复制和移动。

① 在同一个工作表中移动或复制单元格。选中要复制或移动的单元格，将光标放在单元格的边缘，当光标变成 时，拖动鼠标左键到目标位置即可完成移动；在拖动时按住 Ctrl 键，即可完成单元格的复制。

② 在不同工作表中移动或复制单元格。选中要移动的单元格，按住 Alt 键，同时拖动鼠标左键至目标工作表处，切换到新工作表继续拖动鼠标到目标位置即可；如果在拖动时按住 Ctrl+Alt 组合键，即可完成单元格的复制。

图 5-30 "删除"对话框

（3）单元格的合并与撤销。选择"开始→对齐方式→合并后居中"命令，可以选择"合并后居中" ，使多个单元格合并成为一个单元格并使内容居中；选择"跨越合并" ，可以对所选单元格区域中的连续单元格都会按照行合并到一起；选择"合并单元格" ，可以使多个单元格合并一个单元格，选择"取消单元格合并" ，可以撤销单元格的合并。要更改合并单元格中的文本对齐方式，先选择该单元格，再在"开始→对齐"组中，单击任一对齐方式按钮即可。

5.2.2 单元格的格式设定

单元格的格式设定涉及字体、段落、边框、填充（图案）、数据保护等内容。

实例 5.8 格式化工作表

 情境描述

对实例 5.3 中的表 5-1 进行格式化，设定标题行格式、边框格式等，格式化的效果如表 5-2 所示。

表5-2   12月份出库明细表

出库单号码	出库日期	库别	物品代码	供货商	物品名称	规格	单位	成本单价	销售数量	销售单价	销售金额	成本金额	毛利	入库制单
20001	2008/12/04	三库	0010001	中国南方工业汽车配件公司	仿毛方向盘套	新势力	套	14	2	16	32	28	4	张强
20001	2008/12/04	三库	0010003	中国南方工业汽车配件公司	立标	大众	套	6	2	8	16	12	4	张强
20001	2008/12/04	四库	0030001	兄弟配件公司	挡泥板	皇冠	套	23	4	50	200	92	108	张强
20001	2008/12/04	二库	0030006	兄弟配件公司	挡泥板	恒未	套	25	2	20	40	50	-10	张强

任务操作

① 打开"出库明细表 .xlsx"文件，另存为"12 月份出库明细表 .xlsx"。

② 选择整个表格范围，设定边框颜色为"青色"，选择较粗的线条样式，应用到选定区域的上、下边框，如图 5-31 所示。

③ 选中标题行，设定下边框为黑色细实线，如图 5-32 所示；设定标题行字体为宋体，字号为 10 磅，颜色为"深红"色；设定单元格填充，设为灰色 -25% 的背景色，如图 5-33 所示。

④ 隔行设置单元格的填充，设为灰色 -25% 的背景色。

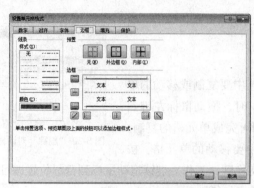

图 5-31 出库明细表上下边框设定

图 5-32 标题行下边框设定

图 5-33 设定标题行灰色底纹

⑤ 选择表格标题行和内容各行，选择"开始→单元格→格式→行高"命令，设定行高为 20。

 知识与技能

（1）单元格格式设定。设定单元格的格式是对电子表格进行格式化的主要手段。选取要设定格式的单元格区域，打开"设置单元格格式"对话框，可以对单元格中的数字格式、对齐方式、字体、区域边框、单元格填充进行设置。字体设置选项卡如图 5-34 所示，在单元格填充中设置特殊的填充效果，单击"填充效果"按钮，弹出"填充效果"对话框如图 5-35 所示。

图 5-34 单元格字体格式设定

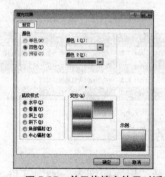

图 5-35 单元格填充效果对话框

（2）自动套用格式。选择"开始→样式→套用表格格式"命令，可对选定的数据区域的应用预置的表样式。例如，对表 5-2 的数据区域应用"表样式中等深浅 5"，窗口界面如图 5-36 所示。

若应用套用表格格式效果不明显，选择"开始→样式→单元格样式"命令，打开"自定义"样式选择列表，如图 5-37 所示，通过选择预定义样式，可以快速设置单元格格式。若选择"常规＿"，则可以选择"开始→样式→套用表格格式"命令。

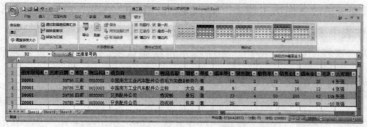

图 5-36 自动套用格式窗口界面

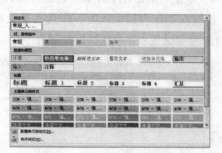

图 5-37 "自定义"样式选择列表

 Excel 2007 提供了许多预定义的表样式（或快速样式），使用这些样式，可快速套用表格式。通过为表元素（如标题行和汇总行、第一列和最后一列，以及镶边行和镶边列）选择"快速样式"选项，可以进一步调整表格式。如果预定义的表样式不能满足需要，可以创建并应用自定义的表样式。

（3）格式的复制。和 Word 一样，Excel 也在"开始→剪贴板"组提供了"格式刷" 的格式复制功能，可以快速进行单元格格式复制。

5.2.3 数据保护 *

Excel 提供了对工作表元素的数据保护功能。

实例 5.9 查看数据保护格式设置

情境描述

使用实例 5.1 利用 Office Online 模板创建"差旅费报销单"工作簿，如图 5-6 所示。查看工作表的数据保护情况。

任务操作

① 单击工作表各单元格，查看哪些单元格无法选中（被锁定）？哪些单元格可以输入数据？

② 此时处于工作表被保护状态，无法查看单元格的格式，无法选择行与列。

③ 选择"审阅→更改→撤销工作表保护"命令，取消对工作表的保护。

④ 对比可以输入数据的单元格和无法选取的单元格，分别查看单元格格式，对比"保护"选项卡设置有何区别？

⑤ 选择"审阅→更改→保护工作表"命令，弹出"保护工作表"对话框如图 5-38 所示。可见，这里仅允许对工作表中未锁定的单元格进行选定操作。

⑥ 设定密码，选择"确定"按钮，系统提示再次确认密码，可以实现带密码的工作表保护。

 知识与技能

（1）单元格的锁定与隐藏。选择"开始→对齐方式"命令，单击展开"设置单元格格式"对话框，"保护"选项卡如图 5-39 所示。"锁定"是指在工作表被保护时，所选单元格或单元格区域被锁定，所有用户不得修改。"隐藏"是指在工作表被保护时，所选各单元格中的公式将被隐藏，从编辑栏中看不到公式。有关公式的内容参见 5.3 节中数据处理部分。

图 5-38　保护工作表的设置

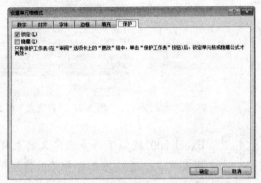

图 5-39　单元格格式的保护设置

（2）保护工作表设置。选择"开始→单元格→格式→保护工作表"命令，也可以弹出"保护工作表"对话框，如图 5-38 所示，可以在"允许此工作表的所有用户进行"列表框中选择允许用户更改的元素，可以选择是否使用密码进行保护。

（3）允许指定用户访问受保护的区域。Excel 允许多用户（用户以不同身份登录计算机）对其进行编辑操作。可以授权部分用户对指定的单元格或单元格区域进行编辑，而未获得授权的用户则不能对其进行访问。

在保护工作表之前，选择"审阅→更改→允许用户编辑区域"命令，弹出默认的"允许用户编辑区域"对话框，如图 5-40 所示。单击"新建"按钮添加允许编辑的区域，如图 5-41 所示。

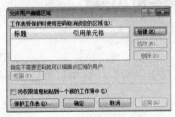

图 5-40　"允许用户编辑区域"对话框

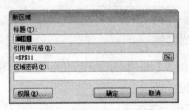

图 5-41　添加允许编辑区域

单击"权限"按钮，弹出对该区域的权限设置对话框，如图 5-42 所示。单击"添加"按钮，进入"选择用户和组"对话框，如图 5-43 所示，单击"高级"按钮，可以查找和选择要被授予权限的用户，如图 5-44 所示。如果想选择多个用户，请按住 Ctrl 并单击其名称。

 还可以对工作簿元素进行保护，请同学们通过帮助自主学习"保护工作簿"和"保护并共享工作簿"相关内容。

图 5-42　指定区域权限设置对话框

图 5-43　"选择用户或组"对话框

图 5-44　查找并选定用户或组

5.2.4　使用样式 *

与 Word 不同，Excel 的样式仅针对单元格的格式。选择"开始→样式→单元格样式"命令，弹出"自定义"样式选择列表，单击"新建单元格样式"，弹出"样式"对话框，如图 5-45 所示。通过 Excel 的样式可以创建自己的样式、应用现有样式、从其他工作簿合并样式、删除自定义样式。

创建自己的样式可以在已设定好格式的单元格基础上创建（只需输入新的样式名即可），也可以利用"修改"来定义新的单元格格式。选中单元格区域后，打开"样式"对话框，选择样式名，单击"确定"按钮即可把样式应用到选定的单元格区域。

图 5-45　"样式"对话框

5.3　数据处理

◎ 单元格地址的引用，会使用常用函数

◎ 对工作表中的数据进行排序、筛选、分类汇总

◎ 使用工作表的引用进行多个工作表计算 *

Excel 有较强的数据处理功能，它可以使用公式与函数进行数据处理，可以像数据库一样进行数据排序、筛选、汇总统计。

5.3.1　公式和函数

在 Excel 中，可以利用公式与函数对数据进行统计和分析。

1. 公式

公式是对工作表中数据进行计算的等式，公式要以等号（＝）开始，公式中可以包含运算符、

常量、引用、函数等。

实例 5.10 制作水电费表格

 情境描述

光明小区隶属某单位管理，负责人每月按楼单元制作表格收缴水电费。目前电费标准 0.48 元／度，水费包含自来水费、水资源费、污水处理费，合计 4 元／立方米。帮助工作人员完善表格。

 任务操作

（1）打开"水电费收缴登记表 .xlsx"，其中只包含一个"素材"工作表。将 "素材"工作表改名为"11 月"。

（2）完善 11 月份工作表，设定"应收金额"（水电费合计）。M3 使用公式"=K3+L3"，并将公式填充到 M4:M14，如图 5-46 所示。

（3）复制"11 月"工作表，新工作表命名为"12 月"。把工作表中的"11 月"改为"12 月"；删除"12 月"工作表中 G3：M14 区域的数据，如图 5-47 所示。

图 5-46 11 月份水电费收缴登记表

图 5-47 12 份水电费收缴登记空白表

（4）G3 使用相对引用建立公式"='11 月'!I3"，跨工作表引用。再将该公式填充到 G3:H14，从而从"11 月"工作表中取得上月的水表示值和电表示值，如图 5-48 所示。

（5）建立"收费标准"工作表，A2 为"水费单价："，B2 为"4.00"；A3 为"电费单价："，B3 为"0.48"，如图 5-49 所示。

图 5-48 引用"11 月"工作表中的数据

图 5-49 "收费标准"工作表

（6）参照图 5-50 所示录入本月水表示值和本月电表示值。K3 使用公式"=（I3-G3）*'收费标准'!\$B\$2"，这里对 B2 单元格的引用为绝对引用。将 K3 公式填充到 K4:K14。

（7）L3 使用公式"=（J3-H3）*'收费标准'!\$B\$3"，如图 5-51 所示。这里使用跨表引用，

对 B3 单元格的引用为绝对引用。将 L3 公式填充到 L4:L14。

图 5-50　计算 12 月份水费应收金额

图 5-51　计算 12 月份电费应收金额

（8）设定 M3 使用公式"=K3+L3"，并将公式填充到 M4:M14，如图 5-52 所示。

图 5-52　12 月份水电费应收金额合计

 知识与技能

（1）常量。常量是指直接在公式中输入的数字或文本值。表达式或由表达式得出的结果不是常量。

（2）运算符。Excel 2007 运算符包括算术运算符、关系运算符、文本连接运算符和引用运算符，如表 5-3 所示。

表5-3　　　　　　　　　　　　　　　运算符

	运　算　符
算术运算符	%（百分比）、+（加）、-（减）、*（乘）、/（除）、^（乘方）
关系运算符	=（等于）、<（小于）、>（大于）、<=（小于等于）、>=（大于等于）、<>（不等于）
文本连接运算符	&（文本连接）
引用运算符	:（冒号），（逗号）（空格）

引用运算符用来设定单元格的范围。例如："B1:C3"表示从 B1 到 C3 的矩形区域，包括 B1、B2、B3、C1、C2、C3 六个连续单元格；"B1，C3"则表示 B1 和 C3 两个单元格的集合。交叉运算符（空格）生成对两个引用共同的单元格的引用，如 B7:D7 C6:C8 = C7。

 提示

上述4类运算符的优先级从高到低依次关系如下。

① 引用运算符 > 算术运算符 > 文本连接运算符 > 关系运算符。

② 当优先级相同时，按照自左向右的规则计算。

③ 使用括号可以改变优先级——括号内的运算优先。

（3）引用。引用的作用是标识单元格或单元格区域，并指明公式中所使用的数据的位置。通过引用，可以在公式中使用工作表不同部分的数据，或者在多个公式中使用同一个单元格的数据。

可以在不同的工作表间、在不同的工作簿间引用数据。

① 相对引用。相对引用是指在公式中直接引用单元格或单元格区域。例如，B4 公式"=B1+B2"。在公式复制或填充时，公式中被引用的单元格会随之发生变化，但结果单元格与引用的单元格的相对位置保持不变。

② 绝对引用。绝对引用是指在公式中引用的单元格不随着公式的复制或填充而变化，此时单元格地址的行号、列标前加"$"符号，单元格位置被"锁住"。例如，B4 公式"=$B$1+B2"，在公式被复制时，$B$1 不因位置改变而改变。

③ 混合引用。混合引用是指在公式中引用的单元格的行号或列标为绝对引用，另一部分为相对引用。例如，B4 公式"=B$1+$B2"，在横向复制或填充公式时，B$1 中的 B 会发生改变；在纵向复制或填充公式时，$B2 中的行号会发生改变。

设计公式，要从公式被复制或填充的角度考虑问题。当公式被复制或填充后，考虑填充的方向，根据引用的相对位置是否应该发生变化来合理选用相对引用、绝对引用或混合引用。

课堂训练5.1

对 12 月份水电费应收金额查看公式追踪，如图 5-53 所示。选择"公式→公式审核→追踪引用单元格"命令，可以查看该公式引用位置，借此可以加深对相对引用的认识和理解。

图 5-53　追踪引用单元格

2. 函数

函数是 Excel 预先定义的公式，用于执行特定的计算、统计、分析功能。若要创建含有函数的公式，可以单击编辑栏的 f_x 按钮，弹出"插入函数"对话框，如图 5-54 所示。该对话框可以选择函数类别、选择函数名称、显示函数语法结构、查看函数功能简述以及调用该函数帮助。单击"确定"按钮可进入所选函数的参数设置对话框，如图 5-55 所示。

图 5-54　"插入函数"对话框

图 5-55　"函数参数"对话框

实例 5.11　学生成绩分析

 情境描述

某工业学校机电专业的学期成绩已经登记完毕，需要对各科成绩、每名学生的成绩进行计算、统计和分析。

 **任务操作**

（1）打开"学生成绩表 .xlsx"。

（2）统计学生个人的学期平均分，在 K3 单元格建立公式"=AVERAGE（D3:J3）"，并将公式填充到 K4:k42。选中 K 列，设置单元格格式，使用数值，并保持 1 位小数点。效果如图 5-56 所示。

（3）根据学生的平均分确定成绩等级，90 ～ 100 为 A，80 ～ 89 为 B，70 ～ 79 为 C，60 ～ 69 为 D，60 以下为 E。可以使用 IF 函数创建公式，在 L3 单元格建立公式"=IF（K3>=90，"A"，IF（K3>=80，"B"，IF（K3>=70，"C"，IF（K3>=60，"D"，"E"））））"，并将公式填充到 L4:L42。效果如图 5-57 所示。

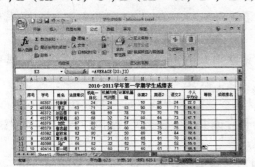

图 5-56　计算学生个人平均分

图 5-57　利用 IF 函数统计学生成绩所在等级

 在求取成绩等级时，使用到了函数嵌套。将光标定位到使用嵌套函数的参数录入文本框，选择工具栏 *fx* 按钮，即可进入嵌套函数的输入界面。函数嵌套效果如图5-58所示。

（4）根据学生平均成绩进行排名，使用 RANK 函数，在 M3 单元格建立公式"=RANK（K3，$K$3:$K$42）"，并将公式向下填充到 M4:M42，如图 5-59 所示。根据复制公式的需要，数值范围采用了绝对地址引用方式。

图 5-58　IF 函数嵌套的参数设置

图 5-59　根据学生平均成绩进行排名

（5）统计每门课程的最高分，D43 使用公式"=MAX（D3:D42）"；统计每门课程的最低分，

第5章 电子表格处理软件 Excel 2007 应用

D44 使用公式"=MIN（D3:D42）"；统计每门课程的平均分，D45 使用公式"=AVERAGE（D3:D42）"；同时选中 D43:D45，利用填充柄将公式向右复制到 E43:J45。效果如图 5-60 所示。

知识与技能

（1）函数的语法结构。函数的结构为：函数名称（参数1，参数2……）。一个函数只有唯一的一个函数名称，它决定了函数的功能和用途。参数规定了函数的运算对象、顺序或结构等。参数可以是数字、文本、逻辑值、数组、

图 5-60　各门课程成绩分析数据

错误值（#N/A）或单元格（区域）的引用。参数也可以是常量、公式或其他函数（即函数嵌套）。例如，"=SUM（A1:A4）"，等价于公式"=A1+A2+A3+A4"。

（2）常用函数的功能。

① AVERAGE 函数。计算所有参数的算术平均值。语法为 AVERAGE（number1，number2，…），number1，number2，…是要计算平均值的 1～255 个参数。

② SUM 函数。返回单元格区域中所有数字之和。语法为 SUM（number1，number2，…），number1，number2，…是需要求和的 1～255 个参数。

③ MAX 函数。返回一组数值中的最大值。语法为 MAX（number1，number2，…），其中 number1，number2，…是要从中找出最大值的 1～255 个数值参数。

④ MIN 函数。返回一组数值中的最小值。语法为 MIN（number1，number2，…），其中 number1，number2，…是要从中找出最小值的 1～255 个数值参数。

⑤ COUNT 函数。返回包含数字的单元格以及参数列表中数字的个数。语法为 COUNT（value1，value2，…），其中 value1，value2，…为包含或引用各种类型数据的 1～255 个参数，但只有数字型的数据才被计算。

⑥ IF 函数。执行逻辑判断（条件检测），根据逻辑表达式的真假，返回不同的结果。语法为 IF（logical_test，value_if_true，value_if_false）。其中，logical_test 为计算结果为 TRUE 或 FALSE 的任何数值或表达式（条件）；value_if_true 是 logical_test 为 TRUE 时函数的返回值；value_if_false 是 logical_test 为 FALSE 时函数的返回值或表达式。

⑦ RANK 函数。返回某数字在一列数字中的大小排位。语法为 RANK（number，ref，order），参数 number 是需要计算其排位的指定数字或引用；ref 是一组数或对一个数据列表的引用（其中的非数字值将被忽略）；order 为一个数字，指定排名的方式。如果 order 为 0 或省略，则按降序排位（数字越大，排位顺序号越小，类似"第 1 名"）。如果 order 为非零值，则按升序排位。

⑧ ROUND 函数。按指定位数对数字进行四舍五入处理。语法为 ROUND（number，num_digits）。参数 number 是需要四舍五入的数字；num_digits 为指定的小数点后保留的位数。

课堂训练5.2

通过 IF、ROUND 函数和其他新函数的帮助，查看帮助说明和示例，理解函数的用法。

5.3.2 Excel 数据管理

Excel 具有强大的数据库管理功能，包括排序、筛选、分类汇总等。

实例 5.12 班级信息统计表的数据处理

 情境描述

某学校的班级信息统计表，提供了各中专班级的专业、班级、人数和所属科室信息。使用排序、筛选和汇总统计完成所需的工作。

 任务操作

① 打开"班级信息统计表 .xlsx"。

② 为了便于观察，选择"视图→窗口→冻结窗格→冻结首行"命令，实现首行冻结，以便在滚动其他部分时保持首行可见。

③ 选中第 1 行的各列，选择"数据→排序和筛选→筛选"命令，对所选单元格启用筛选，结果如图 5-61 所示。

④ 查看网络科所属班级的信息，可设置"所属科室"的筛选条件为"网络科"，筛选结果如图 5-62 所示。

⑤ 希望按照设定的比较复杂的条件进行筛选，可使用"高级"筛选。在 A35:B38 区域添加筛选条件。选择"数据→排序和筛选→高级"命令，弹出如图 5-63 所示"高级筛选"对话框，设定数据列表区域、条件区域，并设

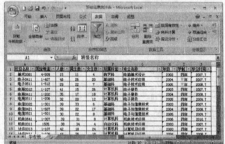

图 5-61　首行启用"筛选"功能

置结果显示方式指定为"在原有区域显示筛选结果"，效果如图 5-64 所示。

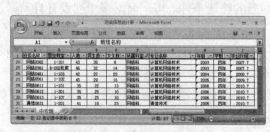

图 5-62　筛选"网络科"所属班级

图 5-63　高级筛选条件设置

⑥ 取消高级筛选。拟分专业来统计学生人数，可以使用分类汇总。首先按照"专业名称"字段进行排序，由于班级信息统计表是一个纯粹的数据表（不含表格的标题名称），将光标定位在"专业名称"列的任意单元格，单击"数据→排序和筛选"组中的 ↓↑ 或 ↑↓ 命令进行快速排序。

⑦ 选择"数据→分级显示→分类汇总"命令，弹出"分类汇总"对话框，按专业名称进行分类汇总，统计各专业学生人数之和，如图 5-65 所示。单击"确定"按钮，分类汇总结果如图 5-66 所示。

图 5-64　高级筛选结果界面　　　　　图 5-65　"分类汇总"对话框

 知识与技能

（1）数据排序。排序是数据处理的基本手段，通过排序可以发现数据的大小规律。选择"数据→排序和筛选→排序"命令，弹出"排序"对话框，如图 5-67 所示，可以一次性根据多个排序条件进行设定排序等。

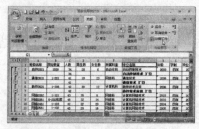

图 5-66　分类汇总数据处理结果　　　　　图 5-67　"排序"条件设置对话框

使用常用工具栏上的 或 按钮进行快速排序。快速排序一般用于工作表中只有一张二维数据表的情况。

（2）数据筛选。数据筛选可以实现从数据表中提取出满足某种条件的数据记录，不满足条件的记录被暂时隐藏起来，一旦筛选取消，这些隐藏的记录会重新显现出来。

① 自动筛选。选中标题行，选择"数据→排序和筛选→筛选"命令，标题行每一列的右侧都会出现自动筛选箭头 按钮。单击筛选条件所在列的 按钮，会出现筛选条件下拉列表，如图 5-68 所示，给出了"所属科室"和"人数"列的筛选条件。可同时对多个列设置自动筛选，各列的筛选条件之间存在"与"的关系。

同一字段可以通过"文本筛选"等命令的下一级菜单，可以自定义筛选条件，如图 5-69（a）所示。选择条件设置方式，进入"自定义自动筛选方式"对话框，如图 5-69（b）所示，可以设置 1～2 个筛选条件，两个筛选条件之间可以是"与"或者"或"的关系。设置条件时可以使用通配符（？代表单个字符，＊代表任意多个字符）。

② 高级筛选。高级筛选适合于复杂条件的筛选，可以对多个条件进行筛选。高级筛选的步骤如下。

a. 建立一个条件区域，用来指定筛选的条件。条件区域与数据区域之间至少留空一行或一列。

b. 单击数据区域内的任意单元格，选择"数据→筛选→高级筛选"命令，弹出"高级筛选"对话框，设置数据列表区域、条件区域和筛选结果保存的位置。如果选择将筛选结果复制到其他位置，需要给出目标位置的起始单元格地址。

 提示　设置条件区域时，列标题在上，筛选条件在下。筛选条件允许使用通配符。每行的各条件之间是"与"的关系。可以设置多个条件行，各条件行之间是"或"的关系。

  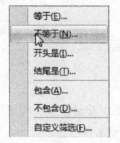 

（a）所属科室"文本筛选"条件 （b）班级人数"数字筛选"条件　（a）"文本筛选"子菜单 （b）"自定义自动筛选方式"对话框

图 5-68　筛选条件下拉列表　　　　　　　　　　图 5-69　自定义自动筛选方式

（3）分类汇总。分类汇总是指根据数据表中某字段的值对数据进行分类，并对一个或多个字段的数值进行汇总统计，如求和、求最大值等。因此在进行分类汇总前，应按照分类字段先排序，以便将要进行分类汇总的行排列到一起，再对包含数字的列计算分类汇总结果。

排序后，选择"数据→分级显示→分类汇总"命令，弹出"分类汇总"对话框，其中，"分类字段"指定一个分类依据字段；"汇总方式"指定一种汇总的方式，如求和、计数、平均值、最大值、最小值、数值计数、方差等；"选定汇总项"指定同时进行汇总的一个或多个字段。做出"替换当前分类汇总"、"每组数据分页"、"汇总结果显示在数据下方"的选择。"全部删除"按钮是取消现有分类汇总的命令按钮。

课堂训练5.3

查看分类汇总结果有三种分级显示控件，"级别"按钮 1 2 3 可以控制显示级别；显示 / 隐藏详细信息按钮 + / − 也可以控制分类汇总单个结果的级别。分级查看实例 5.12 的分类汇总结果。

5.4　数据分析

◎ 常见图表的功能和使用方法

◎ 创建与编辑数据图表

◎ 使用数据透视表和数据透视图进行数据分析 *

Excel 能够用图形方式直观反映数据的大小、变化趋势，便于数据分析，效果直观真切。

5.4.1 图表

Excel 的图表用图形方式来表达数据之间的关系，可方便用户查看数据的大小、所占比例和预测趋势。

实例 5.13 制作销售量统计图表

 情境描述

某单位一季度销售量数据统计结束，需要制作图表来直观反映各部门、每月的销售情况，使用图 5-70 所示 3 种图表类型来表示。

　　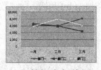

（a）簇状柱形图　　（b）分离型三维饼图　　（c）数据点折线图

图 5-70　销售量统计图表

 任务操作

① 打开"销售量统计图表 .xlsx"，选择"插入"选项卡，如图 5-71 所示。

② 使用"插入→图表→柱形图"命令，弹出柱形图选择列表，选定二维柱形图中的"簇状柱形图"，功能区出现图表工具"设计""布局""格式"选项卡，如图 5-72 所示。

图 5-71　插入图表操作窗口　　　　图 5-72　柱形图选择列表

③ 选择"设计→数据→选择数据"命令，弹出"选择数据源"对话框，如图 5-73（a）所示。根据图 5-70（a）的要求选定数据区域，可以指定系列产生在行或列（切换行 / 列），修改数据系列（编辑图例项和水平轴标签），改变图例项的顺序，结果如图 5-73（b）所示。

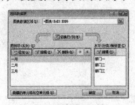　　　　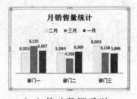

（a）选定数据区域　　　　　　（b）修改数据系列

图 5-73　"选择数据源"对话框

④ 选择"设计→图表布局→布局 2"命令，应用"布局 2"的预定义布局。也可以选择"设计→图表样式"组的命令，设定预定义的样式。如图 5-74 所示。

⑤ 选择"格式→形状样式→形状填充"命令，改变数据系列的格式，包括填充、轮廓，还可以应用"效果"。修改后的效果如图 5-75（a）所示。

⑥ 鼠标指向图表不同位置，分别修改图标区格式、绘图区格式、数据系列格式、数据点格式、图例格式、坐标轴格式，修改图表的大小，获得图 5-75（b）所示的最终效果。

⑦ 复制簇状柱形图表，粘贴两次，分别进行修改，达到与图 5-70（b）和图 5-70（c）一致的效果。

 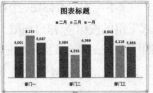

（a）选择"布局2"　（b）应用"布局2"的效果
图 5-74　选择图表预定义布局

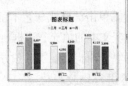 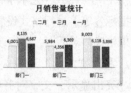

（a）修改数据系列格式　（b）最终效果图
图 5-75　修改图表元素的格式

知识与技能

（1）插入图表。可以选择"插入→图表"命令，启动图表工具"设计""布局""格式"选项卡，来逐步创建图表。

（2）选定图表类型。在功能区"插入"选项卡"图表"组，单击□ 弹出"插入图表"对话框，如图 5-76 所示，其中提供了多种类型的图表，根据需要自主选择。例如，柱形图能够显示一段时间内数据的变化，或者显示不同项目之间的对比。柱形图有簇状柱形图、堆积柱形图、百分比堆积柱形图、三维柱形图等，每种图表的功能描述可以通过查看帮助来了解。

图 5-76　"插入图表"对话框

（3）设定图表数据源。在图表区域内单击右键，弹出快捷菜单，单击"选择数据"命令可以设定或修改图表数据源。在"选择数据源"对话框中可以添加删除系列，可以调整系列的顺序。

（4）调整图表布局。选择"设计→图表布局"命令组，可以应用预定义布局，快速设置布局。也可以利用"布局"选项卡（见图 5-77）"标签"命令组，手工设定图表标题、坐标轴标题、图例位置、数据标签位置、数据表显示与否等，可以改变图表的布局。

（5）改变图表格式。初步定义布局后，通常需要细致设定图表不同部位的格式。例如，单击"图表标题"命令，弹出图表标题命令子菜单，单击"其他标题选项"命令弹出"设置图表标题格式"对话框，可以修改图表标题格式，如图 5-78 所示。

图 5-77　功能区"布局"选项卡

（a）图表标题子菜单　（b）"设置图表标题格式"对话框
图 5-78　设置图表标题格式

提示

通过"格式→形状样式"命令组，也可以方便地修改各种对象的格式。

练一练

用鼠标点选图表的不同部位，通过右键快捷菜单，选择格式设置命令，对图标区格式、绘图区格式、数据系列格式、数据点格式、图例格式、坐标轴格式、数据表格式、网格线格式进行修改，还可以对某数据系列添加趋势线。

利用"格式→艺术字样式"命令组，可以对图表中的文本（如图表标题、坐标轴标题、图例文本、数据标签等）进行格式设置。单击"格式→艺术字样式"组的按钮 弹出如图 5-79 所示"设置文本效果格式"对话框，可以改变文本的填充、边框、大纲样式、三维效果及文本框版式等。

利用"开始"选项卡的"字体"和"对齐方式"命令组，可以对图表文本的字体、字号、颜色、突出显示、文字对齐等进行修改。

（6）指定图表插入位置。图表可以作为新工作表插入，也可以作为图表对象插入到当前工作表中。选择"设计→位置→移动图表"命令，弹出"移动图表"对话框如图 5-80 所示，可以指定或改变图表位置。

图 5-79　"设置文本效果格式"对话框

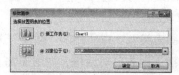

图 5-80　"移动图表"对话框

课堂训练5.4

将实例 5.13 中的簇状柱形图修改为"三维簇状柱形图"。

课堂训练5.5

利用实例 5.13 的数据，对部门二创建"演示用三维分裂饼图"。

课堂训练5.6

对实例 5.13 中图 5-70（c）数据点折线图，改变图表的位置，存放到一个新的工作表中。

5.4.2　数据透视表与透视图 *

分类汇总仅适合于按一个字段进行分类的情况。若希望同时根据一个或多个字段进行分类和汇总，需要使用数据透视表来实现。数据透视图以图表的形式表示数据透视表中的数据。数据透视表和数据透视图是关联在一起的，修改数据透视表的结构，数据透视图自动改变。

实例 5.14　制作数据透视表与透视图

 情境描述

某汽车配件销售公司进行配件采购入库登记，请使用数据透视表随时查看各种配件的采购数量及金额。入库明细数据如图 5-81 所示。

任务操作

① 打开"数据透视 .xlsx"，入库明细表工作表的数据如图 5-81 所示。

图 5-81 入库明细数据

② 选择 A1:N14 数据区域。选择"插入→表→数据透视表→数据透视表"命令，弹出"创建数据透视表"对话框，如图 5-82 所示。单击"确定"按钮，插入"Sheet1"数据透视表。将工作表名称"Sheet1"改为"透视表"。

③ 将"库别"和"月份"字段加入页区域（报表筛选），将"物品代码"和"物品名称"字段加入行区域（行标签），将"数量""单价""金额"字段加入数据区域（∑数值），如图 5-83 所示。

图 5-82 "创建数据透视表"对话框

（a）"字段列表"对话框 （b）搭建起来的数据透视表

图 5-83 搭建数据透视表

④ 修改数据透视表的格式。选中"字段列表"对话框，单击"行标签"中的"∑数值"右侧的下拉按钮，选择"移动到列标签"，使数量、单价、金额三个求和项垂直并排显示。选择"设计→布局→分类汇总→不显示分类汇总"命令，取消依据物品代码和名称的分类汇总。选择"设计→布局→报表布局→以表格形式显示"命令，保持物品代码和物品名称在同一行显示。选择"选项→显示 / 隐藏→ +/- 按钮"命令，隐藏展开 / 折叠标志。选择"设计→数据透视表样式→浅色 2"命令，形成如图 5-84 所示效果。

⑤ 选中数据透视表区域中的任意单元格，单击"选项→工具→数据透视图"命令，弹出"插入图表"对话框，选择分离型饼图，以嵌入对象的方式在"透视表"工作表中插入数据透视图。选择"设计→位置→移动图表"命令，可以将数据透视图转移到新工作表（Chart1）中，选择"设计→图表样式→样式 32"命令，修改透视图的格式，得到汽车配件入库数据透视图如图 5-85 所示。

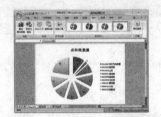

图 5-84 数据透视表修改结果   图 5-85 汽车配件入库数据透视图

 知识与技能

数据透视表是灵活的数据汇总统计工具，它将筛选和分类汇总等功能综合在一起，允许用户自主设定筛选、分类和汇总的方式，灵活查看汇总统计结果。

① 通常情况下,数据透视表的源数据的第1行为列标题,第1列无行标题,且不含自动小计(行小计和列小计),类似于"流水账",这样的源数据适合于数据透视。

② 选择"插入→表→数据透视表→数据透视表"命令,弹出"创建数据透视表"对话框,选择数据源,指定放置数据透视表的位置,即可生成空白数据透视表。数据透视表分经典数据透视表布局和 Excel 2007 新式布局两种风格,如图 5-86 所示。

③ 数据透视表由页区域(报表筛选)、行区域(行标签)、列区域(列标签)、数据区域(∑数值)四部分组成,其中页区域用于筛选,行区域和列区域用于搭建行列结构,数据区域用于显示汇总统计结果。经典数据透视表布局支持拖动字段拖放,但新式布局风格下只能在"数据透视表字段列表"中指定哪些字段放到报表筛选、行标签、列标签或数值区域。

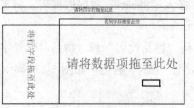

（a）经典数据透视表布局　　（b）新式数据透视表布局

图 5-86　数据透视表的构成和布局　　　　　图 5-87　数据透视表右键快捷菜单

④ 数据透视表的汇总统计功能很灵活,但必须根据汇总统计的目的合理调整数据透视表布局和格式,保证数据透视表的可读性。利用功能区命令可以对数据透视表应用样式、调整布局,还可以通过右键快捷菜单(见图 5-87)进行数据透视表选项设置、值字段设置、显示详细信息设置、单元格式设置、排序等,调整数据透视表的布局和风格,得到直观的汇总统计信息。

⑤ 与图表相似,可以改变数据透视图的图表类型、数据源、图表各部分的格式及图表存放位置。数据透视图与数据源存在联动关系,并且修改透视表的布局,透视图会自动发生改变。

课堂训练5.7

对实例 5.14 的数据透视表,选用 3 种不同的数据透视表样式,并进行布局和样式选项调整,分别达到满意的效果。

5.5 打印输出

◎ 根据要求进行工作表页面设置

◎ 设置打印方向与边界、页眉和页脚,设置打印属性

◎ 预览和打印文件

利用 Excel 进行数据输入、修改、统计后，常常需要将表格打印出来。Excel 2007 可以方便地打印出专业水平的报表。

5.5.1 页面设置

选择"页面布局→页面设置"命令组,单击对话框启动器 弹出"页面设置"对话框如图 5-88 所示,可以设置电子表格的打印输出版面。

（1）"页面设置"对话框的"页面"选项卡如图 5-88（a）所示。可以设置打印的纸张方向横放、竖放;调节缩放比例;选择纸张大小,设定打印质量。"页面布局→页面设置"命令组提供了纸张方向、纸张大小命令按钮。"页面布局→调整为合适大小"命令组设有缩放比例、高度和宽度命令按钮。

 提示 缩放比例是Excel的显著特点之一,它可以方便地对整页内容进行缩放打印。

（2）"页边距"选项卡如图 5-88（b）所示。可以根据需要设置上下左右页边距;调整页脚、页眉的位置;设定当内容不满整张纸时,内容在页面上的打印位置——水平、垂直方向居中。

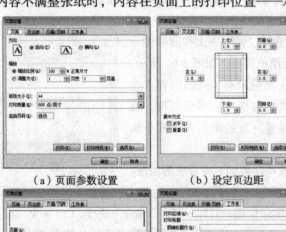

（a）页面参数设置 （b）设定页边距

（c）页眉 / 页脚设置 （d）工作表选项卡

图 5-88 "页面设置"对话框

（3）"页眉 / 页脚"选项卡如图 5-88（c）所示。可以自定义页眉页脚的内容与格式,也可以通过选择"插入→文本→页眉和页脚"命令,功能区将添加页眉和页脚工具,出现"设计"选项卡,方便进行页眉和页脚设置,如图 5-89 所示。

（4）"工作表"选项卡如图 5-88（d）所示。可以设置打印区域（区域之外的内容不被打印）,设置打印标题——每个打印页重复出现的行和列等。

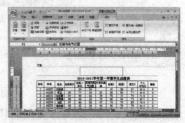

图 5-89 页眉和页脚设置操作界面

5.5.2 预览和打印文件

在打印工作表之前，可以使用"打印预览"功能查看打印的效果，当满意时再打印。

实例 5.15 打印预览、分页预览和打印输出

 情境描述

针对"学生成绩表 .xlsx"，通过打印预览查看打印效果，在分页预览状态下修改分页状态，调整行高和列宽，达到满意效果。

 任务操作

① 打开"学生成绩表 .xlsx"，选择"Microsoft Office，按钮→打印→打印预览"命令，预览效果如图 5-90 所示。可见右侧的内容不完整。

② 关闭打印预览，选择"视图→工作簿视图→分页预览"命令进入分页预览界面，如图 5-91 所示，出现蓝色的分页符线条，可见只有 1 列的内容未在第 1 页打印范围内。可以向右拖曳虚线分页符，或通过"页面布局→页面设置→页边距"命令减小页边距来实现在一页内打印全部列。

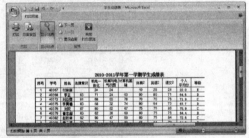

图 5-90 "打印预览"窗口

③ 再次进入"打印预览"界面，查看底部情况，看是否充满整页，或是否满意。通过调整行高达到比较满意（例如充满整页）的打印效果。

④ 选择"Microsoft Office 按钮→打印→打印"命令（或按"Ctrl + P"组合键），弹出"打印内容"对话框如图 5-92 所示。在设置打印机属性、选择打印范围后，单击"确定"按钮可执行打印。

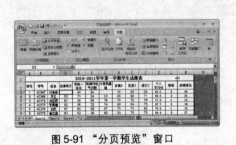

图 5-91 "分页预览"窗口

图 5-92 "打印内容"对话框

 知识与技能

（1）当打印内容较多，一页打印不下时，系统会自动分页打印。选择"视图→工作簿视图→分页预览"命令，进入分页预览状态，工作区将出现蓝色虚线或粗实线。虚线代表自动分页的界限，实线代表页面实际边界或手工分页位置。

（2）根据分页打印的需要，可以通过"页面布局→页面设置→分隔符→插入分页符"命令，在活动单元格左上方插入手工分页符，实现手工分页。在同一位置选择"页面布局→页面设置→分隔符→删除分页符"命令将删除手工分页符。

课堂训练5.8

Excel 有多页，若仅打印其中一页，需指定打印的页码范围。打开"打印设置（新生名册）.xlsx"文件，仅打印第 2 页（指定从第 2 页到第 2 页）。

实例 5.16　学生成绩统计分析

 情境描述

向学生提供班级学生成绩单纸质材料，由学生完成成绩录入与统计分析，生成图表，文件保存为"学生成绩分析综合实例 .xlsx"，打印到一张 A4 纸上。效果如图 5-93 所示（隐藏了 6～38 行）。

 任务操作

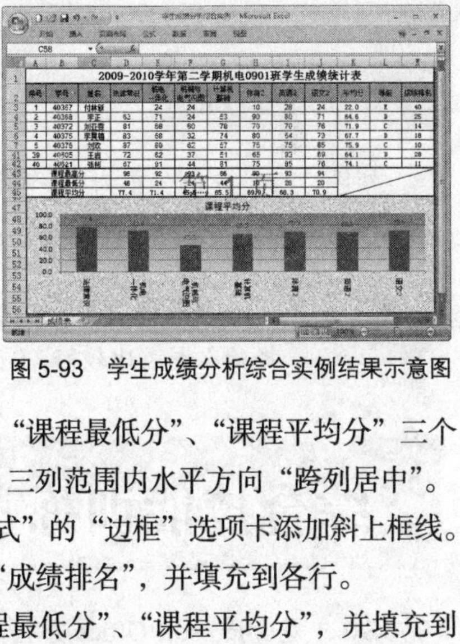

① 打开 Excel 2007，工作簿保存为"学生成绩分析综合实例 .xlsx"。

② 在 Sheet1 中录入原始数据（仅包含 40 名学生和各门课程的成绩）。工作表改名为"成绩表"，删除工作表 Sheet2 和 Sheet3。

③ 在右侧添加"平均分"、"等级"、"成绩排名"三列。

图 5-93　学生成绩分析综合实例结果示意图

④ 在 A43、A44、A45 单元格分别添加"课程最高分"、"课程最低分"、"课程平均分"三个列标题，并通过"设置单元格格式"对话框设置它们在 ABC 三列范围内水平方向"跨列居中"。

⑤ 在 K43:M45 单元格区间合并，并通过"设置单元格格式"的"边框"选项卡添加斜上框线。

⑥ 参照实例 5.11，使用函数求取"平均分"、"等级"、"成绩排名"，并填充到各行。

⑦ 参照实例 5.11，使用函数求取"课程最高分"、"课程最低分"、"课程平均分"，并填充到各门课程（E43:J45）。

⑧ 在表格标题行上方添加标题，在 A1:M1 范围内合并居中，设定字体为宋体、14 号，设定单元格格式为垂直方向居中。手工调整行高，使标题与表格拉开一些距离。

⑨ 给表格标题行加深色 25%（对照 WORD 底纹查看颜色名称）填充。

⑩ 给表格添加边框，外围为粗实线，内部为细实线。底部增添的统计数据的边框如图 5-92 所示。

⑪ 在底部添加图表。数据源由 A1,D1:J1,A45,D45:J45 组成，出现课程平均分柱图。

 提示　可以通过Ctrl键与鼠标配合，先选定数据源的单元格区域，再单击"插入→图表→柱形图"命令生成图表，如图5-94所示。

⑫ 删除图例。给数据系列（柱图）添加数据标签"值"；设置数据标签的字体设置为宋体、9磅、红色。修改水平坐标轴格式，设置字体为宋体、9磅，设置对齐方式为90°。修改图表标题格式，字体设置为黑体、12磅。

⑬ 修改图表区域格式，填充"新闻纸"纹理。修改绘图区格式，填充单色（灰色）渐变效果。图表的效果如图5-95所示。

⑭ 设定 B:M 的列宽为6，修改标题行，使用 Alt+Enter 对较长的课程名称在单元格内分行。

⑮ 修改页面设置，设置上下页边距为2，左右页边距为1，水平方向居中。预览打印效果，通过调整列宽达到最佳的水平效果。

⑯ 进入分页预览视图，调整第3～45行的行高，修改图表的高度和宽度，使表格与图表在一页内显示，使图表与表格等宽。

⑰ 通过打印预览查看效果，反复调整，直至满意为止。文件保存，打印出排版样张。

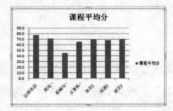

图5-94 课程平均分图表初始状态

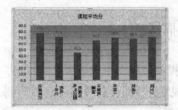

图5-95 课程平均分图表的格式化效果

 知识与技能

饼图以反映比例分布为主，柱图以比较数值大小为主，折线图以反映变化趋势为主。分析各门课程的平均分，选择柱图是比较合理的。

 动手做 如果希望直观地给出该班学生各门课程的平均分在不同分数段的人数分布，选择什么图表比较好，应如何实现？

综合技能训练六　统计报表制作

Excel 是 Microsoft Office 办公软件套装的重要组件之一，它可以进行多种数据处理、统计分析，辅助决策，在公司管理中得到较深入的应用。在此，提供一个企业的薪酬统计报表任务来体会如何使用 Excel 分析解决工程实际问题。

 任务描述

王莉莉同学来到"靓家装潢设计公司"实习，单位人事部希望她使用 Excel 技术帮助公司制作职工薪酬发放表，要求薪酬总额实现自动计算，还希望页面设计得比较美观，企业给她提供了一个样张如图5-96所示。人事部希望王莉莉同学帮助他们对职工的薪酬数据进行排序、筛选、分类汇总，分类汇总结果如图5-97所示；并利用数据透视表和透视图根据临时性需求，实现灵活地数据统计和图表分析，如图5-98所示，帮助公司发现一些薪酬规律。

图 5-96 职工薪酬发放表

图 5-97 分类汇总的结果

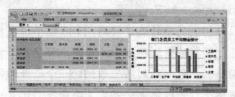

图 5-98 数据透视的结果

 **技能目标**

- 从需求出发，合理选择数据处理和数据分析的方法。
- 熟练制作电子表格，并进行工作表的格式化。
- 使用公式与函数实现部分数据的自动计算。
- 使用排序、筛选、分类汇总等方法进行数据统计分析。
- 利用数据透视表和透视图进行灵活的数据汇总统计。

环境要求

- 硬件：计算机。
- 软件：Microsoft Office 2007。

任务分析

为了完成薪酬发放表的制作和薪酬统计分析任务，需要完成以下工作。

（1）需求分析。与人事部职员进行交流，弄清他们的业务需求和成果预期。例如，报表的构成、格式要求，自动计算的功能需求与实现方法，统计分析的目的和内容有哪些等。

（2）建立数据表。建立数据表包括搭建表结构、设计公式与函数、录入原始数据、格式化工作表等方面。

① 根据工资条的组成项目来设计表结构，确定表格的标题、表格标题行各字段，明确是否需要行列合计，有无底部审批等内容。在搭建表格结构的时候，需要研究确定原始数据是否存储在一个工作表中（可以存储在不同的工作表中，通过跨工作表引用共享数据）。

② 根据原始数据之间的关系，选择恰当的公式与函数，自动计算出所需的新数据。

提示

- 通常公式是需要复制或填充的，因此要合理使用相对引用、绝对引用或混合引用。
- 函数的种类很多，我们只学了常用的几个，根据用户需要可以通过Internet搜索所需功能使用哪个函数比较好，通过帮助查看新函数的使用方法，从而提高数据处理的质量和效率。

③ 通过单元格格式设定、工作表打印设置等格式化工作表，得到满意的打印效果。这是报表的重要组成部分，是电子表格制作成果的主要表现形式之一，因此要精心设计，做到美观大方。

（3）数据统计分析。数据统计分析内涵特别丰富，只能根据用户需求来选择统计方法和得出统计的结论，这种需求有可能是用户明确提出的，也可能需要我们给出建议并得到用户的认可。

归纳常用的统计方法如下：

- 利用函数，得到简单的统计数据，如求取单位发放工资的总额等。
- 通过排序，简单得到哪些人工资高，哪些人工资低等初步结论。
- 通过自动筛选，可以找到满足每列1～2个条件的记录。
- 利用高级筛选，可以筛选出满足复杂条件的记录。
- 通过分类汇总，可以依据一个字段进行分类（分组），获得一个或多个字段的汇总统计结果，例如，某部门所有职工的平均工资。
- 对于"流水账"式的原始数据，可以采用数据透视的方法，灵活地组合出简单或复杂的分类汇总方式，获得数据统计结果。

（4）制作图表。当得到统计分析的数据后，统计结果经常以表格和数字的形式存在，**数据不够直观**，对数据的关注点反映不够直观，例如，观察变化趋势，表格不如折线图。在报表中，通常需要使用图表将统计结果直观化，要分析关注点，选择恰当的图表。

（5）得出结论。用 Excel 进行数据统计，还只停留在数据的层面，但更重要的是，要基于数据分析发现事物的现状、变化趋势、变化规律、特点等，供决策者参考。表格和图表经常被应用到分析报告之中，并形成在一手材料基础上、经过数据处理和分析之后得出可信的结论。

任务一　根据需求进行统计报表的宏观设计

以小组为单位，研究制订报表统计方案：

（1）研究某单位的职工酬金发放表的字段构成。

（2）分析数据之间的关系，确定自动计算的字段、使用的公式与函数。

（3）讨论确定利用排序、筛选、分类汇总、数据透视进行数据分析的功能需求。

（4）希望以什么方式直观展示分析结果，例如不同部门职工平均工资对比图表、不同职务人员的平均工资对比图表、各部门不同职务人员工资平均值的透视方案及透视图。

（1）关于所得税。请通过网络搜索"个人所得税计算方法"，可以了解所得税的计算公式：

应纳税=（本月收入总额−个人所得税起征额）×税率−速算扣除数

（2）关于住房公积金。通过网络搜索"北京住房公积金缴存比例"和"住房公积金管理条例"，了解住房公积金的相关政策。

任务二　建立数据表

操作步骤要点：

（1）建立一个新工作簿，命名为"职工薪酬发放表.xlsx"。

（2）将 Sheet1 工作表改名为"素材"，从"职工薪酬发放表原始数据.docx"文档中复制原始数据，粘贴到"素材"工作表中。

（3）复制"素材"工作表，并将"素材（2）"工作表改名为"公式与函数"。"公式与函数"工作表中增加"应发金额""实发金额"两列。应发金额等于基本工资、岗位津贴、绩效工资、其他补贴四项之和，因此 K2 使用函数"=SUM（E2:H2）"，将该公式填充到 K3:K11。实发工资等于应发金额减去住房公积金和所得税两项的余额，因此 L2 使用公式 "=K2-I2-J2"，将该公式填充到 L3:L11。设置各项薪酬的数字格式，保留两位小数点，效果参考如图 5-95 所示。

（4）复制"公式与函数"工作表，并将"公式与函数（2）"工作表改名为"薪酬发放表"。参照图 5-95 进行格式化处理，并通过打印预览查看效果，做字体、行高、列宽等调整，达到理想的效果。

相关教学指导：

• 教师指导：利用 Σ 自动求和 来定义 SUM 函数，默认求和的数据区域为左侧（或上方）所有包含数值的连续单元格区域。由于 K2 "=SUM（E2:H2）" 跨越了 I2:J2，因此在 K2 单元格的左上角会出现 和 错误提示符。单击 的下拉按钮，弹出错误提示快捷菜单，如图 5-99 所示。选择"忽略错误"命令可以消除错误提示。

任务三　数据统计

操作步骤要点：

（1）复制"薪酬发放表"工作表，并将"薪酬发放表（2）"工作表改名为"排序"。

（2）按照"实发金额"降序排列，可以得到工资从高到低的排列结果。

（3）复制"薪酬发放表"工作表，并将"薪酬发放表（2）"工作表改名为"自动筛选"。

（4）进入"筛选"状态，表格标题行各单元格出现自动筛选按钮 。

（5）查看住房公积金在 350 元以上的职工薪酬信息。在"住房公积金"列增加"数字筛选→大于"的筛选条件——大于 350。

（6）复制"薪酬发放表"工作表，并将"薪酬发放表（2）"工作表改名为"高级筛选"。

（7）查看所得税低于 90 元的职务为非"职员"的薪酬信息，或基本工资低于 380 元的"职员"的薪酬信息。在薪酬数据的下方（间隔至少一行），建立高级筛选的条件。

（8）设置"高级筛选"对话框，获得高级筛选结果。为了便于观察条件与结果的对应关系，对高级筛选的结果添加底纹，如图 5-100 所示。

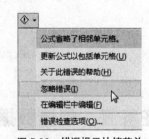

（9）复制"薪酬发放表"工作表，并将"薪酬发放表（2）"工作表改名为"分类汇总"。

（10）要按部门分类汇总，查看各部门职工的平均工资。首先根据"所在部门"进行排序；然后按"所在部门"分类，对"实发金额"求取"平均值"，得到分类汇总结果如图 5-101 所示。

图 5-99　错误提示快捷菜单

（11）显示分类汇总级别"2"，隐藏明细数据，并设置汇总数据的格式，结果如图 5-97 所示。

• 教师指导

查看（1）所得税低于 90 元的非"职员"（指职务）的薪酬信息，（2）基本工资低于 380 元的"职员"的薪酬信息，两者之间是"或"的关系，显然需要分两行来设置。各条件之间涉及三个字段

"基本工资"、"所得税"和"职务"。第14行和第15行分别涉及两个"与"关系的条件，各自产生的筛选结果如图5-100所示。

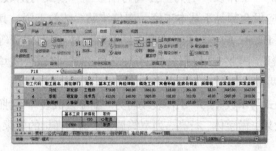

图 5-100　高级筛选的结果分析

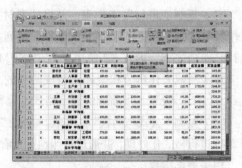

图 5-101　显示明细数据的分类汇总的结果

- 小组交流

分组讨论复杂的筛选条件，自己设定高级筛选条件，查看筛选结果。

任务四　制作图表

操作步骤要点：

（1）新建"图表"工作表，来创建不同部门职工平均工资对比的图表。

（2）复制"分类汇总"的"所在部门"和"实发金额"两列，在"图表"工作表中粘贴。

（3）借助于筛选的方法，选中并删除所有非"平均值"的行，仅剩下按部门求平均工资的行。

（4）修改行标题和列标题的名称。

（5）制作簇状柱形图，并对其进行格式修改，效果如图5-102所示。

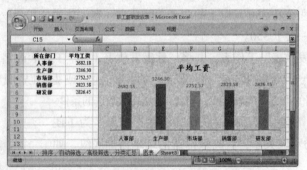

图 5-102　用图表显示不同部门职工平均工资

任务五　创建数据透视表和数据透视图

查看各部门、不同职务人员的平均工资，条件复杂，适合于使用数据透视表或数据透视图。

操作步骤要点：

（1）对"薪酬发放表"工作表的酬金发放表建立数据透视表，并命名为"数据透视"。

（2）查看各部门、不同职务人员的平均工资。选择行标签、列标签、数据区域的字段，得到各部门、不同职务人员的工资透视表。

（3）修改字段设置，应用数据透视表样式，得到理想的数据透视表。

（4）光标置于数据透视表内，选择"选项→工具→数据透视图"命令，创建于数据透视表联动的数据透视图。

（5）修改数据透视图的各部分格式，形成如图 5-97 所示的数据透视效果。

任务六　数据分析

针对排序、自动筛选、高级筛选、分类汇总、图表、数据透视几个工作表所获得的结果，小组讨论能够获得的结论。

	数据分析结论	小 组 互 评
排序		
自动筛选		
高级筛选		
分类汇总与图表		
数据透视		

评价交流

实 训 内 容	完 成 情 况	难点、问题	总　　结
公式与函数			
格式化工作表和打印设置			
自动筛选			
高级筛选			
分类汇总			
数据透视表和数据透视图			

拓展训练一　生源状况数据统计分析

要求：

从本校招生办公室获得上一年的新生录取名册电子数据（可参考素材数据"中职新生名册信息 .xlsx"），对生源状况进行统计分析，向学校领导和教学部门提供相关数据，提供学校教学改进的决策支持。提供的新生入学信息素材包含学生姓名、性别、录取专业、政治面貌、民族、考生类别（城市 / 农村，住届 / 应届）、生源地区（区县）、语文、数学、英语、总分等。

（1）求取不同专业的学生人数，分析录取新生的各专业学生分布。

（2）统计不同民族的学生人数，根据少数民族及其学生数，提出学校管理和服务的建议。

（3）分析不同政治面貌学生的人数，对党团工作提出建议。

（4）分析不同类别生源的数量分布情况，特别是根据农村和城镇生源学生比例，从调动学生积极性的角度出发，提出组织学生活动的建议。

（5）根据不同生源地区的学生人数及平均成绩，分析各地区的生源入学基础状况。

（6）根据不同专业、不同类别学生的总平均分，发现成绩较高、明显偏低的专业，有针对性提出不同专业的教学和管理建议。

（7）分析不同专业的数学、语文、英语成绩平均分，根据专业对相应课程的入学成绩要求，提出相关课程的教学建议。

（1）分析生源结构，以饼图为主。

（2）分析入学成绩，以表格或柱图为主。

（3）复杂条件的数据汇总统计，建议使用数据透视表与数据透视图。

（4）新生入学成绩分析，形成基于数据的初步结论是数据处理的目的。以小组形式组织学生对数据进行分析，研究数据能够反映出的问题，结合学校实际情况，提出解决问题的办法。

（5）除了利用现有数据进行不同专业间的横向对比分析以外，通常需要使用历年的新生入学数据对比分析，得出正确的结论。

拓展训练二　汽车装修店进销存管理

要求：

某汽车装修店使用 Excel 进行业务登记管理，建立了一个进销存管理系统，设立了商品信息表、入库明细表和出库明细表。修理店对所有商品分配了代码（商品编号）；对所有入库和出库信息进行了登记。

（1）为了简化入库、出库登记信息量，并保证商品信息准确，将入库和出库明细表中的商品信息通过函数（vlookup）实现动态变化，输入商品代码即可自动出现供货商、物品名称、规格、单位、单价等。销售金额、成本、毛利等通过自动计算得出。可以通过工作表保护将入库明细表、出库明细表中自动出现的列、自动计算得出结果的列设置为不可操作。

（2）建立"入库汇总表"工作表，按月、分库房，对入库信息进行统计，汇总入库各类商品的数量及金额，如图 5-103 所示。

（3）建立"出库汇总表"工作表，统计三号库 12 月份的出库情况，列举产品名称、规格、销售数量和销售金额，如图 5-104 所示。

| 库别 | (全部) | | | |
| 月份 | (全部) | | | |

物品代码	物品名称	规格	数量	金额
0010001	伪毛方向盘套	新势力	12	168
0010002	挡泥板		2	12
0010003	立标	大众	9	54
0030001	挡泥板		12	276
0030006	挡泥板		12	300
0040003	卫生套	M6	12	240
0050002	解码器	双鸽	12	18000
0060001	字标	58	12	120
0060002	钥匙链	22	24	120
总计			107	19290

图 5-103　入库物品汇总统计

| 库别 | (全部) | | | |
| 月份 | (全部) | | | |

物品代码	物品名称	规格	数量	金额
0010001	伪毛方向盘套	新势力	12	168
0010002	挡泥板		2	12
0010003	立标	大众	9	54

图 5-104　对库房某月的出库情况汇总统计

（4）建立"成本毛利表"工作表，统计售出商品的成本毛利情况，列举物品代码、物品名称、规格、销售数量、销售金额、成本金额、毛利等。

（5）建立"进销存报表"工作表，自行设计一个统计 12 月份的进销存信息的报表，包括初始库存量、进货量、销售量和当前库存量及金额，使用函数，采用跨表引用的方法取得相应数据，如图 5-105 所示。

12月份进销存报表									
物品代码	物品名称	规格	期初存量	期初存金额	本月入库金额	本月出库数量	本月出库金额	存有数量	存有金额
0010001	办毛头向高量	啊狗力	6	96	12	168	2	32	16	220
0010002	陶瓷板	花江	10	60	12	12	0	0	16	72
0010003	立体	大众	2	12	0	84	2	16	0	50
0030001	陶瓷板	夏欣	0	12	0	276	0	0	12	276
0030006	陶瓷板	饱来	2	50	12	300	0	0	14	350
0040003	卫生童	图	2	60	12	240	0	16	16	300
0050002	假面具	双通	0	0	12	18000	0	0	18000
0060001	宇标	58	0	12	120	0	12	120
0060002	地毯树	22	10	50	34	120	0	0	34	170
			33	318		19290		9798	48	19554

图 5-105　12 月份的进销存情况汇总统计

（6）建立"库存盘点表"工作表，按月进行盘存管理。盘点即清点实际库存数量，与进销存账目的应有库存数量对比，得出每种商品盘盈、盘亏结果。若盘盈，则将多出的数量以入库的形式登记到入库明细表中，若盘亏则以出库的形式登记（销售单价为 0）到出库明细表中。

（1）在入库、出库明细表中，录入物品代码即可出现商品基本信息相关内容，推荐使用VLOOKUP函数，根据物品代码实现精确匹配。

（2）由于入库和出库是流水账式的登记，因此数据统计汇总常采用数据透视表。

（3）对数据透视表使用"设计→数据透视表样式"命令，可以"自动套用格式"快速改变数据透视表的配色风格。

（4）商家需要掌握商品销售规律，合理控制商品库存以便降低成本，这是经营策略之一。

（5）盘点结果=实际库存量-应有库存量，盘点结果大于0，视为盘盈；盘点结果小于0，视为盘亏。

一、填空题

1. 若在单元格 A3 中输入 5、20，该单元格显示结果为 _____。

2. 在 Excel 工作表中，若选择多个不连续的单元格，首先单击第一个单元格，按住 _____ 键不放，再单击其他单元格。

3. 在单元格中，若未设置特殊的格式，数值数据会默认 _____ 对齐。

4. 一个 Excel 单元格中最多允许输入 _____ 个字符。

5. 在对数据进行分类汇总前，必须对数据进行 _____ 操作。

6. 在 Excel 中，单元格的引用包括 _____、_____ 和 _____。

7. 在输入一个公式之前必须先输入 _____ 符号。

8. 在 Excel 2007 中，如果要引用 Sheet4 工作表中的 A1、A2 和 A3 三个单元格，则应当在当前工作表中选定的单元格中输入 _____。

9. 在 Excel 2007 中，若要进行单元格的合并，应先选定要合并的单元格区域，再执行对齐方式命令组中的 _____ 命令。

10. 在 Excel 2007 中，重命名工作表最简单的方法是用鼠标 _____ 键双击重命名的工作表标签，标签反白显示后输入新的工作表名称。

11. 在 A1 ～ A5 单元格中求出最大值，应该使用的函数为 _____。

12. 若 A1:A3 单元格分别为 1、2、3，则公式 SUM（A1：A3，5）的结果为 _____。

13. 单元格中输入 1234&5678 的结果为 _____。

14. _____ 是 Excel 2007 文档的默认扩展名。

15. 在 Excel 2007 中，如果单元格显示为一串 ###，此时应调整单元格的 _____。

二、选择题

1. 在 Excel 工作簿中，默认包含的工作表个数是 _____。

A. 1　　　　　　B. 2　　　　　　C. 3　　　　　　D. 4

2. 一个工作簿中默认最多可包含 _____ 张工作表。

A. 100　　　　　B. 255　　　　　C. 256　　　　　D. 1000 以上

3. 在 Excel 的地址引用中，如果引用了其他工作表的地址，则需要在该工作表名和引用地址之间加入 _____。

A. !　　　　　　B. $　　　　　　C. @　　　　　　D. %

4. 在 Excel 中有一个数据清单（无表格标题），若根据某列数据对数据清单进行排序，可以用 ⥮ 命令按钮，此时用户应该先 _____。

A. 选取该列数据

B. 选取整个数据清单

C. 单击数据清单中任意单元格

D. 单击该列数据中任意单元格

5. 在 Excel 的工作表中，在单元格区域 A1:C3 中输入数据 10，若在 D1 单元格内输入公式 "=SUM（A1，C3）"，则 D1 的显示结果为 _____。

A. 20　　　　　　B. 30　　　　　　C. 60　　　　　　D. 90

6. 以下操作中不属于 Excel 的操作是 _____。

A. 自动排版　　　　　　　　　B. 自动填充

C. 自动求和　　　　　　　　　D. 自动筛选

7. 在 Excel 中用拖动鼠标的方法改变行的高度时，将鼠标指针移到 _____，当鼠标指针变成黑色的双向箭头时，往上、下方向拖动，至行的高度合适时，松开鼠标即可。

A. 列号框的左边线　　　　　　B. 行号框的底边线

C. 列号框的右边线　　　　　　D. 行号框的顶边线

8. 在 Excel 中一次排序的参照关键字最多可以有 _____ 个。

A. 2　　　　　　B.3　　　　　　C. 4　　　　　　D. 4 个以上

9. 如果单元格中的数字太长不能显示时，一组 _____ 符号显示在单元内。

A. ?　　　　　　B. *　　　　　　C. ERROR!　　D. #

10. Excel 在公式运算中，如果引用第 6 行的绝对地址，第 D 列的相对地址，应表示为 _____。

A. 6D　　　　　　B. $6D　　　　　　C. $D6　　　　　　D. D$6

11. 在文档窗口中，可同时编辑多个 Excel 工作簿，但在同一时刻 _____ 工作簿窗口的标题栏颜色正常，其他呈灰色。

A. 活动　　　　　B. 临时　　　　　C. 正式　　　　　D. 数据源

12. 在 Excel 工作表中，若将表标题位于表格中央，最可靠的是使用对齐方式中的 _____。

A. 垂直居中　　B. 合并后居中　C. 居中　　　　D. 自动换行

13. 在 Excel 中，统计一行数值的总和，可以使用函数 _____。

A. COUNT　　　　　B. AVERAGE　　　　C. SUM　　　　D. MAX

14. 在 Excel 中，对数据进行分类汇总之前，应先对 _____ 字段进行排序。

A. 字符　　　　　　B. 分类　　　　　　C. 数据　　　　　D. 逻辑

15. 在 Excel 中，利用填充柄可以将数据复制到相邻单元格中。若选择含有数值的左右相邻的两个单元格，拖动填充柄，则数据默认以 _____ 填充。

A. 等差数列　　　　B. 等比数列

C. 左单元格数值　　D. 右单元格数值

三、操作题

启动 Excel，在 Sheet1 工作表中输入如下表所示的数据，然后按要求完成操作。

学生成绩登记表

序号	学号	姓名	数学	语文	外语	计算机	总分	平均分
1	0621001	李竞	80	86	77	85		
2	0621002	叶小刚	75	52	86	80		
3	0621003	刘倩	78	80	52	85		
4	0621004	李思思	92	60	80	60		
5	0621005	李哲	82	78	60	75		
6	0621006	王明	63	85	78	50		
7	0621007	赵明明	90	80	78	85		
8	0621008	朱力	54	85	85	65		
9	0621009	黄燕	77	60	80	60		
10	0621010	陈青	86	75	85	77		

要求：

（1）使用函数，分别计算每位学生的总分和平均分，要求结果保留 1 位有效数字。

（2）将表格内容的字号设置为"12"，标题行和各单元格设置为"红色"、"黑体"，居中显示，底纹颜色设置为"浅蓝色"，单元格背景设置为"黄色"，将"班级"单元格设置为"蓝色"、"倾斜"居中显示，将"姓名"一列中的数据设置为"深绿色"、"粗体"、"倾斜"，居中显示，表格边框线使用"细实线"。

（3）在表格最后一行后插入 3 行，在"计算机"一列下方分别输入"最高分"、"最低分"、"平均成绩"，使用函数对表格中的"总分"、"平均分"列计算最高分、最低分和平均成绩。

（4）使用"分类汇总"方法，按"班级"分类汇总"总分"和"平均分"的平均值。

（5）数据汇总后，先将明细数据隐藏，然后用汇总数据建立"三维簇状柱形图"，要求系列产生在"行"，图标题为"成绩汇总表"。

第6章

多媒体软件应用

多媒体技术的出现，改变了传统计算机只能处理和输入/输出文字、数据的形象，使计算机的操作和应用变得丰富多彩起来。随着多媒体技术的发展，以其为核心的数字图像、MP3、MP4、网络影音、高清影像、电脑游戏、虚拟现实等技术的实现更是给人们的工作、生活和娱乐带来了深刻的影响。

6.1 多媒体基础

- ◎ 多媒体及多媒体计算机
- ◎ 多媒体文件及常用软件
- ◎ 常见多媒体文件的格式
- ◎ 图像、声音、影像的浏览和播放方法
- ◎ 多媒体素材的获取方法

6.1.1 多媒体技术及常用软件

1. 多媒体

多媒体是文字、声音、图形、图像、动画、视频等多种媒体信息的统称。计算机多媒体技术是指使用计算机综合处理多种媒体信息的技术。习惯上，人们常把"多媒体"当成"计算机多媒体技术"的同义语。

2. 多媒体计算机

多媒体计算机是指能够对声音、图像、视频等多媒体信息进行综合处理的计算机。其主要功能是指可以把文字、声音、视频、图形、图像、动画和计算机交互式控制结合起来，进行综合的处理。传统计算机硬件系统是由主机、显示器、键盘、鼠标等组成，多媒体计算机则需要在较高配置的硬件基础上添加光盘驱动器、多媒体适配卡（声卡、视频输入采集卡等），并根据需要接入多媒体扩展设备。常见的多媒体设备如表6-1和表6-2所示。

表6-1	常见的多媒体输入设备
· 扫描仪	
	扫描仪是一种将照片、图纸、文稿等平面素材扫描输入到计算机中，转换成数字化图像数据的图形输入设备。扫描仪与相应的软件配套，可以进行图文处理、平面设计、光学字符识别（OCR）、工程图纸扫描录入、数字化传真、复印等操作 按照扫描方式的不同，扫描仪可分为平板式、手持式、滚筒式三种 扫描仪主要性能指标有分辨率、扫描色彩位数、扫描速度、扫描幅面大小等
· 触摸屏	
	触摸屏是一种指点式输入设备，是在计算机显示器屏幕基础上，附加坐标定位装置构成。人们直接用手指触摸安装在显示器前端的触摸屏，系统根据手指触摸的动作和位置定位来接收输入信息。用触摸屏来代替鼠标或键盘，既直观又方便，可以有效地提高人机对话效率。最新问世的多点触控技术，更是代表了未来计算机输入技术的革命 触摸屏按技术原理可分为压力传感式、电阻式、电容式、红外线式和表面声波式五种。 触摸屏主要性能指标有分辨率、反应时间等
· 数位绘图板（手写板）	
	数位绘图板（手写板）是一种手绘式输入设备，通常会配备专用的手绘笔。人们用手绘笔在绘图板的特定区域内绘画或书写，计算机系统会将绘画轨迹以记录下来。如果是文字，可以通过汉字识别软件将其转变成为文本文件 按技术原理分类，数位绘图板常见的有电容触控式和电磁感应式两种 数位绘图板主要性能指标有精度（分辨率）、压感级数等
· 麦克风	
	麦克风学名为传声器，是一种将声音转化为电信号的能量转换设备。在多媒体计算机中，麦克风用于采集声音信息，然后由声卡将反映声音信息的模拟电信号转化为数字音音信号 目前常用的麦克风按工作原理分有动圈式、电容式、驻极体、硅微传声等类型 麦克风的主要性能指标有灵敏度、阻抗、电流损耗等
· 数码相机（DC）	
	数码相机是一种能够进行拍摄并通过内部处理把拍摄到的影像转换为数字图像的特殊照相机。它与普通相机很相似，但区别在于：数码相机在存储器中储存图像数据，普通相机通过胶片曝光来保存图像。数码相机可以直接连接到多媒体计算机、电视机或打印机上，进行图像输出 数码相机一般按光学系统结构分类，有单反、单电、微单、一体式等几种类型 数码相机的主要性能指标有照片分辨率、镜头焦距、光线敏感程度等
· 数码摄像机（DV）	
	数码摄像机是一种能够拍摄动态影像并以数字格式存放的特殊摄像机。与传统的模拟摄像机相比，具有影像清晰度高、色彩纯正、音质好、无损复制、体积小、重量轻等优点 数码摄像机按存储介质的不同可分为磁带摄像机、DVD光盘摄像机、硬盘摄像机、闪存摄像机等，按清晰度可分为标清摄像机和高清摄像机（HDV）等 数码摄像机的主要性能指标有清晰度、灵敏度、最低照度等
· 数字摄像头	
	数字摄像头是一种依靠软件和硬件配合的多媒体设备。它体积小巧，成像原理与数码摄像机类似，但其光电转换器分辨率比数码摄像机差一些，且必须依靠计算机系统来进行数字图像的数据压缩和存储等处理工作，因此价格低廉 数字摄像头按传感器不同可分为CCD摄像头和CMOS摄像头两种 数字摄像头主要性能指标有像素值、分辨率、解析度等

表6-2	常见的多媒体输出设备
· 音箱	
	音箱学名为扬声器，是将电信号转换为声音的能量转换设备。在多媒体计算机中，音箱用于将声卡转换后的模拟电信号进行放大，并转化动听的声音和音乐 一般多媒体计算机上使用的是 2.1 声道（左、右声道＋低音声道）音箱组，也有使用 5.1 声道（左前、右前、左后、右后、中置声道＋低音声道）的音箱组 音箱的主要性能指标有频响范围、灵敏度、功率等
· 投影仪	
	投影仪可以与录像机、摄像机、影碟机、多媒体计算机系统等多种信号输入设备相连，将信号放大投影到大面积的投影屏幕上，获得大幅面、逼真清晰的画面。被广泛用于教学、会议、广告展示等领域 投影仪按显示技术可分为液晶（LCD）投影仪和数码（DLP）投影仪两种 投影仪的主要性能指标有分辨率、亮度、灯泡使用寿命等

3. 多媒体核心技术 *

在多媒体计算机中，主要应用了两种核心技术：一种是模／数、数／模转换技术，另一种是压缩编码技术。

模数转换是指要将多媒体信息转换为数字信息的过程。即首先通过采集设备（如声音使用麦克风、静态图像通过数码相机、动态图像使用摄像机）将现实世界的声音、图像等信息转化为模拟电信号，然后对这个模拟电信号进行数字化转换的过程。这个过程由采样和量化构成。采样是指将模拟信息的波形按一定频率分成若干时间块；分块结束再将每块的波形按高度不同转化为二进制数值，并最终编码为二进制脉冲信号，即量化。这样就可以实现从模拟电信号到二进制数字信号的转换。模／数转换示意图如图 6-1 所示。而**数／模转换是将二进制数码重新转换为模拟波形信号并在相关设备上重现声音或图像的过程**。

压缩编码技术是将经过模数转换的原始二进制数码以一定的算法重新组合编码的技术，多媒体信息经过压缩编码后数据量大大减少，以便于保存和分享。

压缩编码技术

阅读资料

在计算机中压缩编码的基本原理是查找文件内的重复字节，建立一个相同字节的"词典"文件，并用一个代码表示。如在文件里有几处有一个相同的词"中国"用一个代码表示并写入"词典"文件，这样就可以达到缩小文件的目的。

由于计算机处理的信息是以二进制数的形式表示的，因此压缩编码就是把二进制信息中相同的字符串以特殊字符标记来达到压缩的目的。比如一幅蓝天白云的图片，对于成千上万单调重复的蓝色像点而言，与其一个个定义"蓝、蓝、蓝……"长长的一串颜色，还不如告诉计算机："从这个位置开始存储 1117 个蓝色像点"来得简洁，这样能大大节约存储空间。只要通过合理的数学计算公式，文件的体积都能够被大大压缩。压缩可以分为有损和无损压缩两种。如果丢失个别的数据不会造成太大的影响，这就是有损压缩。有损压缩广泛应用于声音、图像、视频和动画文件中。但是一些情况下压缩数据应该准确无误，这时需要采用无损压缩。

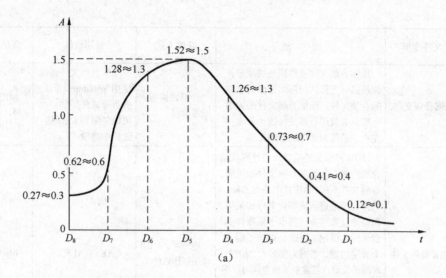

样本	量化级	二进制编码	编码信号
D_1	1	0001	
D_2	4	0100	
D_3	7	0111	
D_4	13	1101	
D_5	15	1111	
D_6	13	1101	
D_7	6	0110	
D_8	3	0011	

（b）

图 6-1 模数转换示意图

4. 多媒体信息的类型

多媒体信息在计算机中是以文件方式保存的，不同的多媒体信息的获取、播放和处理所使用的软件也各不相同。常见的多媒体信息与文件类型如表 6-3 所示。

表6-3 　　　　　　　　　　　多媒体信息的主要类型

媒体类型	文件类型	描　　述	获取方式	常用软件	常见文件格式
文本	文本文件	指各种文字及符号,包括文字内容、字体、字号、格式及色彩等信息	键盘输入，OCR 扫描	记事本，Word 等	TXT，DOC 等
音频	波形音频文件	波形音频文件是以数字编码方式保存在计算机文件中的音频波形信息，特点是声音质量好，但文件比较大。波形音频可以按一定的格式进行压缩编码转换为压缩音频	麦克风输入，音频软件截取	录音机等	WAV，AU 等

第 6 章

多媒体软件应用

续表

媒体类型	文件类型	描 述	获取方式	常用软件	常见文件格式
音频	压缩音频文件	压缩音频文件是将原始的波形音频经过一定算法的压缩编码后生成的音频文件，压缩音频文件的大小一般只有波形音频文件的十分之一左右，是最为常用的音频类型	音频转换与压缩软件	压缩音频文件可以使用 Winamp、千千静听等软件播放，也可以复制到 MP3 播放机中播放	MP3，WMA，RM，APE 等
	MIDI 音乐文件	MIDI 音乐文件是音乐与计算机结合的产物。与波形音频文件和压缩音频文件不同，MIDI 不是对实际的声音波形进行数字化采样和编码，而是通过数字方式将电子乐器弹奏音乐的乐谱记录下来，如按了哪一个音阶的键、按键力度多大、按键时间多长等。当需要播放音乐时，根据记录的乐谱指令，通过计算机声卡的音乐合成器生成音乐声波，再经放大后由扬声器播出。与波形音频相比，MIDI 需要的存储空间非常小，仅为波形音频文件的百分之一	电子琴，MIDI 音乐制作软件	CAKEWALK 等	MID，MIDI 等
图形	图像文件	图像文件也称位图文件，位图是由像素组成的，所谓像素是指一个个不同颜色的小点，这些不同颜色的点一行行、一列列整齐地排列起来，最终就构成的由不同颜色的点组成的画面，称之为图像	扫描仪，数码相机，截图软件，图形处理软件等	浏览图像文件可以使用 ACDSee、豪杰大眼睛等，如进行复杂处理可以使用 PhotoShop	BMP，JPG，PNG，TIF 等
	矢量图形文件	矢量图是以数学的方式对各种形状进行记录，最终显示由不同的形状所组成的画面，称为矢量图形。矢量图形文件中包含结构化的图形信息，可任意放大而不会产生模糊的情况	专用的计算机图形编辑器或绘图程序产生	AutoCAD,CorelDraw,Illustrator 等	DWG，DXF，CDR，EPS，AI，WMF 等
视频	数字视频文件	数字视频是经过视频采集后的数字化并存储在计算机中的动态影像，根据影像文件的编码方式不同，分为不同格式的文件	数码摄像机，数字摄像头，视频采集卡采集的视频信号，视频录像软件，视频处理软件	数字视频文件可以使用暴风影音完美者解码等软件来播放 用于数字视频编辑的软件有 Premiere、After Effects、Avid、Edius 和会声会影等	AVI、WMV、MP4、RMVB、ASF、TS、MKV 等
动画	动画是指一系列连续动作的图形图像，并可以带有同步的音频				
	对象动画文件	动画中的每个对象都有自己的模式、大小、形状和速度等元素，演示脚本控制对象在每一帧动画中的位置和速度	对象动画软件生成	Flash 等	FLA，SWF 等
	帧动画文件	由一系列的快速连续播放的帧画面构成，每一帧代表在某个指定的时间内播放的实际画面，因此可以作为独立单元进行编辑	帧动画软件生成	GIF 动画制作软件	GIF 等

图像的像素与分辨率

图像是由像素组成的。像素数量的多少就会直接影响到图像的质量。在一个单位长度之内，排列的像素越多，表述的颜色信息越多，图像就越清晰，反之，图像就粗糙。这就是图像的精度，称为"分辨率"。如果两幅图像的尺寸是相同的，但是分辨率相差很大，分辨率高的图像比分辨率低的图像要清晰。

分辨率的单位是像素／英寸（dpi），即 1 英寸（2.54 厘米）之内排列的像素数。如分辨率为 300 像素／英寸（dpi），意味是这个图像是由每英寸 300 个像素记录的。

像素是图像数字化的基本单位。每一个像素对应一个数值，称为像素的位数。位数越高可反映图像的颜色和亮度变化也越多。如 1 位只能反映黑白图像象，8 位可反映 256 色图像，16 位可反映 65 536 种颜色图像，32 位可反映完全逼真的彩色图像等。

6.1.2 图像文件的浏览

可用于图形文件浏览的软件非常多，有 Windows XP 操作系统自带的图片查看器，还有 ACDSee、XnView、Picasa、豪杰大眼睛等。ACDSee 是其中使用较为广泛的看图软件。

实例 6.1 使用 ACDSee 浏览图像文件

 情境描述

启动 ACDSee，进入要浏览的图片文件夹，选择喜欢的图片，全屏查看图片，了解图片的信息，然后将这幅图片设为壁纸。

 任务操作

（1）安装并启动 ACDsee（本书使用的是 ACDSee Pro 2 版本）。

（2）在 ACDSee 界面窗口左栏的树形文件列表中选择要浏览的图片文件夹，右栏即可显示所有图片的缩略图，如图 6-2 所示。

（3）选择喜欢的图片，可以在预览面板中显示，双击可以放大显示。按 Esc 键可以退出放大显示。

（4）在选择的图片上单击鼠标右键，在弹出的快捷菜单中选择"属性"命令，可以在窗口右侧显示图片的属性；单击属性视图中的"EXIF"选项，可以显示数码照片的拍摄信息，如图 6-3 所示。

（5）在选择的图片上单击鼠标右键，在弹出的快捷菜单中选择"设置壁纸→居中"命令，可以将该图片以居中方式设为桌面壁纸，如图 6-4 所示。

图 6-2　在 ACDSee 中浏览图片文件夹

图6-3　显示数码照片的拍摄信息

图6-4　将图片设为桌面壁纸

 知识与技能

ACDSee是一个功能强大的图像文件浏览软件，不仅可以实现各种格式的图像文件浏览，还可以实现从数码相机和扫描仪获取图像，图像文件预览、组织、查找、图像及文件信息查看、设置壁纸等功能，并可以使用它实现去除红眼、剪切图像、锐化、浮雕特效、曝光调整、旋转、镜像、批量处理等编辑功能。

在ACDSee中，提供了不同的视图，可以以各种方式浏览图片信息。

（1）文件夹视图。文件夹视图用于选择要浏览的图片文件夹，提供了文件夹浏览、日历浏览（按图片浏览历史查看）和收藏夹查看功能，如图6-5所示。

（2）预览视图。预览视图用于显示所选择的图片，并显示图片的一些基本信息，如光谱特性、拍照信息等，如图6-6所示。

（3）属性视图。属性视图显示所选择图片的详细信息，其中EXIF选项专门用于显示数码照片的拍照信息，如相机型号、快门速度、光圈值、焦距、拍摄时间、拍照模式等，如图6-7所示。

图6-5　文件夹视图

图6-6　预览视图

图6-7　属性EXIF视图

 课堂训练6.1

使用ACDSee浏览其他格式图片，查看图片信息，并比较异同。

6.1.3　播放音频和视频

播放音频的软件可以使用Windows操作系统自带的Windows Media Player或者使用Winamp和千千静听等。播放视频也可以使用Windows Media Player。此外，RealPlayer、QuickTime、暴风影音和完美者解码也是较常用的音频和视频播放软件。

实例 6.2　使用千千静听播放音频文件

情境描述

启动千千静听，选择多个要播放的音频文件创建播放列表，设置音效模式为"流行音乐"模式，播放音频。

任务操作

（1）从网络下载（http://ttplayer.qianqian.com）安装并启动千千静听（本书使用的是千千静听 5.7 版本）。界面如图 6-8 所示。

（2）选择播放列表视图中的"添加→文件 (F)…"命令，进入存放音乐的目录，选择多个音频文件，如图 6-9 所示。

图 6-8　千千静听主界面

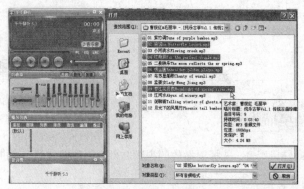

图 6-9　选择多个音频文件

（3）单击"打开"按钮，将选择的音频文件添加进播放列表，如图 6-10 所示。还可以再次添加其他的音频文件至播放列表。

（4）在均衡器视图中单击鼠标右键，在弹出的快捷菜单中选择"可选类别→流行音乐"命令，设置播放音效模式为"流行音乐"，如图 6-11 所示。

图 6-10　添加多个音频文件后的播放列表

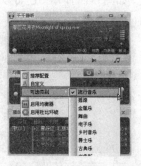

图 6-11　设置播放音效模式为"流行音乐"

（5）单击音频播放按钮 ▶ ，开始播放音乐。播放时可以单击 ‖ 按钮实现暂停、单击 ▶‖ 按钮播放下一曲，单击 ‖◀ 按钮播放上一曲，单击 ■ 按钮停止播放；还可移动 ━━━●━ 滑块调节当前播放位置，在均衡器板界面调节 滑块调整音量。

知识与技能

　　千千静听除了可以播放本地音频媒体文件外，还支持网络在线的音频文件播放。网络在线音频可以通过选择播放列表视图中的"添加→网上搜索(O)…"命令的方式搜索想播放的音乐，然后添加至播放列表的方法播放。也可以单击 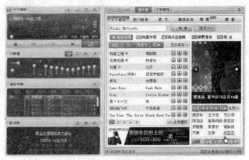 按钮在千千静听软件附带的"音乐窗"中选择喜欢的音乐添加至播放列表的方法播放，如图 6-12 所示。

图 6-12　使用"千千音乐窗"播放网络在线音乐

课堂训练6.2

　　使用 Windows Media Player 播放本地及网络在线音乐。

实例 6.3　使用暴风影音播放视频文件

情境描述

　　启动暴风影音，选择要播放的视频文件，创建播放列表，进行音频与视频设置，全屏播放视频。

任务操作

　　（1）从网络下载（http://www.baofeng.com）安装并启动暴风影音（本书使用的是暴风影音 2012 版本）。界面如图 6-13 所示。

　　（2）单击暴风影音主界面中心的 打开文件 按钮，选择一个视频文件打开，将其添加进播放列表开始播放。如图 6-14 所示。还可以单击 按钮再次添加其他的音频和视频文件至播放列表。

图 6-13　暴风影音主界面图

图 6-14　添加视频文件后的播放列表

　　（3）单击软件标题栏右侧的 按钮，打开暴风影音主菜单，如图 6-15 所示。选择"视频调节"或"音频调节"命令，在打开的对话框中进行视频或音频设置。

　　（4）单击播放按钮 ，开始播放视频。播放时可以单击 按钮实现暂停、单击 按

钮播放上一个或下一个视频，单击■按钮停止播放；还可移动◀)——○——滑块调节播放音量。

（5）单击左上角的■按钮，可以实现全屏播放视频，如图6-16所示。按 Esc 键可以退出全屏播放。

图 6-15　打开暴风影音主菜单

图 6-16　暴风影音全屏播放效果

 课堂训练6.3

使用 Windows Media Player 播放视频。

 知识与技能

暴风影音除了可以播放本地视频媒体文件外，还支持网络在线的视频文件播放。网络视频可以使用暴风影音软件附带的"暴风盒子"中选择喜欢的视频添加至播放列表的方法播放。

目前，网络视频播放软件使用较多的是 PPS（http://www.pps.tv）、PPTV（http://www.pptv.com）等软件，以及央视网络电视台最新推出 CBOX（http://cbox.cntv.cn）。

 课堂训练6.4

下载并安装 PPS、PPTV、CBOX 等在线视频播放软件，播放在线视频。

6.1.4　获取多媒体素材

多媒体素材的获取需要相应的多媒体外设，如获取声音需要麦克风，获取图像需要数码相机或扫描仪，获取视频图像需要数码摄像机或视频采集卡。一些背景素材则可以从素材光盘或网络中获取。

实例 6.4　获取音频文件

 情境描述

使用录音机等软件工具，获取音频。首先安装麦克风，然后打开录音机，录制语音并保存音频文件。

任务操作

（1）安装麦克风。将麦克风插头插入计算机的 Mic 输入插口。

 提示　现在的计算机，一般都有集成声卡，因此在计算机的背板和前面都装有音频输入和输出接口。一般有In（接信号输入线）、Out（接信号输出线）、Mic（接麦克风）等插口。音箱和耳机是接在Out插口上的，麦克风需要接在Mic插口上。

（2）在 Windows XP 操作系统中单击"开始"按钮，选择"所有程序→附件→娱乐→录音机"命令，打开录音机软件，如图 6-17 所示。

（3）单击录音机软件中的录音按钮，开始录音。对麦克风讲话，可以发现录音机波形窗口的声音波形发生变化，如图 6-18 所示。

图 6-17　打开录音机

图 6-18　录音时声音波形发生变化

（4）单击停止按钮，停止录音。单击播放按钮，可以回放刚才录制的声音。

（5）选择录音机软件中的"文件→保存"命令，以 WAV 格式保存录制的音频文件。

实例 6.5　扫 描 照 片

情境描述

有一张现成的图片，使用扫描仪将其导入计算机，生成图像文件。

任务操作

（1）连接扫描仪，安装扫描仪驱动程序，将图片放置在扫描仪扫描板上，如图 6-19 所示。

（2）启动 ACDSee，单击"获取相片"按钮，选择"从扫描仪"命令，如图 6-20 所示。

图 6-19　将准备扫描的图片放在扫描仪的扫描板上

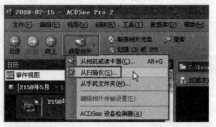

图 6-20　选择"从扫描仪"获取相片

（3）在打开的"获取相片向导"对话框单击"下一步"按钮；选择源设备为扫描仪，如图 6-21 所示。选择结束后单击"下一步"按钮进入"文件格式选项"界面。

不同的扫描仪在列表中有不同的型号，要注意区分。

（4）设置文件输出格式为 JPG，如图 6-22 所示。然后单击"下一步"按钮进入"输出选项"界面。

（5）在文件输出选项中设定文件名和目标文件夹，如图 6-23 所示。

图 6-21　选择扫描设备　　图 6-22　选择"文件输出格式"为 JPG（JPEG）　图 6-23　设定文件名和目标文件夹

（6）进入扫描仪设置界面，准备扫描图像，如图 6-24 所示。

（7）单击"预览"按钮，以低分辨率查看整体扫描效果，如图 6-25 所示。

（8）在预览图像上按下鼠标左键不放拖动鼠标，选择要扫描的区域，如图 6-26 所示。

图 6-24　扫描仪界面　　　　图 6-25　扫描预览　　　　图 6-26　选择扫描区域

（9）设定扫描分辨率为 1200×1200 像素 / 英寸（dpi），扫描类型为"真灰色"，其他按默认设置，如图 6-27 所示。然后单击"扫描"按钮，开始扫描。

（10）扫描结束后，可以在获取相片向导界面中看到扫描的图片缩略图，如图 6-28 所示。

（11）然后单击"下一步"按钮，在"正在完成获取相片向导"界面中单击"完成"按钮，可以在 ACDSee 中浏览已扫描完的图像，如图 6-29 所示。

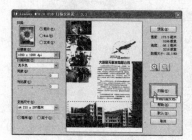  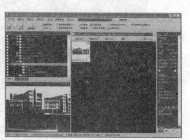

图 6-27　设置扫描参数　　　图 6-28　扫描的图片缩略图　　　图 6-29　浏览扫描获取的图片

课堂训练6.5

使用 ACDSee，尝试从数码相机和读卡器中获取图片。

实例 6.6　截取屏幕图像

情境描述

使用截图软件工具，截取屏幕图像，生成图像文件。

任务操作

（1）安装并启动截图软件 HyperSnap（本书使用的是 HyperSnap 6.31 版本），如图 6-30 所示。

（2）选择"捕捉→区域（R）"命令，如图 6-31 所示。

图 6-30　HyperSnap 界面　　　　　　　图 6-31　选择"捕捉→区域（R）"命令

（3）此时，屏幕出现一个十字线，按住鼠标左键不放，框选准备截图的区域，如图 6-32 所示。

（4）释放鼠标左键，在 HyperSnap 软件中出现截取的图像，如图 6-33 所示。

图 6-32　框选准备截图的区域　　　　　　图 6-33　截图完成的效果

（5）完成截图后，选择"编辑→复制（C）"命令复制截图，然后在其他软件中粘贴使用，也可以选择"文件→另存为（A）"命令将截图生成为指定格式的图像文件。

 知识与技能

截图功能也是 Windows XP 自带的功能之一，在 Windows XP 操作系统中，可以使用 PrintScreen 功能键完成截图。当使用 Alt+ PrintScreen 组合键时，可以将当前所打开窗口的屏幕图像复制到系统剪切板中，以便粘贴为嵌入图像或图像文件。而使用 Ctrl+PrintScreen 组合键或 Shift+PrintScreen 组合键，则可以截取整个屏幕的图像。

图 6-34　HyperSnap 软件的截图功能与快捷键设置

HyperSnap 软件的截取功能则更为强大，除了可以截取整个屏幕图像和当前所打开窗口外，还可以完成窗口控件、按钮、光标、视频与游戏界面等的捕捉，并可通过组合键完成即时捕捉，如图 6-34 所示。除 HyperSnap 外，Snagit 等软件也是专用于截图的工具软件。

课堂训练6.6

使用 HyperSnap 或 Snagit 软件，截取不同程序界面、控制按钮与运行效果。

实例 6.7　从数码摄像头捕获视频

 情境描述

使用 USB 接口的数码摄像头，将其摄像场景导入计算机并生成视频文件。

 任务操作

（1）安装并启动会声会影软件（本书使用的是会声会影 X2 版本），如图 6-35 所示。

图 6-35　会声会影启动界面

（2）将数码摄像头的 USB 插头插入计算机 USB 接口。

 如果使用DV机输出数字视频时，有的可以将数据线直接插入USB口，有的可能需要接入计算机的1394接口。

（3）单击"会声会影编辑器"按钮，进入会声会影编辑器主界面，如图 6-36 所示。

（4）单击"1 捕获"按钮，进入捕获界面，如图 6-37 所示。

（5）单击███████按钮，可以在左上角的视频预览窗口内看到数码摄像头拍摄的图像，如图 6-38 所示。

图 6-36 会声会影编辑器主界面

图 6-37 会声会影捕获界面

（6）将"格式"设置为"MPEG"，将"捕获文件夹"设置为捕获的视频文件的存放位置，如图 6-39 所示。单击 捕获视频 按钮，开始捕获并录制视频。转动数码摄像头的拍摄角度，可以拍摄到动态的影像。然后单击 停止捕获，结束视频捕获。

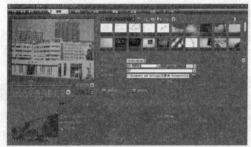

图 6-38 在视频预览窗口内看到数码摄像头拍摄的影像

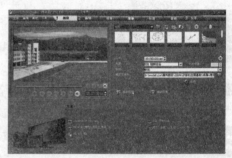

图 6-39 设置视频捕捉的参数

（7）关闭会声会影软件，进入视频文件存放目录，使用"暴风影音"播放刚才捕获的视频文件，可以看到捕获的影像。

课堂训练6.7

使用会声会影，尝试从 VCD 或 DVD 视频光盘中获取影像。

6.2 多媒体文件的编辑

学习
要点

◎ 图像的简单处理

◎ 常见音、视频文件特点，掌握不同格式文件转换方法

◎ 音频和视频的简单编辑方法*

6.2.1 图像的简单处理

当采集到图像素材后，原始的数码照片或扫描图片不一定尽善尽美，要通过进一步的加工才能符合需要，这就需要使用图形编辑软件对图像进行处理。其中 PhotoShop 功能强大、使用广泛。但一些简单的图像处理 ACDSee 完全可以胜任，并且简单易用，也能生成独特的创意效果。

实例 6.8　图像的简单处理

 情境描述

对一幅数字图像进行剪裁、亮度和颜色变化、变换图像大小、生成浮雕艺术效果及添加文字的简单处理。

 任务操作

（1）启动 ACDSee，进入要处理的图像文件夹，选择要处理的图像，如图 6-40 所示。

（2）在选择的图片上单击鼠标右键，在弹出的快捷菜单中选择"编辑"命令（见图 6-41），或按 Ctrl+E 组合键，进入图像编辑状态，如图 6-42 所示。

图 6-40　选择要处理的图像　　　　　　　　图 6-41　选择"编辑"命令

（3）裁剪图像。选择"编辑面板"主菜单下的 裁剪 命令，进入图像裁剪状态，如图 6-43 所示。移动裁剪加亮窗口并调整其边界，使其加亮显示裁剪所要选择的图像区域，如图 6-44 所示。

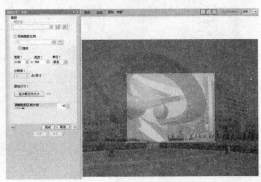

图 6-42　图像编辑状态　　　　　　　　　　图 6-43　图像裁剪状态

然后单击"完成"按钮，完成裁剪，裁剪后的图像如图6-45所示。

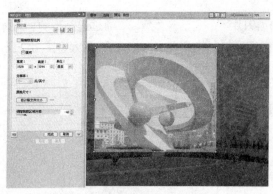
图6-44　裁剪所要选择的图像区域

图6-45　裁剪完成后的图像

（4）调整图像的亮度和颜色。选择"编辑面板"主菜单下的 ▓ ▓颜色 命令，进入图像颜色编辑状态。选择左上角的HSL编辑选项，如图6-46所示；调整色调、饱和度和亮度等值，观察图像效果的变化。

其中色调可以调整图像颜色的配比，饱和度可以调整图像颜色的鲜艳程度，亮度可以调整图像的明暗。调整满意后单击"完成"按钮，完成亮度和颜色调整。

（5）变换图像大小。选择"编辑面板"主菜单下的 ▓ 调整大小 命令，进入调整图像大小编辑状态，如图6-47所示。选择"保持纵横比"复选框，并设定选项为"原始"，然后在"宽度"栏内输入1024，"高度"

图6-46　选择HSL编辑选项

栏中的数值相应发生变化，视图内的图像大小发生变化，如图6-48所示。调整满意后单击"完成"按钮，完成图像大小调整。

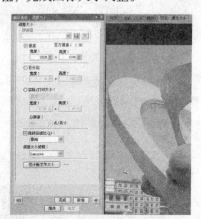
图6-47　调整图像大小编辑状态

图6-48　调整图像大小后的视图

（6）生成浮雕效果。选择"编辑面板"主菜单下的 ▓ 效果 命令，进入效果编辑状态，如图6-49所示。在"选择类别"下拉列表项中选择"艺术效果"选项，然后选择效果集中的 ▓ 命令，如图6-50所示，实现浮雕艺术效果，如图6-51所示。调整"仰角"、"深浅"、"方位"等参数，调

整满意后连续两次单击"完成"按钮，完成图像"浮雕"效果的调整。

图 6-49　效果编辑状态

图 6-50　选择"艺术效果"中的"浮雕"效果

（7）添加文字。选择"编辑面板"主菜单下的 添加文本 命令，进入添加文本编辑状态，如图 6-52 所示。在标有"文本"的列表框内输入文字"图像简单处理"，设置字体为"黑体"，大小为 69，并单击文字加粗按钮 **B**，选择"阴影"和"倾斜"复选框，其余按默认设置。然后拖动图像视图中的文字至图像下方，如图 6-53 所示。调整满意后单击"完成"按钮，完成文字添加。

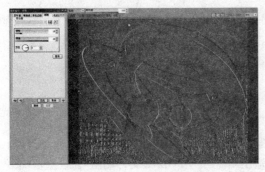

图 6-51　"浮雕"效果

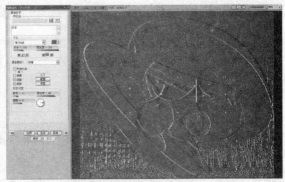

图 6-52　添加文本编辑状态

（8）选择"编辑面板"主菜单下的 完成编辑 命令，在弹出的"保存更改"对话框中单击"另存为"按钮，在打开的"图像另存为"对话框中输入新文件名，然后单击"保存"按钮，完成图像处理。在 ACDSee 中可以浏览刚处理好的图像，如图 6-54 所示。

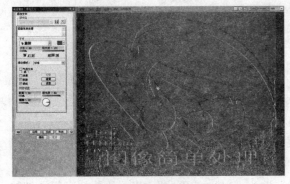

图 6-53　设置文字添加选项

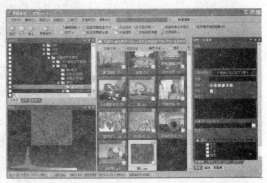

图 6-54　结束图像处理后在 ACDSee 中可以浏览刚处理好的图像

课堂训练6.8

使用 ACDSee 的其他图像处理功能进行图像编辑。

6.2.2　音频和视频的格式转换

所谓的多媒体技术，实际上主要是音频和视频技术的应用。为追求更好的应用效果，不同的技术组织和企业不断推出新的音频和视频技术标准，由于其各具其优点，也就形成了多种音频和视频格式文件并存的局面。目前，一些常用的音频和视频播放软件虽然能兼容大多数的音频和视频格式文件，但在一些特殊的应用领域，如一些 MP3、MP4 播放器或专用软件，还需要专门的音频和视频格式文件。为实现音频和视频资源的共享，需要进行文件格式的转换。

实例 6.9　音频文件的格式转换

情境描述

将某一种音频文件转换为其他格式的音频文件。

任务操作

（1）启动千千静听，选择要转换的音频文件，如图 6-55 所示。

（2）在选择的音频文件上单击鼠标右键，在弹出的快捷菜单中选择"转换格式"命令，如图 6-56 所示。

（3）在打开的"转换格式"对话框内，选择"输出格式"为"Wave 文件输出"，设置输出音频文件的目标文件夹，其余按默认设置，如图 6-57 所示。

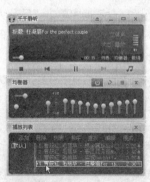

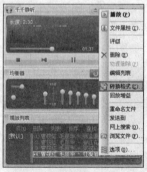

图 6-55　选择要转换的音频文件　　图 6-56　选择"转换格式"命令　　图 6-57　设置"转换格式"对话框

（4）在"转换格式"对话框内单击"立即转换"按钮，开始将当前所选的音频文件转换为同名的 WAV 格式文件。稍等一会儿，就可以转换完成。

（5）重复步骤（2）～（4），将"输出格式"改为"MP3 编码器"，当前所选的音频文件转

换为同名的 MP3 格式文件。

（6）重复步骤（2）～（4），将"输出格式"改为"WMA 编码器"，当前所选的音频文件转换为同名的 WMA 格式文件。

（7）打开输出音频文件的目标文件夹，以详细信息显示刚才转换的 3 个音频文件，观察文件大小，如图 6-58 所示。然后使用千千静听播放这些音频文件，比较播放效果。

04 任凝眉For the perfect couple.wav	25,925 KB	WAV 音频	2009-2-22 4:06
04 任凝眉For the perfect couple.mp3	3,527 KB	MP3 音频文件	2009-2-22 4:09
04 任凝眉For the perfect couple.wma	3,203 KB	Window Media 音频文件	2009-2-22 4:10

图 6-58 三个转换后音频文件的详细信息

 实例6.9只展示了一个音频文件转换的功能，如果一次要转换多个文件，可以在千千静听的播放列表中使用Shift或Ctrl键多选多个音频文件，然后单击鼠标右键选择"转换格式"菜单项即可一次转换多个音频文件。

 知识与技能

要在计算机内播放或是处理音频，需要对声音文件进行数／模转换，这个过程由采样和量化构成。人耳所能听到的声音，频率范围是 20Hz ～ 20kHz，这个范围以外人耳是听不到的，所以音频的最大带宽是 20kHz，因此音频的采样频率倾向于 44.1kHz（对于 CD 音频）到 192kHz（CDVD 音频）；采样后每个样本需要用采样位数来反映音量的大小，单位为比特，一般取 8 位～ 32 位，采样位数越高，声音的细节反映得越真实。

下面介绍常见的几种音频格式文件。

（1）无损音频格式文件。直接通过声卡数模转换生成的音频格式，文件类型有 CD 格式（以 CD 音轨方式存储在光盘上的数字音乐）、WAV 格式、AIFF 格式、AU 格式等。

CD音频与光驱读取倍数

 CD 最早是用于存储音频，为了保证刻录在 CD 上的音轨能够重放以单声道 44.1kHz、双声道 88.2kHz 的采样频率，采样位数 16 位的双声道立体声音乐，规定了 CD 的播放速率是是 150KB/s。因此制定 CD-ROM 标准时，把 150KB/s 的传输率定为标准倍速，后来驱动器的传输速率越来越快，就出现了倍速、四倍速直至现在的 32 倍速、52 倍速。对于 52 倍速的 CD-ROM 驱动器理论上的数据传输率应为：150×52=7800KB/s。

而 DVD-ROM 的一倍速是 1.303MB/s(第一代 DVD 播放机的速度)。所以，就澄清了一个概念，52X 的 CD-ROM 并不比 16X 的 DVD-ROM 速度快。16X 的 DVD-ROM 相当于 147.2X 的 CD-ROM，比 52X 的 CD-ROM 要快出 1.4 倍，但因为 DVD-ROM 的容量是 CD-ROM 的近 7 倍，所以理论上读完一张 4.38GB 的 DVD 所需时间只有 650MB 的 CD-ROM 的 2.4 倍。

（2）压缩音频格式文件。压缩音频格式文件是指声音信息经声卡模／数转换后，通过一定的算法进行数据信息压缩，形成的音频格式文件。压缩音频格式文件以分为有损压缩和无损压缩两种格式文件，其中有损压缩通过心理声学压缩算法，在尽可能保证音质的前提下通过有损压缩能降低数据量，主要有 MP3、WMA 和 RM 等文件格式；而无损压缩只对音频信息数据进行压缩，

再播放时能够完全复原原始音频，主要有 APE 格式。

心理声学音频压缩

心理声学是指"人脑解释声音的方式"。压缩音频采用功能强大的算法将我们听不到的音频信息去掉。因此，心理声学压缩方式实际上是有损压缩。

（3）MIDI 数字合成音乐格式。MIDI 是一种与上述的音频格式文件完全不同的音频格式。MIDI 音乐并不是录制好的波形声音，而是记录音乐的一组指令。MIDI 文件每分钟的音乐只用大约 5KB ～ 10KB，远小于其他音频文件。MIDI 音乐重放时将音色、音高、音长等信息传送给声卡，再由声卡模拟出不同乐器的声音效果。MIDI 音乐广泛用于计算机作曲领域，MIDI 音乐格式文件可以用作曲软件写出，也可以通过声卡的 MIDI 口把外接音序器演奏的乐曲输入计算机，形成 MIDI 文件。

实例 6.10　视频格式文件的转换

情境描述

将某一种视频文件转换为 320×240 像素 / 英寸分辨率的 AVI 格式和手机能够播放的 3GP 格式的视频文件。

任务操作

（1）启动会声会影软件，单击启动界面的会声会影编辑器按钮，进入会声会影编辑器主界面，如图 6-59 所示。

（2）选择主菜单中的"工具→成批转换"命令，如图 6-60 所示。

（3）在打开的"成批转换"对话框中单击"添加"按钮，如图 6-61 所示。然后选择一个视频文件加入到准备转换的目录中，如图 6-62 所示。

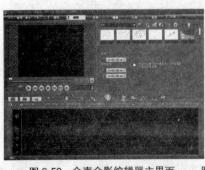  

图 6-59　会声会影编辑器主界面　　图 6-60　选择"成批转换"命令　　图 6-61　"成批转换"对话框

（4）选择保存类型为"Microsoft AVI 文件（*.avi）"，然后单击"选项"按钮，打开"视频保存选项"对话框，如图 6-63 所示。

（5）选择常规选项卡，设置帧大小为 320×240，其余参数按默认设置，如图 6-64 所示。

图6-62　选择一个视频文件

图6-63　"视频保存选项"对话框

图6-64　设置视频保存常规选项

（6）选择 AVI 选项卡，设置压缩模式为"Intel Indeo（R）Video R3.2"，其余参数按默认设置，如图6-65所示。然后单击"确定"按钮返回。

（7）设置保存文件夹，然后单击"转换"按钮，开始转换，如图6-66所示。等待转换完成，进入保存文件夹，可以使用暴风影音等软件观看播放效果。

（8）重复步骤（2）～（7），所不同的是保存类型为"3GPP 文件（*.3gp）"，如图6-67所示，其余项按默认设置。然后开始转换。等待转换完成，进入保存文件夹，可以使用暴风影音等软件观看播放效果。

图6-65　设置压缩模式选项

图6-66　开始转换视频文件

图6-67　设置保存类型为"3GPP 文件（*.3gp）"

课堂训练6.9

使用会声会影，一次进行多个视频文件的格式转换。

提示

实例6.10只展示了一个视频文件转换的功能，如果一次要转换多个文件，可以用会声会影的添加按钮添加多个视频文件，然后一次转换多个视频文件。

除了可以使用暴风影音转换视频文件外，还可以使用"格式工厂"、"暴风转码"等专用视频转换工具，操作更简便，所支持的视频文件格式也更多。

知识与技能

视频文件事实上是由一帧帧静态图像与音频信息组合形成的。由于静态图像数据量巨大，因此需要采用压缩技术对图像进行压缩编码，根据压缩编码方式的不同，也就有了视频文件的不同格式。视频文件的参数主要有：图像分辨率（以像素为单位），播放速率（即每秒钟播放图像的速率，以帧／秒，即 fps 为单位），以及视频文件压缩编码方式。不同格式的视频文件，参数也不尽相同。

常见的视频格式文件根据压缩编码的不同，主要有 AVI、MPEG（VCD/DVD）、DIVX、RealVideo、QuickTime（MOV/QT）、ASF/WMV 格式、MP4、3GP、H.264 等格式。

近年来，随着硬件和软件技术的发展，HDTV（高清视频）格式文件越来越多的进入人们的视线。HDTV 是一种高清晰度的数字视频格式。在 HDTV 中，规定了视频必须最低具备 720 线的逐行（720P）扫描线数（VCD 标准是 240 线，DVD 标准也只有 480 线），同时规定了屏幕纵横比为 16∶9，音频输出为 5.1 声道（杜比数字格式），并能兼容接收其他较低格式的信号进行数字化处理重放。HDTV 有三种显示格式，分别是：720P（1280×720P，逐行扫描）、1080 i（1920×1080i，隔行扫描）、1080P（1920×1080P，逐行扫描）。

HDTV 的编码格式有 MPEG2-TS、WMV-HD、H.264 和 VC-1，其中 MPEG2 由于压缩比例较小，视频所占空间太大，目前已经基本被淘汰，WMV-HD 则被 VC-1 这种新标准所取代。所以，目前最常用的有 H.264 与 VC-1 这两种编码方式。H.264 格式视频较常见的文件后缀名有"avi"、"mkv"和"ts"，VC-1 格式视频多以"wmv"为文件后缀名。

高清视频与蓝光光盘

由于高清视频的出现，视频文件的信息量大大增加，传统的一部 DVD 分辨率的影片只有 4GB 左右的数据量，而一部 1080P 分辨率的影片却需要 20GB 以上的数据量。传统的 DVD – ROM 格式光盘（4.38GB）的容量已经无法适应。因此催生了下一代的光盘存储技术。蓝光光盘应运而生。

蓝光光盘是一种光盘标准，英文为 Blu-ray Disc。蓝光光盘采用了蓝色激光进行读写，使单碟容量大大提高。由于蓝色激光波长较短（405nm），较传统的使用红色激光的 DVD（采用 650nm 波长的红色激光）和 CD（采用 780nm 波长的红色激光），能在单位面积上记录或读取更多的信息，因此极大地提高了光盘的存储容量。

一个单层的蓝光光盘的容量为 25GB 或是 22GB，足够刻录一个长达 4 小时的高清晰电影。双层更可以达到 46GB 或 54GB 容量。当前大多数的正版高清电影都以蓝光光盘的形式提供。

6.2.3 音频或视频的简单编辑 *

音频和视频的编辑软件众多，专业级的音频编辑软件有 CAKEWALK、Adobe Audition 等，视频编辑软件有 Premiere、After Effects、Edius、Avid 等。但要进行简单的音频和视频编辑，使用录音机软件和会声会影就可以完成。

实例 6.11　截取音频片断

 情境描述

从一个音频文件中截取音频片断并保存。

 任务操作

（1）启动录音机软件，在主菜单中选择"文件→打开"命令，打开一个 WAV 格式的音频文件。

（2）单击播放按钮 ▶ ，播放打开的声音文件。

（3）根据听取文件的情况，将移动滑块定位于要截取音频片断的起始位置，如图 6-68 所示。

（4）选择主菜单中的"编辑→删除当前位置以前的内容"命令，在打开的对话框中单击"确定"按钮，完成删除。

图 6-68　定位音频起始位置

（5）将移动滑块定位于要截取音频片断的结束位置，在主菜单中选择的"编辑→删除当前位置以后的内容"命令，在打开的对话框中单击"确定"按钮，完成删除。

（6）选择主菜单中的"文件→另存为"命令，在文件保存对话框中输入欲保存的文件名，单击"保存"按钮，完成文件保存。

实例 6.12　添加音响效果

 情境描述

对一个音频文件进行音效处理，加大音量并添加回音效果。

 任务操作

（1）启动录音机软件，选择主菜单的"文件→打开"命令，打开一个 WAV 格式的音频文件。

（2）单击播放按钮 ▶ ，播放打开的声音文件。

（3）选择主菜单中的"效果→加大音量"命令。然后单击播放按钮 ▶ ，听取加大音量后的声音效果。

（4）选择主菜单的"效果→添加回音"命令。然后单击播放按钮 ▶ ，听取添加回音后的声音效果。

（5）选择主菜单中的"文件→另存为"，在文件保存对话框中输入欲保存的文件名，单击"保存"按钮，完成文件保存。

实例 6.13　两个音频文件混音

 情境描述

对两个音频文件进行混音处理。

任务操作

（1）启动录音机软件，选择主菜单中的"文件→打开"命令，打开一个 WAV 格式的音频文件。

（2）单击播放按钮 ▶ ，播放打开的声音文件。根据听取文件的情况，将移动滑块定位于要截取音频片断的起始位置。

（3）选择主菜单中的"编辑→与文件混音"命令。在混入文件对话框中选取另一个 WAV 格式的音频文件后单击"打开"按钮，完成混音。然后单击播放按钮 ▶ ，听取混音后的声音效果。

（4）选择主菜单中的"文件→另存为"命令，在文件保存对话框中输入欲保存的文件名，单击"保存"按钮，完成文件保存。

课堂训练6.10

使用录音机软件，尝试进行其他功能的音效处理。

实例 6.14　截取视频片断

情境描述

从一个视频文件中截取视频片断并保存。

任务操作

（1）启动会声会影软件，单击启动界面的会声会影编辑器按钮，进入会声会影编辑器主界面。

（2）单击"2 编辑"按钮，进入编辑界面，如图 6-69 所示。

（3）单击加载视频按钮 📁 ，在打开视频文件对话框中选择要截取的视频文件，然后单击"打开"按钮，载入视频文件。可以在会声会影编辑界面右上方的视频栏内看到载入视频文件的缩略图，如图 6-70 所示。

图 6-69　会声会影编辑界面

图 6-70　载入视频文件后的编辑界面

（4）选择加载的视频文件，拖动视频预览窗口下方的两个修整手柄 ◢ 和 ◣ ，截取所需要的视频片断，如图 6-71 所示。

（5）将剪辑后的视频文件缩略图拖至视频轨 ▦ 处，如图 6-72 所示。

图 6-71　截取所需要的视频片断

图 6-72　将所载入的视频文件缩略图拖至视频轨

（6）单击"3 分享"按钮，进入分享界面，单击 创建视频文件 选项，如图 6-73 所示。

（7）在弹出的菜单中选择"与项目设置相同"命令，如图 6-74 所示。在打开的创建视频文件对话框中输入欲保存的目标文件夹和文件名，单击"保存"按钮，开始创建剪辑后的视频文件。创建完成后使用暴风影音播放生成的视频文件观看效果。

图 6-73　分享界面

图 6-74　选择"与项目设置相同"菜单命令

实例 6.15　连接视频并添加转场动画

 情境描述

连接两个视频文件，并实现转场动画效果。

 任务操作

（1）启动会声会影软件，单击启动界面的会声会影编辑器按钮，进入会声会影编辑器主界面。单击"2 编辑"按钮，进入编辑界面。

（2）依次单击加载视频按钮 ，在打开视频文件对话框中选择要连接的视频文件，然后单击"打开"按钮，载入视频文件。

（3）将两个所选的的视频文件缩略图依次拖至视频轨 处，如图 6-75 所示。

图 6-75　将两个所选的视频文件缩略图依次拖至视频轨

（4）单击"效果"选项，进入效果界面。在效果下拉列表框中选择"果皮"，然后在效果缩略图中选择"翻页"，如图6-76所示。

（5）将选择的转场效果缩略图拖至视频轨的两个视频文件中间，如图6-77所示。

图6-76　选择"果皮"下的"翻页"转场效果

图6-77　将选择的转场效果缩略图拖至视频轨两个视频文件中间

（6）单击"3分享"按钮，进入分享界面，单击 按钮，在弹出的菜单中选择"与项目设置相同"命令。在打开的创建视频文件对话框中输入欲保存的目标文件夹和文件名，单击"保存"按钮，开始创建剪辑后的视频文件。创建完成后使用暴风影音播放生成的视频文件观看效果。

课堂训练6.11

使用会声会影软件，尝试进行其他功能的视频效果处理。

综合技能训练七　电子相册制作

数字图像技术是计算机多媒体应用领域的一项重要技术，它不仅可以将原先只能保存在底片、纸张上的照片和图画以数字的方式存储在计算机中，还可加以任意的复制，并可使用功能强大的图像处理软件，对数字图像进行加工处理，创造出堪比梦幻的图像特效。

在现实生活中，人们常常将一些照片按相应主题组合在一起，制作成相册，并保存、展示和发布照片。能否在计算机中，将我们所收集的各种原始素材的图片（底片、照片、手绘或印刷图片、数码照片、图像文件等）经过处理，变成可随时展示的电子相册呢？本技能训练将带领大家完成这一工作。

任务描述

将生活中的一些图片素材（包括洗印好的照片、数码相机拍摄的照片以及从屏幕截取的图片）重新整理并进行简单的处理，分别生成可以在网络中使用的 HTML 格式和可以用于浏览的 PDF 格式电子相册，如图6-78所示。

技能目标

· 使用扫描仪、数码相机等工具或屏幕截取功能获取图像，将其导入计算机。

- 使用图像编辑软件对图像进行裁剪、颜色处理、特效处理，在照片上加入文字并进行保存。
- 对图像进行编号并确定相册播放顺序。
- 创建有主题、用于不同环境的电子相册（HTML 网页文件和 PDF 文档）。

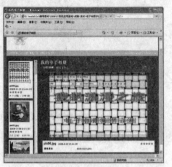
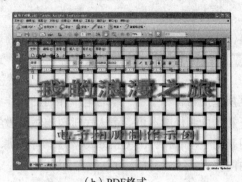

（a）HTML格式　　　　　　　　　　　（b）PDF格式

图 6-78　HTML 和 PDF 格式电子相册文件浏览效果

环境要求

- 硬件：多媒体计算机、扫描仪、数码相机等。
- 软件：Windows XP 操作系统，ACDSee Pro 2 图像处理软件。
- 素材：照片和图片素材。

任务分析

制作电子相册，需要完成以下的工作。

（1）构思主题，收集相应的图片素材。

（2）根据所选的素材，编写电子相册的制作脚本。

（3）将原始的图片素材输入计算机，生成图像文件。

（4）对图像文件进行处理。

（5）编排图像文件顺序。

（6）对图像文件打包，生成电子相册。

任务一　构思相册主题，收集素材

以学习小组为单位，共同构思相册的主题，并根据相册主题共同收集一些相关的图片素材（原始照片、使用数码相机拍摄的电子照片、从网络或图片素材光盘中复制或下载的图像文件以及从计算机屏幕上截取的图像）。

根据所提供的图片素材，本例构思的主题为《我的浪漫之旅》。

　　　　本书配套教学资源和网站上有训练任务所需的配套图像文件资源，同学们在学习时可以参照后面的步骤提示完成训练任务。也可以自己搜集素材，另行构思主题，创建展示自己个性的电子相册。

小组交流

（1）制作电子相册之前还应该注意哪些问题，怎样计划才更有效率？

（2）小组内部如何分工？

任务二 编写相册脚本

根据所选的素材和主题，编写电子相册的制作脚本。

电子相册的制作脚本可参考人民邮电出版社教学服务与资源网（www.ptpedu.com.cn）中《计算机应用基础（Windows XP+Qffice 2003）》教学资源包中的"《我的浪漫之旅》电子相册制作脚本"文件中的内容。

任务三 生成图像文件

1. 扫描照片素材

参照实例 6.5 操作步骤，将照片素材进行扫描，生成图像文件。

难点提示：在裁剪扫描仪扫描的图片后，需要观察原始图片的情况，如遇到曝光不足、照片模糊、人物红眼等情况，应该使用 ACDSee 的图像编辑功能进行一些修补。

2. 从屏幕截取图像素材

参照实例 6.6 操作步骤，使用截图软件工具，截取屏幕图像，生成图像文件。

提示

本例中需要截取 Windows XP 自带的写字板软件界面，可使用 Alt+PrintScreen 组合键将打开软件窗口的屏幕图像复制到系统剪切板中，再粘贴到 ACDSee 软件中保存为图像文件。也可以使用专门的截图软件 HyperSnap 完成此操作。截取写字板软件界面图片效果如图6-79所示。

图 6-79 写字板软件界面

3. 将数码相机拍摄图片导入计算机中

从数码相机中获取图像文件的操作方法

阅读资料

（1）根据拍摄的内容及周围环境调节数码相机的参数，并进行拍摄。

（2）通过 USB 数据线将数码相机与计算机进行正确连接，打开相机电源开关，系统会自动进行检测，并将数码相机识别为一个移动存储设备。

（3）在资源管理器中打开相机中存储相片的文件夹，即可看到相片。

（4）拍摄的数码相片通常以 JPEG 格式保存，直接复制到计算机中即可使用。

任务四 对图像文件进行处理

将相关素材的图像文件使用复制命令集中在一个文件夹内，并启动 ACDSee，如图 6-80 所示。参照实例 6.8 中 ACDSee 中图像的简单处理方法，对相关图片进行添加文字和特效处理。操作内容可参考人民邮电出版社教学服务与资源网（www.ptpedu.com.cn）中《计算机应用基础（Windows XP+Office 2003）》教学资源包中的"《我的浪漫之旅》电子相册图像处理效果与操作表"文件中的内容。

小组交流：在完成图像处理的过程中，遇到了哪些困难？你是如何解决的，并总结有哪些技巧。

图 6-80 相关素材的图像文件

任务五 编排图像文件顺序

对图像处理结束后，需要根据脚本对图像文件进行编号，以确定电子相册的播放顺序。

在任务四中，已经按脚本的顺序依次对图像进行了修改和处理，因此可以根据图像文件的修改时间来排定图像文件序号。

如果不是按脚本的顺序依次对图像进行了修改，只能通过手动更名的方式编排图像文件的序号。

操作步骤要点：

（1）启动 ACDSee，使用缩略图方式浏览任务四保存的修改后文件夹中的图片。

（2）将修改后的图像文件按修改日期的顺序排序。

（3）排序完成后，按顺序批量重新命名修改后的图像文件名。可选择"工具→批处理→重命名"命令（也可在选择所有图像后，按 F2 键），进入"批量重命名"对话框。

（4）在"批量重命名"对话框中选择"模板"选项卡，选择"使用模板重命名文件"复选框和"使用数字替换 #"单选钮，设置"开始于"框架编辑框值

图 6-81 设置"批量重命名"对话框参数

为 1，并在模板编辑框中输入"pic##"，如图 6-81 所示。然后单击"开始重命名"按钮，完成按顺序重新命名修改后的图像文件名。

在电子相册的批量文件命名中，不能使用中文的文件名。这是由于当生成 HTML 等格式的电子相册时，只能支持英文的图像文件名。

任务六 创建电子相册文件

1. 创建 PDF 格式电子相册

操作步骤要点：

（1）启动 ACDSee，框选任务五所有修改后的图像文件，进入"创建 PDF"向导页，选择创

建的 PDF 类型为"创建 PDF 幻灯放映"。

（2）在随后的"转场选项"中为每幅图片设置转场效果，这里将统一设置为"随机"。

（3）在随后"幻灯放映选项"界面中为每个图像设置显示的时间、背景颜色以及将幻灯片保存的位置，最后完成 PDF 电子相册文件创建。

2. 创建 HTML 格式电子相册文件

操作步骤要点：

（1）启动 ACDSee，框选任务五所有修改后的图像文件，进入"创建 HTML 相册"向导页，选择"图库样式 4"网页样式。

（2）在"自定义图库"向导页中设置图库标题为"我的电子相册"，并设定输出文件夹。

（3）"略图与图像"向导页中按默认值设置，最后完成 HTML 电子相册文件创建。

经验总结：如何更好设计电子相册的内容和版式。

评价交流

实 训 内 容	完 成 情 况	难点、问题	总　　结
构思相册主题，收集图片素材			
编写相册脚本			
生成图像文件			
对图像文件进行处理			
编排图像文件顺序			
创建电子相册			

拓展训练一　制作学校宣传电子相册

要求：通过使用数码相机或从学校网站下载等方式收集学校宣传图片，制作学校宣传电子相册，最终形成为 PPT、PDF 和 HTML 格式，上传到校园网上。

可以分组完成不同主题内容（如校园风光、学校荣誉、校园生活等）的电子相册。

拓展训练二　制作展示个性的电子相册

要求：收集个人的照片素材，或使用数码相机拍照，制作展示个性的电子相册，最终形成 HTML 格式，上传到博客和网络相册上。

综合技能训练八　DV 制作

DV 是 Digital Video（数字视频）技术的缩写，是计算机多媒体应用领域的另一项重要技术。DV 技术不仅可以将模拟的动态视频图像以数字方式存储在计算机中，而且可以在功能强大的数字视频处理软件支持下，对视频信息加工处理，创造丰富多彩的视频特效。

要制作 DV 片，仅靠使用 DV 摄像机录制影像是不够的。首先需要有一个制作脚本，在脚本的指导下进行视频录制，收集音频、图片等各种素材；然后进行合成，并进行一些特效处理，才能制作高质量的 DV 视频；编辑完成后还要将视频文件转换为 VCD、DVD、网络视频或移动视频。

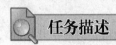**任务描述**

编制一段幼儿活动的视频，原始素材有录制但存储在 DV 摄像机上的视频，有已转换完成的视频文件，还有图片和音频等素材，需要将它们合成为一段完整的视频，命名为"QQ 的幸福生活"并转换为手机能够播放的移动视频文件，同时将刻录为 DVD 视频光盘，如图 6-82 所示。

图 6-82　DV 视频制作效果

技能目标

- 规划和设计音频、视频脚本。
- 将 DV 摄像机、数码相机等拍摄的视频和图像导入计算机。
- 使用视频编辑软件对视频、图像、音频等素材进行剪辑合成，进行特效处理并为视频添加字幕。
- 将处理完的视频转换为手机能够播放的移动视频文件，并刻录 DVD 视频光盘。

环境要求

- 硬件：多媒体计算机、DVD 刻录光驱、DV 摄像机（USB2.0 数字接口）、数码相机等。
- 软件：Windows XP 操作系统，会声会影 X2 视频处理软件。

任务分析

要制作一段精彩的 DV 片，需要完成以下工作程序。

（1）编写制作脚本。要制作 DV 视频，首先要确定主题，即要明确要拍摄什么题材的视频，视频展示的内容是什么，然后根据主题进行相应素材的收集。

（2）收集 DV 片素材。可用于 DV 制作的素材如下。

① 数码摄像机录制的视频。

② 已转换的视频文件。

③ 数码相机拍摄的图片或视频短片。

④ 网络或图片素材光盘提供的图像文件。

⑤ 纸质图片。

⑥ 音频素材。

（3）对素材文件进行剪辑。原始的视频文件可能不都是在 DV 片中需要的，有一些还需进一步地加工才能符合需要，这就需要对视频文件进行剪辑处理。此外，图像、音频等 DV 素材也需要进行相应的处理。

（4）进行合成。对 DV 片所用的素材进行合成、添加字幕、后期录音、加入转场动画并进行特效处理，需要使用数字视频编辑软件。用于数字视频编辑的软件有 Adobe 公司的 Premiere 和 After Effects，Canopus 公司的 Edius，也可以使用功能强大但操作简单的会声会影，同样能生成独特的创意效果。

（5）转换视频文件并刻录光盘。视频文件合成结束后，需要转换为通用的格式以便于共享和播放。目前流行的视频文件有 VCD、DVD、移动视频格式、网络视频等格式。

任务一 编写 DV 制作脚本

以学习小组为单位，设计一个 DV 剧拍摄剧本。

根据所提供的相关素材，本例构思的主题为《QQ 的幸福生活》，脚本如表 6-4 所示。

表6-4 《QQ的幸福生活》DV脚本

顺序	镜头	画面内容	解说词	音响	时长
1	片头	片头动画 QQ 正面照片 片头字幕	字幕：QQ 的幸福生活	轻缓的背景音乐	12 秒
2	幼年生活	QQ 幼年的生活镜头	字幕：我叫 QQ，过着非常幸福的童年生活		64 秒
3	追逐梦想	QQ 追泡泡镜头	字幕：我喜欢追逐梦想		23 秒
4	偶遇	QQ 的偶遇剪辑影片	字幕：我长得帅气，也经常有偶遇	轻快的背景音乐	87 秒
5	学习打鼓	学习打鼓的镜头 1	字幕：我非常喜欢打鼓，经常在家练习		45 秒
		学习打鼓的镜头 2，3	字幕：为此曾经拜师学艺		79 秒
		学习打鼓的镜头 4，5，6	字幕：经过刻苦的训练	有节奏的背景音乐，结束时音乐淡出	107 秒
6		转场动画	字幕：终于要演出了，有些紧张		1 秒
7	打鼓演出	幼儿园打鼓镜头	结束时字幕：我表演的好吗？请多一些掌声		97 秒
8	片尾	打架子鼓镜头 – 结束动画	字幕：下一步，我要打架子鼓了……下次再见吧		6 秒

提示　在人民邮电出版社教学服务与资源网站（www.ptpedu.com.cn）上有本书综合技能训练任务所需的配套视频或图像文件资源，同学们在学习时可以参照后面的步骤提示完成训练任务。也可以自己拍摄和收集素材，另行构思主题，创建展示自己个性的DV片。

小组交流

在制作 DV 片之前还应该注意哪些问题，怎样计划才更有效率？

小组内部如何分工？

任务二　拍摄和收集相应素材

1. 拍摄 DV 片并捕获视频

要制作 DV 片，在脚本的指导下，首先要拍摄原始的视频素材。要拍摄原始视频，一般使用数码摄像机。由于它拍摄的画面清晰、色彩鲜明、音质好，并且可以方便地与计算机连接。数码摄像机拍摄的影像需用视频采集卡或通过 USB 2.0 接口，由专用软件采集到计算机中才能使用。

 提示　　在6.1.4小节中已经学习了多媒体素材的获取方法，特别是使用数码摄像头获取视频图像文件的操作。可以参照相关的实例，使用数码摄像机拍摄后，生成视频文件。

2. 获取音频素材

在 DV 片中，不仅需要影像，也需要音频素材的支持。在 DV 片中，音频素材包括解说词和背景音乐。音频素材的获取可以使用录音机程序录制或使用音频翻录软件从 CD 中获取，也可以直接从 WAV、MP3、WMA 等音频文件截取。

参照实例 6.4 操作步骤，采集与 DV 脚本相关的音频文件。

3. 获取图像素材

图像作为一种静态的影像，也是 DV 片中不可缺少的一部分。适当利用图像的静止效果在 DV 片中展示，能使作品有事半功倍的效果。

图像素材的获取可以通过扫描仪、数码相机获取，也可以通过屏幕捕捉，或使用专业的绘图软件。可以参照实例 6.5 和实例 6.6，完成图片素材的获取和收集。

任务三　对视频文件进行剪辑

拍摄到的原始的视频，或以其他方式获取的视频文件，所有的影像内容可能都不是我们所需要的，需要对视频文件进行剪辑。剪辑是 DV 片制作最为重要的一个步骤，它是制作一部高质量 DV 片的基础环节。

可以参照 6.2.3 小节中的相关实例，对原始的视频文件进行必要的剪辑，剪除视频中无关的视频段。

任务四　视频合成与特效

视频合成与特效是 DV 片制作的核心环节，高超的合成与特效技术可以弥补视频拍摄效果的不足，也是展示 DV 制作技术的环节。

1. 整合素材

在 DV 片中，需要的素材很多，有视频、音频、图像等不同格式的文件，为了提高制作效果，应该先将素材整合在一起，以便合成与特效处理时随时调用。

操作步骤要点：

（1）将相关素材的视频、图像和音频文件使用复制命令集中在一个文件夹内，如图 6-83 所示。

（2）启动会声会影软件，单击启动界面的会声会影编辑器按钮，进入会声会影编辑器主界面。单击加载视频按钮，在打开视频文件对话框中选择所要合成的视频文件，然后单击"打开"按钮，载入视频文件。可以在会声会影编辑界面右上方的视频栏内看到载入视频文件的缩略图，如

图 6-84 所示。按相近操作继续载入图像和音频，图像和音频缩略图如图 6-85 和图 6-86 所示。

图 6-83 相关素材的视频、图像和音频文件

图 6-84 载入视频文件的缩略图

图 6-85 载入图像文件的缩略图

图 6-86 载入音频文件的缩略图

2. 保存制作场景

选择"文件→保存"命令，在打开的"保存"对话框中输入"综合实训 7-VSP"文件名，保存制作场景。

> **提示** 由于制作一部DV片需要较长的时间，因此，每完成一个阶段的工作，就至少应该保存一次，以免辛苦工作的成果丢失。

3. 合成视频

一部完整的 DV 片是由许多视频片断整合而成的，这就需要合成视频。即以一定的顺序将所需的视频按顺序合成为一体，形成一个完整的 DV 剧情。

操作步骤要点：

（1）在会声会影编辑器界面内单击加载视频按钮左侧的下拉列表框，选择"视频"命令，可以在会声会影编辑界面右上方的图像栏内看到所有载入视频文件的缩略图。单击编辑界面左侧的"故事板视图"按钮 ，切换编辑界面为故事板模式，如图 6-87 所示。

图 6-87 故事板模式编辑界面

（2）将已集成在视频文件栏内载入视频文件的缩略图按脚本的故事情节依次拖放至"故事板视图"栏内，拖放顺序如表 6-5 所示。

表6-5　　　　　　　　　　　　故事板视图视频文件编排顺序

顺序	视频文件名	视频文件缩略图	顺序	视频文件名	视频文件缩略图
1	快乐童年 1.MPG		8	QQ 学鼓视频 02.MPG	
2	快乐童年 2.MPG		9	QQ 学鼓视频 03.MPG	
3	QQ 追泡泡视频 1.avi		10	QQ 学鼓视频 04.MPG	
4	QQ 追泡泡视频 2.avi		11	QQ 学鼓视频 05.MPG	
5	QQ 追泡泡视频 3.avi		12	QQ 学鼓视频 06.MPG	
6	QQ 的偶遇 .MPG		13	QQ 打鼓表演 .avi	
7	QQ 学鼓视频 01.MPG				

4．添加转场动画效果

当两个不同场景的视频切换时，如果从一个镜头直接跳到另一个镜头，会显得十分生硬，如果使用转场动画来进行切换，效果就会好很多。在主流的视频编辑软件中，都内置了大量的转场特效，可以根据剧情的需要选择使用。

参照实例 6-14 操作步骤，按表 6-6 所示的视频文件间转场动画编排表要求在各段视频之间添加转场动画效果。

表6-6　　　　　　　　　　　视频文件间的转场动画编排表

顺序	视频文件名	转场类型	转场效果	顺序	视频文件名	转场类型	转场效果
1 － 2	快乐童年 1.MPG － 快乐童年 2.MPG	取代 / 棋盘		7 － 8	QQ 学鼓视频 01.MPG － QQ 学鼓视频 02.MPG	过滤 / 交叉淡化	
2 － 3	快乐童年 2.MPG － QQ 追泡泡视频 1.avi	时钟 / 扭曲		8 － 9	QQ 学鼓视频 02.MPG － QQ 学鼓视频 03.MPG	过滤 / 交叉淡化	

续表

顺序	视频文件名	转场类型	转场效果	顺序	视频文件名	转场类型	转场效果
3—4	QQ 追泡泡视频 1.avi — QQ 追泡泡视频 2.avi	推动 / 彩带		9—10	QQ 学鼓视频 03.MPG — QQ 学鼓视频 04.MPG	过滤 / 交叉淡化	
4—5	QQ 追泡泡视频 2.Avi — QQ 追泡泡视频 3.avi	推动 / 彩带		10—11	QQ 学鼓视频 04.MPG — QQ 学鼓视频 05.MPG	过滤 / 交叉淡化	
5—6	QQ 追泡泡视频 3.Avi — QQ 的偶遇 .MPG	相册 / 翻转 1		11—12	QQ 学鼓视频 05.MPG — QQ 学鼓视频 06.MPG	过滤 / 交叉淡化	
6—7	QQ 的偶遇 .MPG — QQ 学鼓视频 01.MPG	相册 / 翻转 1		12—13	QQ 学鼓视频 06.MPG — QQ 打鼓表演 .avi	三维 / 折叠盒	

5. 为部分视频片段添加视频特效

视频处理软件的另一个重要功效是可以为原始视频添加在拍摄过程中无法实现的一些效果（如闪电、虚幻特效），同时还可以修复一些因受拍摄环境限制先天不足的原始视频（如曝光不足等情况），以使 DV 片展示的图像更加丰富多彩。

操作步骤要点：

（1）确认会声会影编辑器效果编辑界面内。单击 效果 按钮右下方的下拉列表框，选择"视频滤镜 / 特殊"命令。

（2）选择"气泡"效果，将其拖至故事板视图 3 视频文件框内，如图 6-88 所示。可以为编号为 3 的视频片段添加"气泡"视频特效。选择视频片段，单击预览视图下方的播放按钮 ▶ ，可以观察添加视频特效的结果。

图 6-88　为视频片段 3 添加视频滤镜"气泡"的效果

（3）重复步骤（1）～（2），按表 6-7 所示完成其他部分视频文件间的视频特效。

表6-7　　　　　　　　　　　　　　　视频特效添加情况表

顺序	视频文件名	视频特效类型	效果	顺序	视频文件名	视频特效类型	效果
1	QQ 追泡泡视频 1.avi	特殊 / 气泡		5	QQ 追泡泡视频 3.Avi	特殊 / 气泡	
4	QQ 追泡泡视频 2.Avi	特殊 / 气泡		13	QQ 打鼓表演 .avi	暗房 / 自动曝光	

6. 为视频片段添加覆叠效果

覆叠是影视制作的一项重要技术，主要用于实现两个视频的叠加。

操作步骤要点：

（1）在会声会影编辑器界面内单击主菜单 覆叠 命令，进入覆叠编辑界面，注意下方的"故事板视图"切换为"时间轴视图"；单击 覆叠 按钮右下方的下拉列表框，选择"装饰→边框"命令，可以在效果视图中看到一些边框的效果，如图 6-89 所示。

（2）移动预览视图下方的时间轴放大缩小滑块，向 方向移动，可以看到"时间轴视图"内的视频段长度缩小，直到看到全部视频段为止。

（3）选择效果视图中的"F41"边框效果，将其拖至覆叠轨内，并移动至"QQ 的偶遇.MPG"视频段下，与该视频段左侧对齐；将鼠标移动至覆叠轨边框效果块右侧，按住光标向右拉伸，与"QQ 的偶遇.MPG"视频段右侧对齐，如图 6-90 所示。单击预览视图下方的播放按钮，可以观察覆叠后的效果。

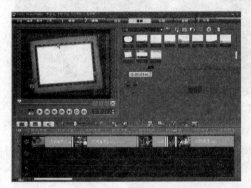

图 6-89　覆叠编辑界面

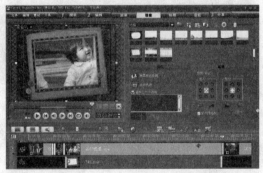

图 6-90　拖动"F41"边框效果至覆叠轨与"QQ 的偶遇.MPG"视频段左右侧对齐

7. 添加字幕

字幕是影视的重要展现方式，一方面可以用于片头和片尾标题，也可以用于影片播放过程的说明。

操作步骤要点：

（1）在会声会影编辑器界面内单击主菜单 标题 命令，进入标题（字幕）编辑界面，保持场景为"时间轴视图"。此时，在效果视图内可以看到一些标题显示的效果。

（2）移动时间轴滑块至 1 号视频段（快乐童年 1.MPG 视频段）开始位置，在编辑界面左上角的预览效果视图的"双击这里可以添加标题"双击鼠标左键，此时可以直接在效果视图上直接添加标题（字幕），输入文字"我叫 QQ，过着非常幸福的童年生活"，此时在预览视图内可以看到文字字样，同时在下方的标题轨内看到字幕块，如图 6-91 所示。

（3）在预览效果视图左侧的标题编辑视图内调整标题的字体为"黑体"，字号为 35，并在预览效果视图上拖放标题（字幕）位置至视频图像下方，如图 6-92 所示。

（4）将鼠标移动至标题轨标题块右侧，按住光标向右拉伸，使标题块宽度在时间轴上占 6 秒的宽度，如图 6-93 所示。

（5）双击鼠标左键至标题块，然后在标题编辑视图内选择动画选项视图，如图 6-94 所示。选择复选项"应用动画"命令，然后在其下方的"类型"下拉列表框中选择"弹出"，并在效果栏内选择如图 6-94 所示的文字动画效果缩略图。单击预览视图下方的播放按钮，可以观察添加文字标题后的效果。

（6）移动时间轴滑块至下一个视频段开始位置，在编辑界面左上角的预览效果视图的"双击这里可以添加标题"双击鼠标左键，然后重复步骤（3）～（7），按表 6-8 所示完成其他部分视频段文字标题的添加。

图 6-91　输入文字字样后的效果　　　　　　图 6-92　调整字体、字号和标题位置

图 6-93　拉伸标题块宽度在时间轴上占 6 秒的宽度　　　图 6-94　在标题编辑视图内选择动画选项视图

 提示　　　当完成第一个文字标题后，会在上方的标题效果视图中出现一个缩略图。后面标题的操作可以使用这个缩略图，直接拖放至标题轨上，再对相应标题进行修改，即可生成新的标题块。

表6-8　　　　　　　　　　　　　　　　　文字标题添加表

序号	视频文件名	标题时间	标题文字内容	字体	字号	动画效果
1	快乐童年 1.MPG	6 秒	我叫 QQ，过着非常幸福的童年生活	黑体	35	弹出
3	QQ 追泡泡视频 1.avi	10 秒	我喜欢追逐梦想	黑体	50	弹出
6	QQ 的偶遇 .MPG	10 秒	我长得帅气，经常有偶遇	黑体	50	移动
7	QQ 学鼓视频 01.MPG	6 秒	我喜欢打鼓，时常在家练习	黑体	35	弹出
8	QQ 学鼓视频 02.MPG	6 秒	为此曾拜师学艺	黑体	60	弹出
13	QQ 打鼓表演 .avi	6 秒	终于要演出了，有些紧张	黑体	40	弹出
13	QQ 打鼓表演 .avi	视频段结束前 10 秒	我表演得好吗？请多一些掌声	黑体	35	弹出

8. 制作片头和片尾

操作步骤要点：

（1）制作片头。

① 选择"文件→保存"命令，保存前面制作的场景。然后选择"文件→新建项目"命令，启动一个新的项目。

② 单击"2 编辑"按钮，进入编辑界面。单击■按钮左侧的下拉列表框，选择"图像"命令，可以在会声会影编辑界面右上方的图像栏内看到载入图像文件的缩略图，选择在前面步骤中集成的图像文件"QQ 图片 2.JPG"，按住鼠标左键不放将其拖至视频轨，然后将鼠标移动至图像块右侧，

按住 ![] 光标向右拉伸，使图像块宽度在时间轴上占 6 秒的宽度，如图 6-95 所示。

③ 单击按钮 ![] 按钮左侧的下拉列表框，选择"视频"命令，向下移动图像缩略图右侧的卷动条，找到会声会影预装的 V10 视频，选择 V10 视频，按住鼠标左键不放将其拖至视频轨图像块的前面，如图 6-96 所示。

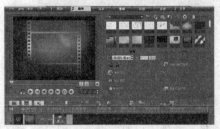

图 6-95　图像块宽度在时间轴上占 6 秒的宽度　　　图 6-96　在图像块插入 V10 视频

④ 单击　效果　按钮右下方的下拉列表框，选择"果皮"命令，然后在效果视图中选择"翻页"效果，将其拖至 V10 视频块和图像块中间，完成转场动画。将鼠标移动至转场动画块左侧，按住 ![] 光标向左侧拉伸，使转场动画块宽度在时间轴上占 4 秒的宽度。

⑤ 单击主菜单　标题　命令，进入标题（字幕）编辑界面，选择效果视图内右侧倒数第二的效果，如图 6-97 所示。选择该文字效果，按住鼠标左键不放将其拖至标题轨。然后将鼠标移动至标题块两侧，分别按住 ![] 和 ![] 光标向两侧拉伸，使标题块宽度在时间轴上占 9 秒的宽度。之后双击标题块，进入标题编辑状态，此时直接在预览效果视图上修改标题（字幕），文字为"QQ 的幸福生活"，修改字体、字号使之与视频图像宽度一致，移动文字标题至视频图像中间，并调整文字标题颜色与主题适应。

图 6-97　选择标题效果

⑥ 选择"文件→保存"命令，在打开的"保存"对话框中输入"综合实训 7_ 片头 .VSP"文件名，保存片头制作场景。

（2）制作片尾。

① 选择"文件→保存"命令，保存前面制作的场景。然后选择"文件→打开"命令，载入"综合实训 7-VSP"项目。

② 移动时间轴滑块至整个视频段最后位置，然后单击"2 编辑"按钮，进入编辑界面。单击按钮 ![] 按钮左侧的下拉列表框，选择"图像"命令，可以在会声会影编辑界面右上方的图像栏内看到载入图像文件的缩略图，选择在前面步骤中集成的图像文件"QQ 打鼓 .JPG"，按住鼠标左键不放将其拖至视频轨整个视频段后。如图 6-98 所示。然后将鼠标移动至转场最后的图像块右侧，按住 ![] 光标向右侧拉伸，使图像块宽度在时间轴上占 5 秒的宽度。

③ 单击　效果　按钮右下方的下拉列表框，选择"胶片"命令，然后在效果视图中选择"翻页"效果，将其拖至视频块和图像块中间，完成转场动画。

④ 单击主菜单　标题　命令，进入标题（字幕）编辑界面，选择添加字幕过程中使用的标题缩略图，按住鼠标左键不放将其拖至标题轨后图像块的下后方。双击标题块，进入标题编辑状态，此时直接在预览效果视图上修改标题（字幕），文字为"下一步，我要打架子鼓了……下次再见吧。"。然后将鼠标移动至标题块两侧，分别按住 ![] 和 ![] 光标调整标题块宽度在时间轴上占 4 秒的宽度并与

图"QQ 打鼓 .JPG"像块结束位置对齐。选择标题效果视图内第一个的效果，按住鼠标左键不放将其拖至标题轨图形块的后方，然后双击标题块，进入标题编辑状态，此时直接在预览效果视图上修改标题（字幕），如图 6-99 所示，修改字体、字号使之与视频图像宽度一致，移动文字标题至视频图像中间。

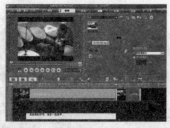

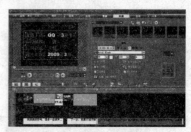

图 6-98　将图像文件"QQ 打鼓 .JPG"置于整个视频段后　　　　图 6-99　修改片尾字幕

⑤ 选择"文件→保存"命令，保存制作场景。

9. 叠加音频

音频是影视作品的重要展示形式，很难想象没有声音的影像能够吸引观众。在 DV 片中的音频主要分三种类型，一是原始拍摄现场的同步录音，二是后期制作时添加的声音，三是影片的背景音乐。在进行 DV 片的声音处理时，有的声音需要加强，如后期添加的声音或背景音乐等，有的声音则需要减弱，主要是原始的同步录音等。

操作步骤要点：

（1）单击主菜单　音频　命令，进入音频编辑界面。然后在移动图像缩略图右侧的卷动条至最下端，选择已集成在音频缩略图的音频文件"10 美丽的神话 .MP3"，按住鼠标左键不放将其拖至音乐轨　，与整个视频块左侧对齐。再移动图像缩略图选择已集成在音频缩略图的音频文件"12.柠檬树 .MP3"，按住鼠标左键不放将其拖至音乐轨　，接在第 1 个音频文件后面。选择第 2 个音频块，按住　光标向左侧拉伸，使之与标题轨右侧的边界对齐。添加音频效果如图 6-100 所示。

（2）选择第 2 个音频块，在音乐和声音编辑栏内单击"淡出"按钮　。

（3）将部分视频段中（"快乐童年 1.MPG"，"快乐童年 2.MPG"和"QQ 的偶遇 .MPG"）的音频信息分离出来，如图 6-101 所示，然后在声音轨　上选择音频并使用 DEL 键做删除处理。

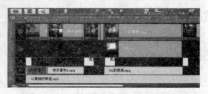

图 6-100　调整第 2 个音频块使之与标题轨右侧的边界对齐　　　图 6-101　分离视频段中的音频信息

（4）选择"文件→保存"命令，保存制作场景。

DV片的后期录音

如果需要后期录音，要首先定位将要开始录音的位置，即将滑块移至相应的视频段，然后选择声音轨　，在音乐和声音编辑栏内单击　录音　按钮，就可以进行同步录音了。

阅读资料

小组交流：在完成视频合成与特效的过程中，遇到了哪些困难，是如何解决的，自己有什么心得？

任务五　转换视频文件并刻录光盘

DV 影片编辑结束后，还需要最后一个步骤，即需要最终将编辑的内容合成为最终的视频并刻录为可使用普通播放机（非计算机，如 DVD、VCD 等）播放的的光盘格式，或将视频转换为可以在移动设备上播放的视频格式（如 MP4、手机等）。

1. 制作 DVD 光盘

操作步骤要点：

（1）启动会声会影软件，单击启动界面的会声会影编辑器按钮，进入会声会影编辑器主界面。单击主菜单的 **3 分享** 按钮，进入创建光盘和视频文件界面。

（2）单击 **创建光盘** 命令，在弹出的菜单中选择 "DVD" 命令，打开 Corel VideoStudio 对话框，单击 "添加媒体" 命令按钮 ，在弹出的 "打开视频文件" 对话框中选择前面编辑保存的两个 VSP 文件 "综合实训 7_ 片头 .vsp" 和 "综合实训 7.vsp"，之后单击 "打开" 按钮载入这两个文件，载入文件后如图 6-102 所示。

（3）在视频片段缩略图中选择 "综合实训 7_ 片头 .VSP"，按住鼠标左键不放，将其移动到最左端，即成为第 1 个视频，如图 6-103 所示。

（4）选择 "将第一个素材用作引导视频" 复选框，然后单击 "下一步" 按钮，在打开的对话框中左侧模板中选择左侧第一个模板，并更改标题为 "QQ 的幸福生活"，如图 6-104 所示。然后单击 "下一步" 按钮，进入光盘刻录界面。

图 6-102　载入文件后的 "Corel VideoStudio" 对话框

图 6-103　将 "综合实训 7_ 片头 .VSP" 移动成为第 1 个视频

图 6-104　选择模板并更改主题

（5）在光盘刻录对话框中，选中复选框 "创建光盘" 和 "创建光盘镜像" 命令，如图 6-105 所示，然后单击 按钮，开始生成 DVD 镜像并刻录 DVD 光盘，余下任务只需按提示操作即可完成。

 提示　如果计算机上没有DVD光驱，可以不选中 "创建光盘" 复选框，只选择 "创建光盘镜像" 命令，这样可以生成DVD光盘镜像，使用虚拟光驱软件在计算机上模拟播放，也可以复制到有刻录光驱的计算机上再刻制成光盘。

2. 生成可在移动设备上播放的视频文件

操作步骤要点：

（1）重复 "制作 DVD 光盘" 的操作步骤（1）～（3），然后单击主菜单的 **3 分享** 按钮，进入创建光盘和视频文件界面。

（2） **导出到移动设备** 命令，在弹出的菜单中选择 "Mobile Phone MPEG-4(640 × 480,30fps)" 命令，如图 6-106 所示。

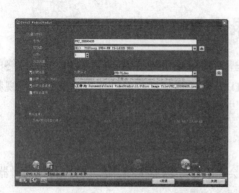

图 6-105　光盘刻录界面

图 6-106　在弹出的菜单中选择"Mobile Phone MPEG-4 (640×480,30fps)"命令

（3）在弹出的"将媒体保存至硬盘 / 外部设备"对话框中选择可用的设备，然后单击"确定"按钮开始生成视频文件。

经验总结：如何将 DV 片制作得更加精彩。

评价交流

实训内容	完成情况	难点、问题	总　　结
编写 DV 制作脚本			
拍摄和收集相应的素材			
对视频文件进行剪辑			
视频合成与特效			
转换视频文件并刻录光盘			

拓展训练　制作个性 DV

要求：根据自己在学习生活中的一些故事，制作一部 DV 电视剧。制作完成后发布在网络播客空间上。

提示　可采用小组协助的方式，有人负责剧本编写，有人负责素材收集，有人负责担任导演，有人负责担当演员，有人负责进行视频拍摄，有人负责后期编辑。

一、填空题

1. 多媒体是指文字、_____、_____、_____、_____、_____等多种媒体信息的统称。

2. 多媒体核心技术主要使用了_____、_____转换和_____技术。

3. 音频文件一般分为 3 种类型，即_____音频文件、_____音频文件和_____音乐文件。

4. 图形文件一般分为两种类型，_____文件和_____文件。

5. 图像分辨率的单位是_____，即_____英寸（_____cm）之内排列的像素数。

6. ACDSee 是用于浏览_____文件的软件，千千静听是用于播放_____文件的软件，暴风影音是主要用于播放_____文件的软件，会声会影是用于编辑_____文件的软件。

7. 图像处理软件中最常用的首推 Adobe 公司的 _____。

8. 音频的最大带宽是 _____，因此采样速率介于 _____ 之间。

9. _____ 压缩音频格式是由 Microsoft 公司设计，是 Windows XP 默认的音频编码格式。

10. 视频文件播放速率的单位是 _____。

11. DVD 是属于 _____ 编码的视频格式文件。

12. 高清视频 HDTV 最低的纵向扫描线数是 _____ 线逐行扫描。

二、选择题

1. 下面不是图形图像文件的格式是 _____。

    A. BMP   B. WAV   C. DXF   D. JPG

2. 可用于视频编辑的软件是 _____。

    A. 豪杰大眼睛   B. Winamp   C. Premiere   D. AutoCAD

3. 扫描仪是用于获取 _____ 的设备。

    A. 图像   B. 音频   C. 视频   D. 动画

4. 下面是无损压缩的音频文件的格式是 _____。

    A. APE   B. MP3   C. WMA   D. RM

5. 可用于高清视频的编码格式是 _____。

    A. MP3   B. ASF   C. H-264   D. MPEG1

6. 6 不属于 HDTV 分辨率的视频标准是 _____。

    A. $1280 \times 720P$，非交错式   B. $720 \times 576P$，非交错式

    C. $1920 \times 1080i$，交错式   D. $1920 \times 1080P$，非交错式

三、简答题

1. 常用的多媒体输入设备主要有哪些，功能是什么？

2. 位图图像文件与矢量图形文件有什么不同？

3. ACDSee 浏览图像时，查看图像属性的 EXIF 项可以显示哪些信息？

4. 视频文件的参数主要有哪些？

5. 简述音频信号转换为数字信息的过程。

6. HDTV 主要有哪几种视频编码格式？

四、操作题

1. 从因特网上下载并安装豪杰大眼睛、XnView、Picasa、Winamp 等免费软件，了解这些软件与本节所用的对应功能软件在使用上有什么异同点。

2. 收集一些音频和视频文件，将其进行格式转换，使之能在自己的 MP3、MP4 或智能手机等移动数码设备中播放。

    不同的移动数码设备，所支持的音频、视频格式也不一致，需要首先阅读产品的使用说明，了解这些设备所支持的多媒体文件格式，然后再使用相关的工具进行文件格式转换。对于视频文件，还要注意移动数码设备所能支持的视频分辨率。

第7章

演示文稿软件PowerPoint 2007应用

PowerPoint 2007是Microsoft Office 2007套件之一，是常用的演示文稿制作软件，在企业宣传、产品推介、技术培训、项目竞标、管理咨询、教育教学等领域得到广泛应用。

7.1 演示文稿的基本操作

◎ 演示文稿的基本概念
◎ 使用多种方法新建演示文稿
◎ 编辑演示文稿
◎ 保存演示文稿
◎ 使用不同的视图方式浏览演示文稿

本节主要介绍演示文稿的基本概念，认识多种创建演示文稿的方法，初步掌握演示文稿的制作和编辑技术，学会用多种视图方式浏览演示文稿。

7.1.1 认识演示文稿

一个演示文稿由多个幻灯片组成，每个幻灯片中可以包含文字、图像、视频等多种媒体对象。

演示文稿可以通过投影仪放映出来，能替代传统幻灯片，使用很方便。

实例 7.1　打开及播放演示文稿

情境描述

　　打开已经制作好的演示文稿"产品介绍 .pptx"，在普通视图、幻灯片浏览视图、备注页视图和幻灯片放映视图下查看窗口的变化及组成结构。

任务操作

　　（1）选择"开始→所有程序→ Microsoft Office → Microsoft Office PowerPoint 2007"命令，启动 PowerPoint 2007 应用程序，系统自动建立一个空白演示文稿，如图 7-1 所示。

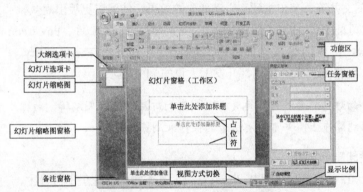

图 7-1　PowerPoint 2007 的普通视图工作界面

　　（2）识别在普通视图下空白演示文稿的组成结构，指出幻灯片窗格、幻灯片缩略图窗格、备注窗格。查看功能区"开始"、"插入"等选项卡的组及命令，介绍"视图"选项卡的组及其功能和包含的命令。选择"动画→动画→自定义动画"命令，弹出"自定义动画"任务窗格。

　　（3）选择"Microsoft Office 按钮→打开"命令，弹出"打开"对话框，在"查找范围"列表中，单击要打开的文件所在的文件夹、驱动器或 Internet 位置，找到演示文稿"产品介绍 .pptx"，选中并打开该文件。

　　（4）选择"视图→演示文稿视图→幻灯片浏览"命令，进入幻灯片浏览视图，调整窗口大小，达到如图 7-2 所示的效果。

　　（5）单击视图切换方式中的"幻灯片放映" 按钮，进入幻灯片全屏播放状态。单击鼠标或使用 PageUP、PageDown 按键切换幻灯片。单击 Esc 键退出幻灯片放映视图。

　　（6）选择"视图→演示文稿视图→备注页"命令，进入备注页视图。在功能区选项卡及右侧空白区域单击鼠标右键，在右键快捷菜单中选择"功能区最小化"命令，再调整窗口大小，达到如图 7-3 所示的效果。窗口分上下两部分，上部显示幻灯片的内容，下部为该幻灯片的备注编辑区。

　　（7）增大状态栏右侧的显示比例，可以看清幻灯片内容，尝试编辑备注信息。

　　（8）单击视图切换方式中的"普通视图" 按钮，返回普通视图。

　　（9）单击幻灯片缩略图视图中的大纲选项卡，进入大纲视图。

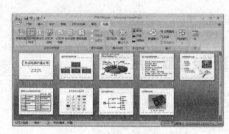

图 7-2　幻灯片浏览视图

图 7-3　备注页视图

　知识与技能

1．演示文稿

演示文稿（PowerPoint，PPT）能够将文本、图形、图像、表格、图表、声音、视频和动画等媒体和对象整合到幻灯片中，形成集多种媒体于一体的电子讲稿或多媒体课件，成为演讲者的辅助工具，达到图文并茂、突出主题、生动形象的效果，使演讲更吸引观众。

Microsoft 公司的 PowerPoint 是应用最广泛的演示文稿软件，PowerPoint 2007 的文件默认扩展名为 .pptx。目前国际领先的演示文稿设计公司还有 Themegallery、Poweredtemplates、Presentationload、锐普 PPT 等，他们都开发了大量的 PPT 模板。

　　幻灯片的各种媒体元素可以利用幻灯片缩略图来编辑。幻灯片可以打印出来或投影到幕布上，并可随演讲者的操作来浏览。

2．打开和关闭演示文稿

PowerPoint 2007 的打开与关闭与 Word、Excel 基本相同，这里不再赘述。

3．演示文稿的操作界面

PowerPoint 2007 有 4 种视图方式来显示演示文稿，分别为普通视图、幻灯片浏览视图、幻灯片放映视图和备注页视图，可以通过"视图"菜单进行选择，或利用"视图方式切换"按钮在普通视图、幻灯片浏览视图、幻灯片放映视图之间切换。

（1）普通视图。普通视图是主要的编辑视图，用于设计和制作演示文稿。该视图有四个工作区域：左侧可在幻灯片文本大纲窗格和幻灯片缩略图窗格之间切换；中部为幻灯片窗格，显示和编辑当前幻灯片的内容；右侧根据操作需要会弹出任务窗格（如自定义动画任务窗格等）；底部为备注窗格。

　　选择"视图→显示比例→显示比例"命令可以调整幻灯片、幻灯片缩略图的大小。也可以在普通视图中，用鼠标拖动窗格之间的分隔线，来调整窗格的大小。调整窗口底部的显示比例，同样可以调整幻灯片窗格的大小。

（2）幻灯片浏览视图。幻灯片浏览视图以缩略图的形式同时显示多个幻灯片。演示文稿编辑工作基本完成后，通过幻灯片浏览视图可以方便地进行幻灯片重新排列，可以添加或删除幻灯片以及设置和预览幻灯片切换和动画效果。

（3）幻灯片放映视图。单击视图切换方式 □ 按钮，可进入幻灯片放映视图。幻灯片放映视图占据整个计算机屏幕，您所看到的就是观众将看到的演示文稿放映效果。

（4）备注页视图。选择"视图→演示文稿视图→备注页"命令，可以切换至备注页视图。在该视图方式下可以查看或编辑每幅幻灯片的备注信息。这些备注信息通常用来给演讲者提示台词，或在将幻灯片保存为网页后显示出关于本幻灯片的备注信息（备注中的图片或对象不会被显示）。

可以在普通视图的备注窗格中直接编辑或修改备注信息。

7.1.2　创建演示文稿

选择"Microsoft Office 按钮→新建"命令，弹出"新建演示文稿"对话框如图 7-4 所示，这里提供了一系列创建演示文稿的方法。

（1）空白文档和最近使用的文档。选择"空白演示文稿"可以从具备最少的设计的空白幻灯片开始，通过设计选项卡的命令组选用和修改主题、选用和修改背景来快速创建和修改幻灯片。

（2）已安装的模板。在"模板"列表中选择"已安装的模板"选项，在中间的窗格显示已安装的模板，选择适当的"模板"来快速创建和设计演示文稿。

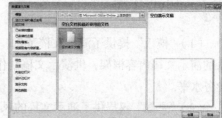
图 7-4　"新建演示文稿"对话框

（3）已安装的主题。选择已有的"主题"来快速创建和设计演示文稿，可以对主题的颜色、字体、效果和背景进行修改。"已安装的主题"相当于 PowerPoint 2003 的"幻灯片设计模板"。

（4）根据现有内容新建。在已有演示文稿的基础上创建一个演示文稿副本，可以对新演示文稿进行设计或内容更改。

（5）Office Online 模板。在 Microsoft Office 网站上的模板库中，选择 PowerPoint 模板来创建演示文稿。模板文件需要下载到本机上使用。

（6）我的模板。从 Microsoft Office Online 下载的模板或自己创建的模板，保存在"我的模板"中，可选用我的模板来创建演示文稿。

实例 7.2　使用"已安装的模板"建立演示文稿

情境描述

使用模板创建演示文稿是提高效率的手段之一。模板可以从本机或 Internet 上获得。请使用已安装的模板创建"宣传手册"演示文稿，如图 7-5 所示。

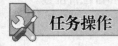
任务操作

（1）打开 PowerPoint 2007，自动创建空白演示文稿。

（2）选择"Microsoft Office 按钮→新建"命令，弹出"新建演示文稿"对话框，在"模板"列表中选择"已安装的模板"选项，在中间的窗格列举出已安装的模板。

（3）选择"宣传手册"模板，如图 7-6 所示。单击"确定"按钮，将创建包含内容提示的演示文稿，如图 7-5 所示。

图 7-5　使用"已安装的模板"建立演示文稿

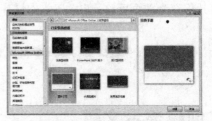

图 7-6　选择已安装的演示文稿"模板"

（4）保存演示文稿，将文件保存到"实例练习"文件夹，命名为"宣传手册 .pptx"。

 知识与技能

（1）"模板"提供了演示文稿范例，除了具有与主题相一致的模板风格外，还给出了国际公认的演示文稿内容框架，供演示文稿制作人员参考。使用"模板"可以提升自己制作演示文稿的业务水平。

（2）"主题"仅提供了演示文稿的风格，不包含演示文稿的内容。

实例 7.3　使用"主题"建立演示文稿

 情境描述

PowerPoint 中有大量的经过特殊设计的模板，称为"主题"。设计模板包含了演示文稿的样式风格，如占位符的大小和位置、标题和文本的字体字号和排列方式、项目符号的种类、背景填充、特殊设计效果等，使用主题可以快速创建演示文稿。本实例的任务是应用"聚合"设计模板（主题），建立两幅幻灯片，如图 7-7 所示，将演示文稿保存为"产品介绍 1.pptx"。

 任务操作

（1）打开 PowerPoint 2007，自动创建空白演示文稿。

（2）选择"Microsoft Office 按钮→新建"命令，弹出"新建演示文稿"对话框，在"模板"列表中选择"已安装的主题"选项，在中间的窗格列举出已安装的设计模板（主题）。

（3）选择并应用名称为"聚合"的设计模板（主题），如图 7-8 所示。

（4）在第 1 幅标题幻灯片中，用"台式电脑产品介绍"替换标题占位符的内容；用"第 2 调研小组"和"2011 年 2 月 22 日"替换副标题占位符的内容，并调整字体字号和占位符位置。

（5）单击视图切换方式 按钮，进入幻灯片放映视图，查看标题幻灯片的效果。按下"Esc"键可以取消放映。

（6）选择"开始→幻灯片→新建幻灯片"命令，可以插入新幻灯片。后插入的幻灯片默认为普通幻灯片，不再是标题幻灯片。

（7）保存演示文稿，将文件保存到"实例练习"文件夹，命名为"产品介绍 1.pptx"。

图 7-7　应用"主题"建立演示文稿

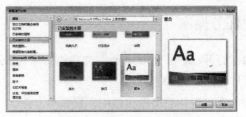

图 7-8　选用"聚合"主题

知识与技能

（1）应用"主题"有"应用于所有幻灯片"和"应用于选定幻灯片"之分，主题的右键快捷菜单如图 7-9 所示，选定新模板的应用范围，新模板的样式风格将应用到指定的幻灯片上。

（2）占位符就是创建新幻灯片时出现的虚线方框，这些方框可放置对象，包括标题、文本（项目符号列表）和内容（如表格、图表、图片、自选图形和视频等），单击占位符可以添加对象，可以调整占位符的大小和位置。

图 7-9　"主题"右键快捷菜单

（3）演示文稿可以保存为多种类型。保存为"单个文件网页（*.mht；*mhtml）"文件，生成单一文件的网页，其中包含了一个网页文件及所有支持文件，适用于通过电子邮件发送的演示文稿；保存为"网页（*.html）"文件，则生成文件夹，包含一个网页文件及所有支持文件，适合于发布到网站上；保存为"PowerPoint 模板（*.potx）"文件，作为模板来保存，可用于将来对将来基于此目标创建其他演示文稿；保存为"PowerPoint 放映（*.ppsx）"文件，打开该演示文稿，始终处于"幻灯片放映"视图（而不是"普通"视图）。

课堂训练7.1

连接 Internet，利用"Microsoft Office Online"下载演示文稿模板和设计模板，创建 3 个演示文稿。观察"我的模板"中内容发生的变化。

7.1.3　幻灯片的编辑

在"普通视图"下，通过幻灯片缩略图窗格可以方便地插入、复制、删除和移动幻灯片。在"幻灯片浏览视图"下，也可以方便地插入、复制、删除和移动幻灯片。

实例 7.4　利用"幻灯片缩略图"复制、插入和删除幻灯片

情境描述

在普通视图下，通过幻灯片缩略图窗格，进行幻灯片的复制、移动和删除操作。

任务操作

（1）打开"产品介绍.pptx"文件，切换到普通视图，在左侧的幻灯片缩略图窗格中选中第 2 幅幻灯片，如图 7-10 所示。

（2）在幻灯片缩略图窗格中，鼠标单击并拖动第 2 幅幻灯片，同时按下 Ctrl 键，可以实现幻灯片复制，效果如图 7-11 所示。

图 7-10　"产品介绍"演示文稿　　　　　　　　图 7-11　复制第 2 幅幻灯片

（3）利用鼠标拖动，将刚刚复制的第 3 幅幻灯片拖动到第 4 幅幻灯片之后，实现幻灯片移动，如图 7-12 所示。

（4）用 delete 键删除当前的第 4 幅幻灯片，如图 7-13 所示。也可以选择"编辑→删除幻灯片"命令删除选中的幻灯片，或者使用右键快捷菜单中的"删除幻灯片"命令删除选中的幻灯片。

图 7-12　移动第 3 幅幻灯片　　　　　　　　图 7-13　删除第 4 幅幻灯片

 课堂训练7.2

在幻灯片浏览视图下对"产品介绍.pptx"进行幻灯片复制、插入、移动和删除操作。

7.2　演示文稿修饰

◎ 更换幻灯片的版式

◎ 使用和修改幻灯片母版

◎ 设置幻灯片背景、主题颜色

◎ 设计制作幻灯片模板*

幻灯片中各种对象的布局、色彩搭配、幻灯片风格统一化等，直接影响到幻灯片的质量。通过本节的学习需要掌握幻灯片修饰的能力。

7.2.1 插入和应用幻灯片版式

幻灯片版式是指幻灯片的标题、文本和内容在幻灯片上的排列方式。版式由占位符组成，而占位符可放置标题、文本和内容。PowerPoint 2007 每种模板或主题均提供了一定数量的版式，根据需要可以从中选择，实现快速调整布局。

实例 7.5　插入和应用幻灯片版式

 情境描述

基于"产品介绍 .pptx"，通过调整幻灯片版式，给组织结构图增加说明，如图 7-14 所示。

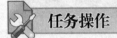 **任务操作**

（1）打开"产品介绍 .pptx"文件，选中第 2 幅幻灯片（组织结构图）。

（2）调整组织结构图的大小，在下方留出插入说明的空间。

（3）选择"视图→演示文稿视图→幻灯片母版"命令，进入幻灯片母版编辑界面。功能区出现"幻灯片母版"选项卡。

图 7-14　给组织结构图添加说明的效果图

（4）选择"幻灯片母版→编辑母版→插入版式"命令，添加新版式，如图 7-16 所示。

图 7-15　幻灯片母版编辑界面

图 7-16　插入新的版式

（5）选择"幻灯片母版→母版版式→插入占位符"命令，添加内容和文本版式，如图 7-17 所示。关闭母版视图。

（6）选择"开始→幻灯片→版式"命令，选择自定义的版式，出现如图 7-18 所示的效果，删除组织结构图下方的内容占位符，在下方的文本占位符中加入说明文字，调整文字的格式和对齐方式，达到如图 7-14 所示效果。

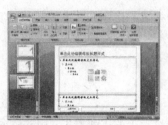

图 7-17　自定义标题、内容和文本版式　　　　图 7-18　应用自定义版式

 知识与技能

（1）可以使用"插入→形状"命令组，在幻灯片中添加文本。

（2）可以调整占位符的形状格式，改变占位符的大小和位置、文本效果等。

（3）PowerPoint 2007 提供了内容、文本、图表、表格、电影、图片、SmartArt 图形和剪贴画等多种占位符，并支持自主增删占位符，提供了版式设计的灵活性。

课堂训练7.3

选择"开始→幻灯片→新建幻灯片"命令，在弹出的幻灯片版式中选择一种版式，插入应用该版式的新幻灯片。

7.2.2　编辑幻灯片母版

幻灯片母版存储着包括字体格式、占位符大小和位置、主题颜色和背景设计等模板信息，编辑幻灯片母版的目的是为了对幻灯片的风格进行全局性更改，并使该更改应用到使用该母版的所有幻灯片上。想在每张幻灯片中加入相同的对象（如图片等），可以通过修改母版来实现。

实例 7.6　编辑幻灯片母版

 情境描述

新建演示文稿，应用"质朴"主题，在幻灯片母版中修改标题母版和幻灯片母版，保存为新模板。

 任务操作

（1）新建一个演示文稿，默认只有标题幻灯片。

（2）在"设计→主题"命令组中单击"更多"按钮 ，查看所有可用的文档主题，如图 7-19 所示，选择并应用"质朴"主题，效果如图 7-20 所示。

（3）选择"视图→演示文稿视图→幻灯片母版"命令，进入幻灯片母版界面，左侧窗格中列出"质朴"主题的幻灯片母版及已有版式，如图 7-21 所示。

  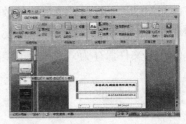

图 7-19　选择内置"主题"列表　图 7-20　应用内置"质朴"主题的效果　图 7-21　"质朴"主题幻灯片母版编辑界面

（4）查看每个幻灯片版式，认识主题的内置幻灯片版式。通过幻灯片版式右键快捷菜单可以对版式进行编辑操作。

①　PowerPoint 2007提供了灵活的自定义幻灯片版式功能，通过"幻灯片母版→母版版式"命令组来控制标题、页脚的显示与否，通过"插入占位符"命令添加所需占位符。

②　可以复制已有的版式，并在此基础上进行版式修改，可以提高效率。修改后的版式可以通过重命名版式来录入所需的版式名称。

③　占位符的文本上下居中通过修改标题区占位符的形状格式来实现。选择"文本框"标签，"文字版式"的垂直对齐方式选择为"中部对齐"或"中部居中"，如图7-22所示。

（5）选中幻灯片标题版式，调整并修改标题、副标题的位置和形状。选择"幻灯片母版→编辑主题→字体"命令，选择"视点"主题字体方案，效果如图 7-23 所示。可以通过"编辑主题字体"来自定义主题字体方案，添加到主题中供选择使用。

（6）为了创建演示文稿统一的导航，在幻灯片母版底部设置导航按钮。删除幻灯片母版底部的日期和页脚占位符。选择"开始→绘图→形状"命令，在幻灯片母版底部插入"圆角矩形"自选图形，并修改自选图形的格式，设置阴影，达到美观的效果。在自选图形中添加文字，例如"第一章"等，选择"开始→绘图→排列"命令调整 5 个自选图形的位置，效果如图 7-24 所示。

图 7-22　设置占位符文本中部居中　图 7-23　应用"视点"主题字体方案　图 7-24　修改幻灯片母版设立统一导航

可以在已经建立了大量的幻灯片之后，再修改幻灯片母版，为自选图形创建超链接，从而形成统一的导航。

（7）选择"插入→文本→页眉和页脚"命令，弹出"页眉和页脚"对话框，选中"幻灯片编号"，可以在幻灯片放映时显示出幻灯片编号，如图 7-25 所示。

（8）在幻灯片母版操作界面单击"关闭母版视图"退出母版编辑状态，插入"标题和内容"

版式的新幻灯片，查看编辑母版的效果。如果对幻灯片编号的位置不满意，可以进入幻灯片母版编辑状态再进行调整，效果如图 7-26 所示。

（9）将文件保存为"带导航的模板 .potx"文件。

（1）PowerPoint 2007 有 3 种母版：幻灯片母版、讲义母版和备注母版。幻灯片母版中包含至少一个幻灯片母版，可以添加更多的幻灯片母版，不同的母版可以应用不同的主题。讲义母版用来设定打印讲义的版式布局。备注母版用来设定备注页视图的风格。

（2）每组幻灯片母版中包含标题版式和节标题版式，以及多种不同风格的普通幻灯片版式。用户可以修改内置版式，也可以自定义普通幻灯片版式。

（3）在幻灯片母版编辑状态下，选中幻灯片母版，选择"幻灯片母版→母版版式→母版版式"命令，弹出"母版版式"对话框，如图 7-27 所示，选中可选的占位符，可以向幻灯片母版中添加占位符。

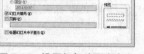 

图 7-25　设置幻灯片页脚内容　　图 7-26　编辑幻灯片母版的效果　图 7-27　"母版版式"对话框

（4）选择"插入→文本→页眉和页脚"命令进行页眉和页脚的设置，可以控制日期和时间显示与否及其显示方式，可以添加页脚的内容和控制页脚显示与否。

7.2.3　设置幻灯片的主题和背景

PowerPoint 2007 的主题取代了在 PowerPoint 的早期版本中使用的设计模板。应用"主题"可以快速设置幻灯片的风格，包括色彩搭配、字体和图表等对象的效果。系统还提供了与主题颜色配套的 12 种背景样式，可以快速改变背景风格。

实例 7.7　更改幻灯片的主题和背景

情境描述

对幻灯片的配色效果与色彩搭配不满意，可以修改主题颜色方案或更改背景。对"产品介绍 .pptx"演示文稿的主题进行修改，达到满意的效果。

任务操作

（1）打开"产品介绍 .pptx"演示文稿，另存为"改变主题和背景 .pptx"，从状态栏可以看到该文稿使用了"质朴"主题，其背景为纯白色，如图 7-28 所示。

（2）选择"设计→主题→颜色"命令，弹出"主题颜色"下拉列表，如图7-29所示。

图 7-28 应用内置"质朴"主题的效果

图 7-29 "主题颜色"下拉列表

（3）单击"新建主题颜色"按钮，弹出"新建主题颜色"对话框，如图7-30（a）所示，感到颜色的对比不够强烈。

（4）将"文本/背景-深色2"改为25%深蓝色，将"文本/背景-浅色2"改为5%深色的白色，将"强调文字颜色1"改为深蓝，将"强调文字颜色2"改为绿色，将"强调文字颜色3"改为红色，将"强调文字颜色4"改为绿色，将"强调文字颜色5"改为黄色，将"强调文字颜色6"改为橙色，将"超链接"改为深红色，将"已访问的超链接"改为接近褐色的自定义

（a）修改前的主题颜色 （b）修改后的主题颜色
图 7-30 自定义"主题颜色"

颜色。修改后的主题颜色效果如图7-30（b）所示。单击"保存"按钮，"自定义1"主题颜色方案被应用到当前文稿，效果如图7-31所示。

（5）选择"设计→主题→字体"命令，弹出主题字体下拉列表，鼠标划过不同的字体，演示文稿能够预览到字体变化。应用"暗香扑面"主题字体，所有幻灯片的字体发生了变化，如图7-32所示。

图 7-31 变更主题颜色后的效果

图 7-32 变更主题字体后的效果

（6）选中第2幅幻灯片。选择"设计→主题→效果"命令，弹出"主题效果"下拉列表如图7-33所示。鼠标划过不同的效果，能够预览到组织结构图外观的变化。应用"华丽"效果，产生的效果如图7-34所示。

图 7-33 "主题效果"下拉列表

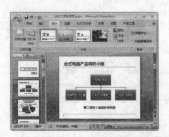
图 7-34 应用"华丽"效果后的组织结构图

（7）选择"设计→背景→背景样式"命令，展开"背景样式"下拉列表，如图7-35所示。单击并应用具有磨砂效果的"样式9"，变更背景后的演示文稿如图7-36所示。

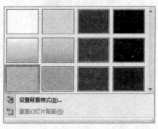

图7-35 "背景样式"下拉列表

图7-36 更改"背景样式"后的效果

（8）变更的主题颜色、字体、效果构成了自定义主题，单击"设计→主题"命令组"更多"按钮，弹出"所有主题"下拉列表，如图7-37所示。单击"保存当前主题"，弹出"保存当前主题"对话框如图7-38所示，可保存为自定义主题。

图7-37 "所有主题"下拉列表

图7-38 "保存当前主题"对话框

知识与技能

1. 主题

文档主题是一套统一的设计元素和配色方案，是为文档提供的一套完整的格式集合。其中包括主题颜色（配色方案）、主题文字（定义标题文字和正文文字的格式）和相关主题效果（线条或填充效果的格式）。利用文档主题，可以非常容易创建具有专业水准、设计精美和美观时尚的文档。

PowerPoint 2007 提供了20种内置文档主题，如图7-37所示。在计算机连接到 Internet 的情况下，单击"Microsoft Office Online 上的其他主题"按钮，进入"Office 2007 文档主题"网页，搜索关键词"主题"，可以得到大量的文档主题，如图7-39所示。下载部分主题后，可以作为"自定义主题"来使用，如图7-40所示。

图7-39 Microsoft Office Online 上的其他主题

图7-40 下载的"自定义"主题

2. 主题颜色

主题颜色库包括多组配色方案。主题颜色有12个颜色槽，包括4种文本和背景色、6种强

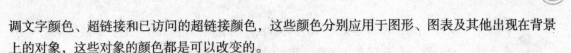

调文字颜色、超链接和已访问的超链接颜色，这些颜色分别应用于图形、图表及其他出现在背景上的对象，这些对象的颜色都是可以改变的。

- 文字 / 背景 - 深色 1：在浅色背景下的文字颜色。
- 文字 / 背景 - 浅色 1：在深色背景下的文字颜色。
- 文字 / 背景 - 深色 2：深色背景色。
- 文字 / 背景 - 浅色 2：浅色背景色。
- 强调文字颜色 1：应用于幻灯片上的图形对象背景色填充，以及图表中的第一个数据系列对应图形的内部填充色彩。
- 强调文字颜色 2：用作图表中的第二个数据系列对应图形的内部填充色彩。
- 强调文字颜色 3：用作图表中的第三个数据系列对应图形的内部填充色彩。
- 强调文字颜色 4：用作图表中的第四个数据系列对应图形的内部填充色彩。
- 强调文字颜色 5：用作图表中的第五个数据系列对应图形的内部填充色彩。
- 强调文字颜色 6：用作图表中的第六个数据系列对应图形的内部填充色彩。
- 超链接：用于设置了超链接的文字颜色。
- 已访问的超链接：用于设置了已经访问过的超链接的文字颜色。

3. 主题字体

主题字体包含标题字体和正文字体，提供多种字体组合。更改主题字体将对演示文稿中的所有标题和项目符号文本进行更新。

4. 主题效果

主题效果是线条和填充色的组合，应用于图表、SmartArt 图形、形状、图片、表格、艺术字等，产生不同的专业水准的视觉效果。

 新建一幅幻灯片，在教师引导下使用默认数据插入一个柱形图表，查看图表数据系列的填充颜色与配色方案中设定的填充和强调的颜色是否一致。

 配色方案的设计要保证幻灯片清晰美观，颜色搭配要协调。登录互联网，搜索"配色方案"，了解从色彩学和广告的角度进行颜色搭配的相关知识。

5. 背景

背景样式是当前主题中的主题颜色和背景亮度的填充变体，当更改主题后，背景样式随之更新。选择"设计→背景→背景样式"命令下拉列表，可以选择背景样式，也可以单击"设置背景格式"文字链接，弹出"设置背景格式"对话框，如图 7-41 所示。通过改变纯色、设置渐变效果、选择纹理、使用图片和对图片着色，能够自定义背景效果。

背景的效果能直接影响演示文稿的制作水平，因此制作人员经常使用图形图像处理软件加工精美的图片，作为背景填充。采用图片填充，系统自动将图片拉伸成与幻灯片一样的大小，为防变形，因此用作背景的图片一般与幻灯片大小基本相同。图片可以平铺为纹理，但效果不理想。

图 7-41 "设置背景格式"对话框

　　背景色的选择要贴合演示文稿的内容，例如，讨论农业问题，一般以绿色调为主；讨论电子行业问题，一般以蓝色调为主。

7.3　演示文稿对象的编辑

◎ 设置、复制文字格式

◎ 插入、编辑剪贴画、艺术字、形状、SmartArt图形等内置对象

◎ 在幻灯片中插入图片、音频、视频等外部对象

◎ 在幻灯片中建立表格、图表

◎ 创建超链接和动作按钮

本节学习在幻灯片中插入剪贴画、艺术字、形状、SmartArt 图形等内置对象和图片、音频、视频等外部对象，建立表格、图表，建立超链接，创建动作按钮，使用户能够制作内容丰富的演示文稿。

7.3.1　设置文本格式

文本是幻灯片的主要对象，除了应用"主题字体"定义文本格式外，在编辑过程中还可以使用字体和段落命令组对文本进行字体、字号、颜色、对齐方式、段落间距等格式设置，应用或取消项目符号或编号。与 Word 和 Excel 一样，可以使用格式刷快速复制文本格式。

实例 7.8　利用幻灯片文本大纲编辑文字

 情境描述

通过网络浏览广州第 16 届亚运会官方网站，找到了亚运会 组委会的职能，制作一幅幻灯片，效果如图 7-42 所示。

 任务操作

（1）新建空白演示文稿。选择"开始→幻灯片→版式"命令，应用"标题和内容"版式。

（2）录入标题"亚洲运动会组织委员会的职能"和第 1 条职能"负责亚运会筹办组织工作；"，如图 7-43 所示。

（3）在普通视图左侧的窗格中，选择"大纲"选项卡，进

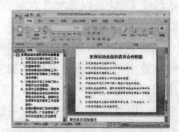

图 7-42　亚运会组委会职能幻灯片

入大纲窗格。光标定位到第 1 条职能所在行，选择"开始→段落→编号"命令，自动添加编号。在大纲窗格中录入其他职能，系统自动添加编号，效果如图 7-44 所示。

图 7-43 在"标题和内容"版式下录入文字

图 7-44 在大纲窗格中编辑文本

（4）利用"开始→字体"组将标题文字设置为宋体、字号 36 磅、加粗，文字居中，将职责文本设置为楷体；利用"开始→段落"组的字号调整命令 A˙ A˙ 改变字号大小，利用段落间距调整 ⁝‡ ⁝‡ 命令改变段落间距，达到图 7-42 所示效果。

（5）保存文件，命名为"亚洲运动会组织委员会的职能 .pptx"。

 **知识和技能**

（1）单击快速访问工具栏右侧的 ▾ 按钮，弹出"自定义快速访问工具栏"下拉列表，选择"其他命令"，进入"PowerPoint 选项"对话框，自动选中"自定义"选项。选择与大纲操作有关的不在功能区的命令，加入到自定义快速访问工具栏，如图 7-45 所示。

（2）利用快速访问工具栏命令 ⬆ ⬇ 可以方便地移动整段文本的上下位置。

（3）利用快速访问工具栏命令 ▮⁺ ▮⁻ 可以展开 / 折叠文本，显示标题和文本，或只显示标题。

图 7-45 自定义快速访问工具栏

 提示 　　找不到要进行操作的命令时，可以通过自定义快速访问工具栏来查找。

7.3.2 插入多媒体对象

插入多媒体对象是演示文稿具有较强集成功能的直接体现，它能够将图片、剪贴画、自选图形、SmartArt 图形、表格、图表、声音、视频、动画等整合到幻灯片中。

1. 插入图片

实例 7.9 插入图片及内置对象

 情境描述

从"中关村在线"网站调研中关村的台式电脑市场，制作调研小组的组织结构图，在调研方

式幻灯片中插入三个剪贴画，将"PC电脑品牌大全（LOGO）.tif"图片插入主要品牌幻灯片（标题使用艺术字），用自选图形制作台式机外设的组成框图，效果如图7-46所示。

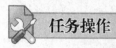 **任务操作**

（1）新建空白演示文稿，应用"Office主题"，第1幅幻灯片应用"标题和内容"版式。

（2）单击"SmartArt"图标，弹出"选择SmartArt图形"对话框，选择左侧"层次结构"类别，选择"组织结构图"，如图7-47所示。单击"确定"按钮，向幻灯片中插入组织结构图。

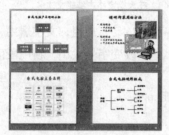

图7-46 "插入图片"演示文稿对象编辑效果

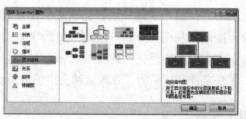

图7-47 "选择SmartArt图形"对话框

（3）删除助手，参照图7-46所示录入相应文字。单击"设计→SmartArt样式"组"其他"按钮 ，在"文档的最佳匹配对象"列表框中选定三维"卡通"样式，如图7-48所示。与Word中编辑SmartArt图形的操作相同，达到图7-46所示第一幅幻灯片效果。

（4）插入第2幅幻灯片，选择"标题和内容"幻灯片版式，调整内容占位符宽度，参照图7-46所示录入相应文字，注意项目编号的级别。选择"插入→插图→剪贴画"命令，弹出"剪贴画"任务窗格，如图7-49所示，搜索"调查"关键词，选定并插入所需的剪贴画。选中剪贴画，功能区出现"图片工具"格式选项卡，提供了调整图片、图片样式和排列、大小4个命令组，达到图7-46第2幅幻灯片效果。

（5）选择"开始→幻灯片→新建幻灯片"命令，在下拉列表中选择"空白"幻灯片版式，插入第3幅幻灯片。选择"插入→插图→图片"命令，选择素材文件"PC电脑品牌大全（LOGO）.tif"，插入图片，调整其大小和位置，单击"格式→图片样式"组"其他"按钮 ，出现图片样式选择下拉列表，如图7-50所示，选择"圆形对角"样式对图片进行修饰。选择"插入→文本→艺术字"命令，录入标题艺术字，在"格式→艺术字样式"组选择适当的艺术字样式，达到图7-46所示第3幅幻灯片效果。

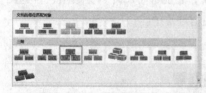 

图7-48 "SmartArt样式"列表框　　图7-49 "剪贴画"任务窗格　　图7-50 "图片样式"下拉列表

（6）选择"只有标题"幻灯片版式，插入新幻灯片。选择"插入→插图→形状"命令，弹出形状选择下拉列表，用自选图形制作台式电脑外设的组成框图，达到图7-36第4幅幻灯片效果。

（7）保存文件，命名为"插入图片和内置对象 .pptx"。

 知识与技能

（1）文本可以转换为"SmartArt"图形，可以方便、快捷地设定非常专业的风格。例如，选中"插入图片和内置对象 .pptx"第 2 幅幻灯片中的文本，选择"开始→段落→转换为 SmartArt"命令，单击"设计→布局"命令组按钮 ，显示出布局下拉列表如图 7-51 所示，选择"垂直 V 形列表"，经调整后可以得到如图 7-52 所示的效果。

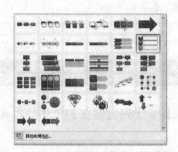

图 7-51　SmartArt 图形布局下拉列表

图 7-52　转换为 SmartArt 后的处理结果

（2）选择"插入→插图→相册"命令，可以新建或编辑相册。插入相册能够同时插入多幅图片，PowerPoint 会创建一个新演示文稿，该任务不会影响当前打开的演示文稿。

 课堂训练7.4

预先用数码相机拍摄多个校园风貌照片，利用 PowerPoint 制作一个电子相册。

2. 插入影片和声音

选择"插入→媒体剪辑→声音 / 影片"命令，可以插入声音文件、视频。声音文件普遍支持 wav、mid 等格式，视频（影片）普遍支持 avi、wmv 等格式。对于演示文稿不支持的视频文件，可以通过网络查找在 PPT 中插入特殊视频的方法。

 课堂训练7.5

在幻灯片中插入声音剪辑，选中声音图标 后会出现声音工具，通过"选项"选项卡来对声音的播放和显示进行设置，如图 7-53 所示。

图 7-53　声音工具"选项"选项卡

课堂训练7.6

在幻灯片中插入视频文件"little_video.avi"，查看预览和幻灯片放映效果。通过影片工具"选项"选项卡来对视频的播放和显示进行设置，如图 7-54 所示。

图 7-54　影片工具"选项"选项卡

 课堂训练7.7

计算机连接互联网，搜索并下载 RM 格式电影文件。上网搜索在 PPT 中插入 RM 电影文件的方法，尝试插入并达到能够播放的效果。

3. 插入表格和图表

通过表格和图表能够方便地进行数据对比，直观地反映出问题，支持"基于事实的决策"，因此在演示文稿中被广泛使用。

<hr>

实例 7.10　插入表格和图表

<hr>

 情境描述

以"广州亚运会奖牌统计"为例，在 PPT 中创建两幅普通幻灯片，分别制作表格和图表，效果如图 7-55 和图 7-56 所示。

图 7-55　建立表格

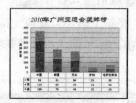

图 7-56　建立图表

 任务操作

（1）新建空白演示文稿，选择"开始→幻灯片→版式"命令，应用"标题和内容"版式。

（2）单击幻灯片的内容占位符中的"插入表格"按钮 ▥，弹出"插入表格"对话框，设置6 行 6 列，如图 7-57 所示，插入表格。

（3）录入文本和数字，使用"设计→表格样式"命令组，选择"主题样式 1- 强调 1"。调整表格的宽度、高度，选择"布局→单元格大小→分布行"命令平均分布各行。选择"设计→绘图

边框→笔颜色"命令设置笔颜色为 15% 灰白色,选中整个表格,选择"设计→表格样式→所有框线"命令应用笔颜色,达到图 7-55 所示效果。

（4）利用"标题和内容"版式插入新幻灯片,单击"插入图表"按钮，选择"堆积柱状图",再进入图 7-58 所示的图表数据源设置界面。从表格中复制奖牌数据,粘贴到数据表中。调整数据区域大小,使蓝线区域适合要插入数据的行列数,将原始数据粘贴到数据区域之中。关闭图表数据文件,查看图表效果。

图 7-57 "插入表格"操作及对话框

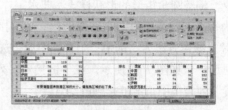

图 7-58 粘贴并调整数据区域范围

（5）通过新出现的图表工具选项卡命令,与 Excel 操作基本相同,对图表的布局、设置图表样式、添加坐标轴标题、更改各部分的格式;幻灯片标题文字应用艺术字样式,最终达到如图 7-56 所示的效果。

（6）文件保存为"插入表格和图表.pptx"。

知识和技能

（1）在 PowerPoint 中对表格的操作主要是使用表格工具动态选项卡,用法与 Word 相同,这里不再赘述。

（2）在 PowerPoint 幻灯片中插入图表,需要单独设置数据源。选择"设计→数据→选择数据"命令,允许用户在数据表文件中选定数据源范围。如图 7-59 所示。对图表进行编辑修改与 Excel 操作基本相同,这里也不再赘述。

（3）图表工具的"格式"选项卡可以快速设置图表的文本、形状和所选内容的格式。

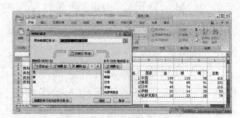

图 7-59 选择图表的数据源

7.3.3 超链接和动作按钮

在 PowerPoint 中可以给文本和对象建立超链接,也可以添加动作按钮。

实例 7.11 添加超链接和动作按钮

情境描述

针对台式电脑调研和产品介绍,已经开发了一个包含 14 幅幻灯片的演示文稿。利用超链接建立统一的导航,在幻灯片中添加必要的动作按钮。

任务操作

（1）打开"超链接与动作按钮素材.pptx"演示文稿，另存为"超链接与动作按钮.pptx"。

（2）选择"视图→演示文稿视图→幻灯片母版"命令，进入幻灯片母版编辑界面。在幻灯片母版的底部通过自选图形添加6个"圆角矩形"，给矩形添加文字，利用绘图工具提供的"格式"选项卡命令，调整圆角矩形的形状样式、艺术字样式和排列位置，效果如图7-60所示。

（3）为每个"圆角矩形"自选图形建立超链接，分别链接到本文档中的第1、2、4、6、10、14幅幻灯片。操作方法为：选中一个自选图形，选择"插入→链接→超链接"命令，弹出"插入超链接"对话框，如图7-61所示。在"链接到"列表中选择"本文档中的位置"，在"请选择文档中的位置"列表框中指定链接到的幻灯片。

图 7-60　建立导航超链接

图 7-61　给导航按钮建立超链接

（4）退出母版视图，放映幻灯片，单击导航命令，查看超链接效果。若存在问题，返回母版视图，在相应的对象上单击右键弹出右键快捷菜单，选择编辑超链接或取消超链接。

（5）在普通视图下，编辑第7幅幻灯片，通过右键快捷菜单为"显示器尺寸"和"硬盘容量"的文字建立超链接，分别指向第8、9幅幻灯片。为"硬盘容量"文字建立超链接操作界面如图7-62所示。

图 7-62　为"硬盘容量"文字建立超链接

（6）编辑第8幅幻灯片，插入"前进"和"后退"动作按钮，如图7-63所示。插入动作按钮，弹出"动作设置"对话框，系统自动链接到相应位置，如图7-64所示。

图 7-63　插入动作按钮

图 7-64　"动作设置"对话框

知识和技能

（1）建立超链接。在 PowerPoint 中，超链接能够建立从一个幻灯片到另一个幻灯片的切换、打开网页或文件、新建演示文稿、发送 E-mail 操作的连接。超链接可以设置在文本或对象（例如图片、图形或艺术字等）上。超链接在演示文稿放映时被激活，而在编辑演示文稿时不被激活。

对文本创建超链接，由于链接产生在文字笔画上，因此单击超链接时操作经常比较困难。可以

利用绘图工具栏在文字上方建立无框透明的矩形框，给矩形框对象创建超链接，可以克服以上缺点。

 给第7幅幻灯片的"显示器尺寸"上方设置无框透明矩形框，给矩形框添加超链接，对比超链接的操作效果。

（2）插入动作按钮。动作按钮是一些现成的按钮，单击"插入→插图→形状"命令弹出列表框，可以在底部看到这些按钮，如图 7-65 所示，像插入其他形状一样，可以方便地在幻灯片中插入动作按钮。可以选择"插入→链接→超链接 / 动作"命令为其定义动作。

动作按钮使用形象的图形符号来实现对幻灯片播放顺序的控制，还可以控制影片或声音的播放，如图 7-65 所示。动作按钮通常被放置在幻灯片的底部。

图 7-65　动作按钮

7.4　演示文稿的放映

◎ 设置幻灯片对象的动画方案
◎ 设置并合理选择幻灯片之间的切换方式*
◎ 设置演示文稿的放映方式
◎ 根据播放要求选择播放时鼠标指针的效果、切换幻灯片方式
◎ 对演示文稿打包，生成可独立播放的演示文稿文件

幻灯片放映涉及设置动画效果和幻灯片切换效果、设置放映方式和排练计时等内容。

7.4.1　设置幻灯片动画效果

幻灯片设计的动画效果为幻灯片上的文本和对象赋予动作，能够吸引观众的注意力、突出重点、通过将内容移入和移走来最大化幻灯片空间，如果使用得当，动画效果能给演示文稿放映将带来典雅、趣味和惊奇。

实例 7.12　添加动画效果

 情境描述

对台式电脑调研和产品介绍幻灯片添加动画效果。

 任务操作

（1）打开"超链接与动作按钮 .pptx"演示文稿，另存为"添加动画效果 .pptx"。

（2）选择"动画→动画→自定义动画"命令，普通视图出现"自定义动画"任务窗格。对第1幅幻灯片的标题文本设置选择"淡出"动画，如图7-66所示。对副标题文本设置"按第一级段落-飞入"动画效果，如图7-67所示。

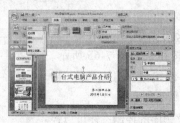

图7-66 设置"淡出"动画效果　　　　图7-67 设置"按第一级段落-飞入"动画效果

（3）选中第2幅幻灯片，选中组织结构图，在"自定义动画"任务窗格中添加"进入-出现"动画效果，如图7-68所示。

（4）把组织结构图的"进入-出现"动画的开始时间变更为"之后"，如图7-69所示。单击"图示5"动画右侧的下拉按钮，弹出下拉菜单，选择"计时"，弹出"出现"对话框如图7-70所示，在"计时"选项卡中将延迟调整为1秒。在"效果"选项卡中为出现动画添加声音，并设置动画播放后"不变暗"的增强效果，如图7-71所示。组织结构图作为SmartArt图形，支持设定SmartArt动画，如图7-72所示。

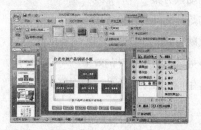
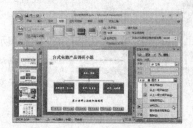

图7-68 设置"进入-出现"自定义动画效果　　　　图7-69 更改"进入-出现"动画效果

图7-70 调整动画触发时间　　图7-71 设置动画播放增强效果　　图7-72 设置SmartArt动画效果

（5）放映幻灯片，查看动画设置效果。

 知识与技能

设置动画效果可以采用"快速设置动画方案"和"自定义动画"两种方式。

（1）快速设置动画方案。PowerPoint针对文本、图片、形状、SmartArt图形等提供了"淡出""擦除""飞入"三种快速设置的动画方案，不同的文本或对象提供了不同的动画播放方式，选中对象后通过"动画→动画"命令组的下拉菜单选择设定。

针对第14幅幻灯片的影片，查看系统提供了哪些快速设置动画方案。

（2）自定义动画。自定义动画是指由用户对文本或对象逐一添加动画效果。首先选定文本或对象，通过"自定义动画"任务窗格，可以给文本或对象添加进入、强调、退出、动作路径等效果，系统内置的动画方案列表如图 7-73 所示。

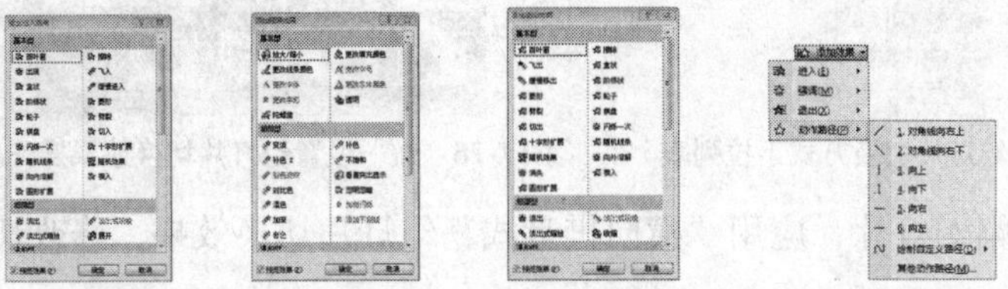

（a）进入效果　　（b）强调效果　　（c）退出效果　　（d）动作路径

图 7-73　自定义动画"添加效果"下拉列表

在"自定义动画"任务窗格的中下部（自定义动画列表中），系统自动列举出该幻灯片已经设置了的各种动画。选中某个动画，可以更改该动画的类型，可以删除该动画，可以调整动画的先后排序，也可以修改每个动画的开始时间、播放速度，如图 7-70 所示。还可以通过效果选项对话框的"效果"选项卡，设置伴音效果，以及播放动画后对象的变色、隐藏等特殊效果，如图 7-71 所示。

自定义动画的效果种类很多，尝试设置10种自定义动画，并修改效果选项，观察动画效果。

动画效果并非越多越好，要突出重点，吸引观众的注意力，切忌滥用动画。

7.4.2　设置幻灯片切换效果 *

幻灯片切换效果是指切换到新幻灯片时产生的动态效果。在幻灯片放映过程中，适当使用幻灯片切换效果可以使演示文稿更富动感。

实例 7.13　添加幻灯片切换效果

 情境描述

对台式电脑调研和产品介绍演示文稿添加幻灯片切换效果。

 任务操作

（1）打开"添加动画效果 .pptx"演示文稿，另存为"添加幻灯片切换效果 .pptx"。

（2）在幻灯片浏览视图下，通过"动画→切换到此幻灯片"命令组 按钮，弹出幻灯片切换方式下拉列表如图 7-74 所示。选择"三根轮辐顺时针回旋"切换效果，并选择"动画→切换到此幻灯片→全部应用"命令，将该切换效果应用于所有幻灯片，如图 7-75 所示。

 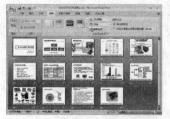

图 7-74　幻灯片切换方式下拉列表　　图 7-75　统一设置幻灯片切换效果操作界面

（3）选中第 2 幅幻灯片，应用"横向棋盘式"幻灯片切换效果，修改切换速度为"中速"，如图 7-76 所示。

（4）放映幻灯片，查看幻灯片切换效果。

 知识与技能

PowerPoint 提供了多种幻灯片切换效果。幻灯片切换效果可以应用到所选幻灯片上，也可以应用于所有幻灯片，还可以应用于母版，影响使用该模板的所有幻灯片。

图 7-76　设置单个幻灯片的切换效果

通过修改"换片效果"，可以修改切换的速度和伴音。通过修改"换片方式"，可以设定自动切至下一个幻灯片的时间间隔。

7.4.3　演示文稿放映方式

PowerPoint 提供了多种放映方式，选择"幻灯片放映→设置→设置幻灯片放映"命令，弹出"设置放映方式"对话框，如图 7-77 所示，可以选择放映类型、换片方式、自定义放映的幻灯片等。

1. 演讲者放映（全屏幕）

图 7-77　"设置放映方式"对话框

选择此选项可在全屏方式下放映演示文稿。这是最常用的放映方式，通常用于演讲者借助演示文稿进行培训、报告或演讲，演讲者具有对放映的完全控制。

实例 7.14　演讲者控制播放时的鼠标指针效果和切换幻灯片方式 *

 情境描述

全屏播放台式电脑调研和产品介绍演示文稿，使用鼠标指针辅助讲解，控制幻灯片切换。

 任务操作

（1）打开"添加幻灯片切换效果 .pptx"演示文稿。

（2）选择"幻灯片放映→开始放映幻灯片→从头开始 / 从当前幻灯片开始"命令，进入演讲者放映（全屏幕）放映方式。

（3）在放映过程中，单击鼠标右键弹出快捷菜单如图 7-78 所示，选择"下一张""上一张"命令，控制幻灯片的放映顺序。

　还有哪些方法可以控制幻灯片的放映顺序？

（4）在鼠标右键快捷菜单中选择"定位至幻灯片"，出现所有幻灯片的标题列表，如图 7-79 所示，可以实现幻灯片漫游，选择指定幻灯片实现幻灯片定位。

　　图 7-78　控制放映的快捷菜单　　　　　　图 7-79　幻灯片定位操作

（5）在鼠标右键快捷菜单中选择"屏幕"，出现子菜单如图 7-80 所示。选择"黑屏"或"白屏"命令，查看出现黑屏或白屏的效果。选择"切换程序"命令，切换到其他程序。

　　图 7-80　屏幕操作快捷子菜单　　　　　图 7-81　指针选项快捷子菜单

（6）在鼠标右键快捷菜单中选择"指针选项"出现子菜单如图 7-81 所示，可以选定笔的类型、设定墨迹颜色以及设置放映时箭头的可见性。尝试不同的笔型和颜色，在屏幕上书写板书，使用橡皮擦擦除墨迹。

　　在观看放映过程中，使用"Alt+Tab"组合键也可以方便地实现程序切换。

2. 观众自行浏览（窗口）

选择此选项可以类似于以网页的方式查看演示文稿，在放映时可以移动、编辑、复制和打印幻灯片，浏览界面如图 7-82 所示。在此模式中，可以使用滚动条或 PageUp 和 PageDown 键切换幻灯片。也可以显示 Web 工具栏，打开其他文件。

3. 在展台浏览（全屏幕）

在展览会场或会议中，选择此选项可自动运行演示文稿，供观众观看。在展台浏览放映前，应选择"幻灯片放映→设置→排练计时"命令，预先排练计时，系统会记下每幅幻灯片的播放时间。在播放过程中，观众可以单击超链接和动作按钮更换幻灯片，但不能更改演示文稿。

图 7-82　观众自行浏览放映窗口

课堂训练7.8

打开"添加幻灯片切换效果 .pptx"，进行排练计时，然后以展台浏览方式放映。若不成功，查看放映方式中的"换片方式"是否使用了排练时间。

7.4.4　打包演示文稿——支持脱离 PowerPoint 环境放映

打包演示文稿是保存文件的一种方式，它将演示文稿、链接文件（插入演示文稿中的原始文件或对象）和 PowerPoint 播放器一并复制到 CD 或指定文件夹中，具备在未安装 PowerPoint 的计算机上运行打包的演示文稿的能力。

实例 7.15　打包演示文稿

 情境描述

对台式电脑调研和产品介绍演示文稿进行打包输出，保存到指定文件夹。

 任务操作

（1）打开"添加幻灯片切换效果 .pptx"演示文稿，另存为"台式电脑产品介绍 .pptx"。

（2）在打包输出前，要保证影片能够播放，即链接的视频文件存在。

（3）选择"Microsoft Office 按钮→发布→CD 数据包"命令，弹出"打包成 CD"对话框，如图 7-83 所示。

（4）若要同时打包多个其他演示文稿，选择"添加文件"按钮，查找并添加文件，"打包成CD"对话框发生变化，如图 7-84 所示，可调整多个演示文稿的播放顺序。删除"产品介绍 .pptx"。打包成 CD 只能支持 PowerPoint 97-2003，因此要复制的文件的扩展名自动改为 .ppt。

图 7-83　"打包成 CD"对话框　　　　图 7-84　添加文件后的"打包成 CD"对话框

（5）默认情况下，打包的文件包含链接文件和 PowerPoint 播放器，若要更改此设置，单击"选项"按钮，弹出"选项"对话框。在对话框中可以设置是否包含 TrueType 字体，也可以设置密码保护 PowerPoint 文件，单击"确定"按钮返回，如图 7-85 所示。

（6）选择"复制到文件夹"按钮，将打包文件存放到名为"台式电脑产品介绍"的文件夹中，打包生成的文件如图 7-86 所示。

 提示　如果需要刻录在光盘上，需要先将光盘插入刻录机，然后单击"复制到CD"按钮。

图 7-85 "打包成 CD"的"选项"对话框   图 7-86 打包到文件夹中的文件列表

综合技能训练九 产品介绍演示文稿制作

 任务描述

　　采购电脑，可以选购台式整机电脑或笔记本电脑。为了满足家庭应用，张强、刘小超、赵莹莹、孙雅莉组成调研小组，了解市场台式电脑的基本状况，以流行产品为依据，了解电脑配置，对台式电脑产品进行简要介绍。

　　要求制作名称为"职业技能训练_产品介绍.pptx"的演示文稿包含描述小组分工和调研方法、介绍流行台式电脑品牌、流行产品的性能指标、主要软硬件的组成、搜集电脑部件组装的视频，如图 7-87 所示。

图 7-87 台式电脑产品介绍幻灯片浏览视图

 技能目标

- 能通过 Internet 或现场调研，了解台式电脑的市场状况及相关数据。
- 熟练运用 PowerPoint 2007 制作演示文稿。
- 理解并掌握设计和制作演示文稿的工作方法。

 环境要求

- 硬件：接入 Internet 的计算机。
- 软件：Microsoft Office 2007、图像处理软件和视频处理软件。

 任务分析

　　完成一项演示文稿制作任务，通常包括脚本设计、素材准备、制作幻灯片、设置动画效果、预演播放等五个基本步骤。脚本设计阶段明确演示文稿的主题，完成幻灯片内容、表现形式以及主要动画方案的总体设计；素材准备阶段根据脚本设计方案整理文本、图片、声音、视频、动画等素材，并对素材进行加工处理；幻灯片制作阶段以适当的版式将所需素材整合到幻灯片之中，做好各种对象的格式设置、色彩搭配；设置动画效果阶段对超链接、动画效果、幻灯片切换效果等进行设置；预演播放阶段对幻灯片放映方式、旁白录制、排练计时等进行设计和制作，交付演示文稿。

任务一　演示文稿脚本设计

对台式电脑进行产品介绍有多种方法，但基于市场调研进行产品介绍，要体现调研信息的准确性和实时性，反映产品的先进性和性价比，对台式电脑的软硬件组成进行说明。

操作步骤要点：

（1）确定介绍的主题是什么。本任务的核心内容与台式电脑的选购有关，要解决如何选购的问题，因此要涉及台式电脑的主流品牌、软硬件配置、性价比等内容。

（2）确定介绍什么、介绍到什么程度。对台式电脑的品牌，最有说服力的是市场关注率——哪种品牌最流行；选择这种品牌的一种产品进行介绍，要反映这种产品的性能指标，反映其软硬件配置，对部分硬件和软件系统予以重点说明。

（3）确定用什么形式来介绍，对每一部分内容的表现形式进行设计。

　　小组讨论并确定需要介绍的台式电脑流行品牌、主流品牌市场关注率、典型产品性能指标、主要部件介绍、硬件系统、软件系统的具体内容和表现形式。

（4）确定还要补充什么内容。为了加强对台式电脑的认识，增加一段硬件组装的视频；为了反映调研工作，增加调研团队和调研方式的介绍。

（5）编写脚本。通过小组讨论，共同设计，整理出各幻灯片的主要内容、表现形式、所需素材和动画效果，填写演示文稿脚本设计表如表 7-1 所示。

表7-1　　　　　　　　　　　　演示文稿脚本设计表

编　　号	幻灯片主要内容	主要表现形式	所 需 素 材	动 画 效 果
1				
2				
3				
4				
5				
…				

- 准备知识

设计演示文稿，首先要对内容进行规划，根据主题选定内容；然后根据内容选择恰当的表现形式，优先选用图片、SmartArt 图形、图表、动画、视频等媒体来突出主题；对文字要有提炼，每幅幻灯片以 7 ~ 10 行文字为宜；在选择主题颜色、字体和效果、背景、版式等方面，要做到色彩协调、布局合理、形象直观；在动画效果应用方面要适度、适用，切忌喧宾夺主；最好有统一的导航，便于查看。

- 教师指导

本项目适于按照行动导向模型组织学生完成任务，脚本设计的过程属于行动导向的"资讯"、"计划"、"决策"阶段，要确定小组成员分工，明确任务完成途径和时间安排。

- 难点提示

根据主题进行内容设计是创作高质量演示文稿的前提。"突出主题"是关键，不能在没有整体设计的前提下就开始制作演示文稿。

任务二　搜集素材并进行处理

台式电脑的调研首先通过 Internet 搜集信息的方式来进行，然后到电脑集散地进行现场考察，查阅书籍对计算机软硬件组成等知识进行提炼，对收集到的各种素材进行加工和处理。

操作步骤要点：

（1）通过 Internet，浏览"中关村在线"，查看台式电脑（整机），查看"PC 电脑品牌大全"来了解近期的主流品牌。利用搜索功能，查找整机、主要细节、配件的图片及文字说明。

（2）通过"中关村在线"，查看市场分析报告或年报，如近期的"中国台式电脑市场分析报告"，获得所需的数据，例如，2010 年 12 月中国台式电脑市场主流品牌关注比例如表 7-2 所示；2010 年硬盘市场不同容量产品的关注比例如表 7-3 所示。

表7-2　　　　　　　　　2010年12月中国台式电脑市场主流品牌关注比例

品牌	联想	惠普	戴尔	神舟	方正	清华同方	宏碁	华硕	Alienware	海尔 new
比例 /%	42.00	15.70	14.80	5.50	4.90	3.90	2.40	2.30	1.50	1.40

表7-3　　　　　　　　　2010年硬盘市场不同容量产品的关注比例

容量 /GB	160	250	320	500	600	640	750	1000	1500	2000	其他
比例 /%	2.40	4.40	11.8	35.9	1.10	3.30	0.50	30.4	2.60	5.70	1.90

（3）利用 PhotoShop、CorelDRAW、ACDSee、Microsoft Office Picture Manager、画图等工具对图片进行剪裁、背景透明处理、调整亮度和对比度、进行多幅图片合并等。

（4）搜集所需的声音、视频、动画等素材，并进行处理。可以使用"格式工厂"（通过网络下载）对音频、视频文件进行格式转换。

（5）查阅《计算机应用基础》等书籍，提炼计算机的软、硬件组成等相关知识，设计幻灯片的文字。

- 教师指导

素材资源是创作高质量演示文稿的基础，但素材服务于主题，不能为界面美观而牵强附会地使用大量的图片、动画等资源。

任务三　制作演示文稿

制作演示文稿，首先要选用与内容贴合的主题，选定颜色、字体和效果，必要时修改母版，形成自己的风格；然后使用恰当的幻灯片版式，创建所有幻灯片。

操作步骤要点：

（1）使用"质朴"主题（设计模板），并对"质朴"主题的背景进行修改，在底部利用圆角矩形添加统一的导航。

（2）制作第 1 幅幻灯片（标题幻灯片），达到图 7-87 的效果。

（3）制作第 2 幅幻灯片，利用 SmartArt 图形创建"组织结构图"来展示调研小组的成员和分工。为了美化组织结构图的效果，使用 SmartArt 样式和艺术字样式修改组织结构图的风格，达到图 7-87 所示的效果。

（4）制作第 3 幅幻灯片，给出调研所采用的方法。选择"设计→布局→更改布局"命令来选

择"垂直 V 型列表"布局，文字使用项目符号。插入三幅剪贴画，调整出较好的重叠效果。

（5）制作第 4 幅幻灯片，插入从网络上截取的当前主流台式电脑品牌网页图片。第 5 幅幻灯片采用饼图方式反映主流品牌的市场关注率（数据来源于网络调查）。

（6）制作第 6 幅幻灯片，列举选购台式电脑需要考虑的因素，使用项目编号。第 7 幅幻灯片插入表格，列举主流品牌的产品性能指标。第 8 幅幻灯片（显示器）使用"标题和文本在内容之上"的版式。第 9 幅硬盘幻灯片使用柱图来展示硬盘容量的当前市场关注率，修改柱图的格式，使幻灯片显示效果比较美观。

（7）第 10 幅幻灯片中选择"插入→插图→形状"命令，选择适当的形状制作台式电脑的硬件组成图。第 11 幅幻灯片插入大量的图片展示各主要部件的外形结构。

（8）第 12 幅幻灯片使用"插入→插图→ SmartArt 图形"命令，选用"基本目标图"来展示台式电脑的软件系统，如图 7-87 所示。第 13 幅幻灯片对 Win7 的知识进行简要介绍。

（9）第 14 幅幻灯片通过"插入文件中的影片"的方式插入一段 AVI 视频，介绍部分硬件的安装过程，并设置视频的影片工具"选项"选项卡。

任务四　设置幻灯片的播放效果

本任务对幻灯片设置合理的超链接、动画方案和幻灯片切换效果。

操作步骤要点：

（1）修改幻灯片母版，底部添加统一导航，对各圆角矩形框建立正确的超链接，参考实例 7.11。

（2）对第 7 幅幻灯片中"显示器尺寸"、"硬盘容量"建立文字链接，分别指向第 8 幅和第 9 幅幻灯片。第 8 幅中插入"上一张"动作按钮。在第 9 幅幻灯片中的图表上建立返回第 7 幅幻灯片的链接，参考实例 7.11。

（3）对第 2 幅幻灯片中的组织结构图添加"进入 - 菱形"动画效果，并设置开始"🕐之后"、方向向内、速度"快速"，如图 7-88 所示。对第 5 幅幻灯片中的饼图添加"进入 - 向内溶解"动画效果，并设置开始"🕐单击时"、速度"快速"，如图 7-89 所示。

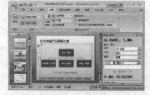

图 7-88　添加"进入 - 菱形"动画效果

（4）对第 6 幅幻灯片使用"对角线向右下"沿动作路径运动的动画方案，修改路径的位置，设置开始"🕐之后"、路径"解除锁定"、速度"非常快"，如图 7-90 所示。

图 7-89　添加"进入 - 向内溶解"动画效果

图 7-90　添加"对角线向右下"动画效果

（5）在"幻灯片浏览视图"模式下，所有幻灯片应用"水平百叶窗"幻灯片切换方式，实现幻灯片切换方式的一次性设置。

任务五　演示文稿排练计时和打包输出

为了能够自动播放演示文稿，使用排练计时功能；为了使演示文稿能够脱离环境运行，执行打包输出。

操作步骤要点：

（1）将第 1 幅幻灯片置于当前编辑状态，选择"幻灯片放映→排练计时"命令，进入排练计时状态，按汇报的节奏操作一遍，系统自动记载每幅幻灯片持续播放的时间。

（2）把文件保存为"PowerPoint 放映（*ppsx）"和"单个文件网页（*mht;*mhtml）"文件。

（3）把"职业技能训练 _ 产品介绍 .pptx"打包输出。参考实例 7.15。

评价交流

实 训 内 容	完 成 情 况	难点、问题	总　　结
设计脚本			
搜集处理素材			
制作幻灯片			
设置动画效果			
排练计时和打包输出			

知识拓展

目前提供专业的演示文稿创作服务已经成为一种职业领域，工作基本流程如下。

（1）初步沟通，获取资料。演示文稿制作人员与客户进行初步沟通，了解 PPT 的受众群体，明确人员构成、教育经历、兴趣点等主要特征。弄清演示文稿展示的目的，选定汇报主题，确定汇报重点。

根据汇报主题收集资料，包括尽可能多的文本文件、照片、视频、动画脚本等。

签署演示文稿创作合同，明确期限，确定项目费用，收取预付款。

（2）确定风格，认定脚本。演示文稿制作人员根据汇报主题和受众情况，同时结合客户的行业特点和企业 LOGO 配色方案，设计专用的母版背景图（标题幻灯片和普通幻灯片不同），提供2 ～ 4 套幻灯片设计模板（主题），供客户选定并提出修改意见，确定模板风格。

演示文稿制作人员编制演示文稿脚本，确定每幅幻灯片的主要内容、表现形式、使用素材和动画效果。演示文稿制作人员与需求方进行多次沟通，确认脚本设计方案并签字。

（3）演示文稿制作。根据确认后的脚本设计方案，团队成员分工对文本、图片、声音、视频、动画等元素进行加工处理，提炼文字、加工图片、选择声音文件和配音、加工与合成视频、制作动画，基本完成 PPT 的制作后，添加必要的超链接和动画效果。

（4）客户意见反馈。客户可以参与制作过程，亦可将初步制作完的 PPT 交给客户，提出修改意见后进一步完善。

（5）交付演示文稿。以光盘或直接拷贝文件的形式交稿，同时收取项目余款。

拓展训练一　2010 年广州亚运会介绍

要求：

2010 年在广州举行了第 16 届亚洲运动会，请同学们登录广州亚运会网站，搜集信息，制作广州亚运会的演示文稿，反映亚运会的办会理念、会议组织、赛项赛事、奖牌榜等内容，效果如图 7-91 所示。

（1）通过广州亚运会官方网站，了解亚运会的相关内容。

（2）设计演示文稿的主题、内容及表现形式，完成演示文稿的脚本设计。

（3）以绿色为主色调，合理设计幻灯片的背景色，自制幻灯片母版。

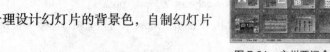

（4）第 1 幅幻灯片为标题幻灯片，加入官方网站 LOGO。

图 7-91　广州亚运会演示文稿

（5）制作演示文稿，使用项目符号与编号、使用组织结构图、插入表格和图表、插入图片、插入视频。

（6）添加文本框超级链接和动作按钮，完善目录幻灯片的导航功能。

（7）设置部分动画效果和幻灯片切换效果。

（1）通过网络调研，围绕任务要求确定演示文稿的主题和内容结构。

（2）填写演示文稿脚本设计表，明确幻灯片内容、表现形式、使用素材和预期动画效果。

（3）为了达到比较美观的效果，目录幻灯片的格式进行特殊设计。

（4）通过网络采集视频 FLV 文件，使用格式工厂软件将其转换为 WMV 格式。

（5）较多地使用图片，图文并茂，展现亚运会的风采。

（6）奖牌排行榜使用表格和图表。

（7）自定义超链接和动画效果、动作设置、幻灯片切换效果。

拓展训练二　中职学校招生情况汇报

要求：

使用本校上一年的新生录取名册电子数据（可参考素材数据"中职新生名册信息 .xls"），对招生情况进行总结，对生源状况进行统计分析，替招生办公室制作一个向学校领导和教学部门领导汇报招生工作的演示文稿，参考样例如图 7-92 所示。

（1）汇报工作以数据为基础，使用第 5 章"拓展训练一"的学校新生数据（或素材文件"中职新生名册信息 .xls"）。

（2）向教师了解学校的招生方式，归纳当年所采用的招生策略，总结成功经验。

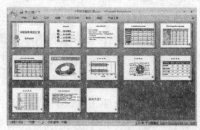

（3）汇报招生人数、生源结构、入学成绩状况，对今后的教育教学提供参考。

图 7-92　招生情况汇报演示文稿

（4）分析今后一段时间招生工作面临的新形势和新问题，提出解决措施。

（5）演示文稿以 10 ～ 15 幅为宜，汇报时间为 10 分钟。

（6）自定义演示文稿的风格。

（1）将计算机连接Internet，新建演示文稿，自主选择Office Online模板。例如"示例演示文稿幻灯片（水上地球设计）"模板，它提供了较多的参考风格，把该模板转化为2007格式。

（2）提供汇报提纲，列举几个标题，例如"招生策略""生源结构""入学成绩""存在问题"等，同学可以自主确定。

（3）基于中职新生基本信息与成绩数据，根据需要在Excel中通过数据透视获得所需的数据，例如反映生源结构的数据：不同专业的招生人数、不同生源地区的学生人数；反映入学成绩的数据：不同专业不同文理类别的学生入学成绩平均分、最高分、最低分等。

（4）可以通过网络搜索本校招生网页、省（市）考试院中职招生管理办法，收集相关信息、照片、录像等，纳入到招生策略之中，对中职招生的组织情况、采取的改进措施进行汇报。

（5）结合本地区、本校的招生情况，分析招生面临的新问题，探索可以采取的措施，作为"存在问题与对策"的相关内容。

（6）制作演示文稿，要从演讲者、受众的角度考虑问题，反映他们关注问题的焦点，搜集和整理所需的数据和信息，确保演示文稿言之有物，不是技术应用的简单堆积。

一、填空题

1. 一个演示文稿就是一个 PowerPoint 文件，PowerPoint 2007 演示文稿的扩展名为 _____。

2. PowerPoint 在普通视图下，包含 3 种窗格，分别为 _____、_____ 和 _____。

3. PowerPoint 视图方式按钮中提供了 _____、_____ 和 _____ 视图方式切换按钮。

4. 在 PowerPoint 2007 提供了 4 种视图方式显示演示文稿，分别为 _____ 视图、_____ 视图、_____ 视图和 _____ 视图。

5. PowerPoint 2007 版式影响幻灯片的 _____。

6. 如果已经更改了幻灯片上的占位符或字体，那么可从"开始→幻灯片"命令组中选择 _____ 恢复初始设置。

7. PowerPoint 2007 提供了 _____ 种内置主题。

8. PowerPoint 2007 的幻灯片母版中包含标题幻灯片版式、_____ 标题版式、标题和内容版式等。自定义版式中，占位符的数量 _____。

二、简答题

1. 在 PowerPoint 2007 普通视图下幻灯片窗格、备注窗格的作用各是什么？

2. 如何调整主题的配色方案和背景？

3. 如何设计、制作组织结构图？

4. 如何在幻灯片中插入文本、图片和艺术字？

5. 如何在幻灯片中插入公式？

6. 什么是母版？什么是版式？两者有何不同？

7. 什么是 SmartArt 图形？SmartArt 图形有哪几种？

8. 通过什么命令来插入动作按钮？

9. 如何对文本设置动画效果？简述 5 个动画方案及其效果。

10. 用语言描述录制旁白？

11. 设置自定义幻灯片放映的目的是什么？如何自定义幻灯片放映？

12. PowerPoint 2007 设置了多少种幻灯片切换方式？

13. 如何把 PowerPoint 打包成 CD？

三、操作题

1. 启动 PowerPoint 2007，向同学们介绍各种视图界面的构成及其功能。

2. 电脑连接 Internet，检索 Microsoft Office Online 上的演示文稿模板，使用 Office Online 模板创建一个新演示文稿，查看演示文稿的内容。

3. 新建一个空白演示文稿，选用"行云流水"主题，创建两张幻灯片，分别应用节标题幻灯片和两栏内容版式。

4. 新建一个空白演示文稿，自定义主题配色方案，改变主题字体和效果，选择渐变背景。保存自定义的主题为"我的主题"。

5. 新建一个空白演示文稿，在幻灯片母版界面下修改标题幻灯片版式的风格。标题字体为"华文隶书"，72 号字，阴影，居中对齐，深蓝色，放大标题区；副标题字体为"华文新魏"，32 号字，居中，蓝色；保存自定义的模板。利用此版式建立一个标题幻灯片。标题输入"我的自定义版式风格"，副标题为"××定义的模板"。

6. 创建一张"空白"版式幻灯片，插入表格，输入课表内容并使用"开始"选项卡命令设置字体、字型、字号、颜色和位置；将"我的课表"演示文稿存入自己的文件夹。

7. 修改上题中建立的幻灯片，使用"羊皮纸"纹理改变背景。

8. 修改第 6 题中建立的幻灯片，利用"表格样式"、"表格样式选项"、"艺术字样式"、"绘图边框"来修饰表格，得到美观的课表。

9. 对"2010 年广州亚运会 .pptx"的所有幻灯片母版设置标题、文本占位符的不同的进入动画，放映所有幻灯片，查看设置幻灯片母版动画的效果。

10. 新建演示文稿 ys1.pptx，完成以下要求并保存。

（1）新建"标题幻灯片"版式幻灯片，输入主标题"行业信息化"、副标题"精选业界资深人士最新观点"，设置字体、字号为楷体 -GB2312，标题 72 磅，副标题 40 磅。

（2）将整个演示文稿设置为"龙腾四海"主题，幻灯片切换效果全部设置为"从右推进"，幻灯片中的副标题动画效果设置为"底部飞入"。

11. 新建演示文稿 ys2.pptx，完成以下要求并保存。

（1）新建"文本与剪贴画"幻灯片版式，并应用此版式新建幻灯片，输入标题"汽车"，设置字体、字号为楷体 -GB2312、40 磅，输入文本，插入剪贴画。

（2）给幻灯片中的汽车设置动画效果为"从右侧慢速飞入"，设置声音效果为"推动"。